离子型
电活性聚合物

郭东杰 著

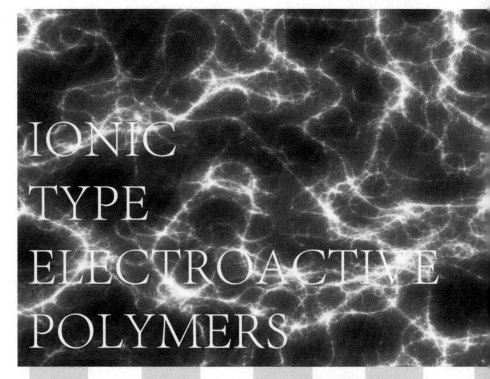

IONIC
TYPE
ELECTROACTIVE
POLYMERS

化学工业出版社

·北京·

内容简介

离子型电活性聚合物是近 30 年兴起的一种智能电驱动材料，它可以代替电机将电能转换成机械能，被誉为"离子型人工肌肉"，可作为柔性致动器和传感器用于仿生机械、医疗器械等领域。离子型电活性聚合物的研究涉及化学、材料、机械、控制等多个学科。本书从化学材料角度出发，阐述电活性聚合物的结构、性能与人工肌肉的驱动性能之间的关系，系统地总结了全氟磺酸、聚偏二氟乙烯、聚砜、聚苯乙烯等聚合物人工肌肉的制备、表征与驱动性能评价。

本书可为人工肌肉的研制和开发人员提供参考，也可为高等院校电化学、仿生机械专业学生学习的教材。

图书在版编目(CIP)数据

离子型电活性聚合物 / 郭东杰著. —北京：化学工业出版社，2022.7
ISBN 978-7-122-41260-7

Ⅰ.①离… Ⅱ.①郭… Ⅲ.①导电性-离子聚合物 Ⅳ.①O631

中国版本图书馆 CIP 数据核字(2022)第 067611 号

责任编辑：王 婧 杨 菁
责任校对：张茜越
装帧设计：李子姮

出版发行：化学工业出版社
　　　　　（北京市东城区青年湖南街 13 号 邮政编码 100011）
印　装：北京建宏印刷有限公司
710mm×1000mm　1/16　印张 15¼　字数 287 千字
2022 年 8 月北京第 1 版第 1 次印刷

购书咨询：010-64518888
售后服务：010-64518899
网　址：http://www.cip.com.cn
凡购买本书，如有缺损质量问题，本社销售中心负责调换。

定　　价：98.00 元　　　　　版权所有　违者必究

前言

离子型电活性聚合物（EAP）是近 30 年兴起的一种智能电驱动材料，它不需要电机，直接将电能转换成机械能，被誉为"离子型人工肌肉"。

EAP 的研究涉及化学、材料、机械、控制等多个学科。许多先进的 EAP 智能驱动机构就是在多学科研究人员协同合作的基础上被开发出来。目前，涉及 EAP 的科技论文较多，但从聚合物角度出发阐述 EAP 的专著，非常少见。笔者具有化学背景，长期从事电活性聚合物研究，深知化学成分决定材料结构，进而决定使用效能。笔者从材料化学的角度，将近 20 年的离子型 EAP 研究成果进行总结，编撰成书，期望能够为 EAP 的研究与驱动器件的开发所用。

本书共分为 5 章：第 1 章概述 EAP 的分类和发展过程，讲述了常规离子型 EAP——离子交换聚合物-金属复合材料（IPMC）的驱动、测试、评价、力电耦合模型；第 2 章讲述全氟磺酸、碳酸聚合物 IPMC 的制备、评价和应用；第 3 章讲述聚偏二氟乙烯及其衍生物 IPMC 的制备、评价和应用；第 4 章讲述聚砜、聚苯乙烯、聚醚酮、聚乙烯醇衍生物 IPMC 的制备、评价和应用；第 5 章讲述聚苯胺、聚噻吩的导电聚合物（CP）的制备与应用，也涉及生物质材料（如纤维素）的离子型电活性聚合物。

在笔者的科研工作过程中，得到了南京航空航天大学戴振东、于敏、张昊、李宏凯、江新民、何青松、丁海涛、李佳波、焦战士，郑州轻工业大学方少明、王新杰、陈鹿民、程瑜、李亚珂、位自英、刘瑞、韩宇兵、王放、黄建建、张晓蝶、丁井鲜、梅龙祥等的热心帮助，在此一并感谢。

由于本书内容涉及多个交叉研究领域，加之笔者学识所限，尽管在撰写过程中力求准确，但书中难免存在疏漏之处，敬请读者批评指正。

郭东杰
2022 年 3 月

目录

第 3 章　聚偏二氟乙烯膜 IPMC 电驱动器　　136

第 4 章　其他聚合物膜 IPMC 电驱动器　　182

第1章

离子交换聚合物-金属复合材料

1.1 概述

智能材料集感知（传感器）、判断（控制器）、执行（驱动器）为一体，广泛用于航空航天、国防安全、康复保健等技术领域[1,2]。传统的驱动装置不仅使机械系统的灵活性和便利性有了大幅提高，而且在体积、重量、传动效率等方面也取得了长足进步，但在高灵活性（多自由度）、高能量密度（轻质、大负载）等方面尚需进一步的优化。智能型驱动材料如形状记忆合金[SMA，图 1-1（a）]、压电陶瓷[PZ，图 1-1（b）]、电活性聚合物[EAP，图 1-1（c）]等的协同使用可望实现这一目标，使日臻成熟的驱动技术更趋完美[3-7]。

作为一种新兴智能驱动材料，离子交换聚合物-金属复合材料（ion exchange polymer metal composite，IPMC）具有与天然肌肉媲美的轻质量、高柔韧、高转化效率、低能量消耗等致动性能，被赋予了"人工肌肉"的美誉[8-10]。电场下 IPMC 产生形变，将电能转化为机械能，由此可作为电驱动器[图 1-1（d）][11,12]；反之，IPMC 发生形变，引发其表面电荷的不平衡分布，导致表面电场发生变化，以此可作为位移/谐振传感器[13,14]。

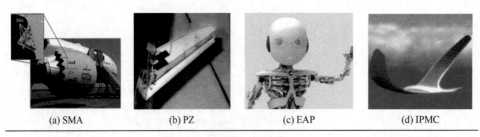

|(a) SMA|(b) PZ|(c) EAP|(d) IPMC|

图 1-1 波音飞机上的 SMA（a）；美国国家航空航天局（NASA）研制的无人飞行器上携带的 PZ 传感器（b）；瑞士 UZH 开发的面部表情由人工肌肉控制的"机器人小子"（c）；韩国学者研发的 IPMC 驱动的扑翼飞行器（d）

常规 IPMC 由离子交换树脂[全氟磺酸（如 Nafion）、全氟碳酸、聚醚醚酮等]和吸附在树脂表面的惰性金属纳米电极（Ag、Au、Pt 等）组成，如图 1-2。离子交换树脂的结构特征如图 1-2（a）所示：主链为憎水的碳氟骨架，侧链是亲水的酸根，具有离子交换功能。结晶成膜后，亲水基团发生微相分离[15,16]，在膜内形成了水分子迁移通道[图 1-2（b）]。1993 年，Shahinpoor 课题组和 Aoyama 课题组[17,18]同时报道 IPMC 可在电场激励下发生形变，对外界产生应力输出，以此用作电驱动器。其致动机理为：电场下，水合阳离子（Na⁺、Li⁺、K⁺等阳离子）携带一定的溶剂分子（如水分子）通过微小内管道向阴极移动，受电极/树脂界面的"堰塞效应"[19]束缚，在两电极之间形成了水合阳离子的浓度梯度[20]，宏观上引发阳极收缩和阴极膨胀，对外界表现出位移和力输出[图1-2（c）～（h）]。

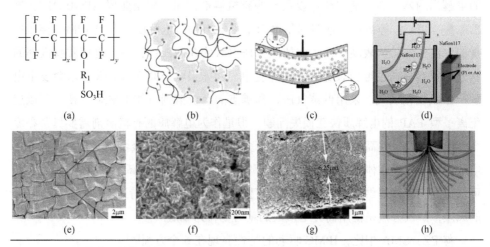

图 1-2　Nafion 的分子结构（a）；Nafion 膜内部的微小内管道（b）；IPMC 结构（c）；工作原理示意图（d）；IPMC 表面 SEM 图片（e）、（f）；剖面 SEM 图片（g）；致动录像截图（h）

IPMC 属于一种电活性聚合物（electroactive polymer，EAP）。DARPA（美国国防部高级研究计划局）研究表明：现有的智能材料如 EAP、PZ、SMA 等在 10～10⁴Hz 的频率下工作时，EAP 具有最高的能量密度[21-24]，见图1-3。

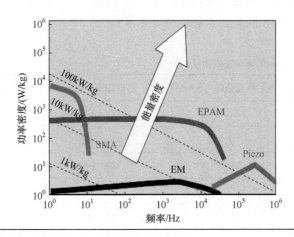

图 1-3　DARPA 提供的智能材料的功率密度与频率的关系

依据致动机理，Bar-Cohen 将电活性聚合物（EAP）分为两类：离子型和电子型。每种 EAP 具有各自的优点和缺点。离子型 EAP 包括离子凝胶、IPMC、导电聚合物（CP）和碳纳米管（CNT）等。共同特征是：电场下，聚合物内部电解质层存在离子或离子基团的定向迁移。优点是驱动电压低，位移输出大等。使用的电解质为水、离子液（IL）以及一些有机溶剂，如二甲基亚砜（DMSO）、聚乙二醇（PEG）等溶剂。水溶剂是最为常见的 IPMC 电解质，此类 IPMC 存在严重的水流失风险。表现在：①水的蒸气压（大约 3.2kPa）较高，电解质膜内部的水分子很容易通过电极裂缝扩散到环境中；②如果电压高于 1.63V，水会发生电解产生氢气和氧气。采用低蒸气压、高沸点的有机溶剂（如 DMSO、IL）可以避免离子型 EAP 的电解质快速损失问题，但是作为电解质的有机溶剂需要具备黏度小、电化学稳定性高的特性。相反，电子型 EAP 包括铁电聚合物、介电弹性体和电致伸缩接枝弹性体。共同特征是：聚合物的变形需要相对较高的电压（千伏以上），可以快速响应并提供强大的应力输出，几乎不需要电流来维持运动。但存在电击穿的风险，解决办法是使用高介电常数的聚合物作为基底膜。

与 PZ、SMA 相比，IPMC 驱动的特性表现在 6 个方面[9-12]：

① 位移输出大（形变>10%），偏转角度可超过 90°；

② 驱动电压低（0.5～3V）；

③ 能量密度高（100J/kg），它能够举起 40 倍于自身重量的重物；

④ 能量转化效率高（>30%）；

⑤ 易于小型化和模塑成任何形状；

⑥ 可在水中或潮湿条件下活化，也可在干燥条件下工作。

EAP、PZ、SMA 的驱动性能比较见表 1-1。

表 1-1　EAP、PZ、SMA 的驱动性能比较

特性	电活性聚合物（EAP）	压电陶瓷（PZ）	形状记忆合金（SMA）
致动位移/%	>10	0.1～0.3	<8
应力/MPa	10～30	30～40	约为 700
反应时间	微秒至秒	微秒至秒	秒至分
密度/（g/cm³）	1～2.5	6～8	5～6
驱动电压/V	1～7	50～800	
断裂强度	能恢复原状、有弹性	脆性	有弹性

鉴于上述优点，美国 DARPA、NASA、JPL（美国喷气与推进实验室）等欧美先进研发机构相继斥巨资用于这方面的研制。一个突出的代表性成果是：在第二次机器人与人之间的扳腕比赛中 ERI 机器人所创造的举起 90g 重物、致动速度 0.11cm/s 的机械手，其所用的致动材料为混合 IPMC 的 EAP。早在 1992 年，Oguro 等[21]首先发现了镀有铂电极并被 1.0V 电压活化的全氟磺酸膜（PFSA）的弯曲响应，命名为 IPMC。1993 年，日本的 Asaka 课题组和美国的 Shahinpoor 课题组[22]提出：电场下，IPMC 发生形变，可对外界产生一定的应力输出，有望用于电致驱动器和传感器。

国内 IPMC 的研究发展十分迅速。在我国，一些与 IPMC 相关的研究也被列入了"863""973"等重大研究计划，20 余项与之相关的课题相继获得了国家自然科学基金的资助。有关 IPMC 的研制机构更是如雨后春笋般蓬勃发展[23-59]。在性能优化方面，连慧琴等[29]制备了氧化石墨掺杂的 Nafion 膜的电驱动器，力学输出性能明显优化；熊克等[38,39]研究了表面粗糙度和 Ag、CNT/Pt 电极对 IPMC 性能的影响；戴振东等[44-59]制备了力学性能优化、高储水的离子交换膜，并将之用于 IPMC 驱动器，得到了力学输出性能优化、非水工作时间延长的 IPMC 电驱动器。总之，发展新型、高效的 IPMC 电致动材料成为材料、机械、控制等领域的一个重点研究方向。

1.2　IPMC 的驱动平台和性能评价系统

1.2.1　IPMC 的驱动平台

IPMC 将电能转化为机械能，在一定范围内，可取代电机作为柔性的电驱动器使用，两个模块支撑其工作。

1.2.1.1　驱动信号输入平台

信号发生器由多功能数据采集卡（NI，6024E）来实现，可以产生频率 0.1～100Hz（本书采用 0.2Hz 的正弦信号），电压 0～10V 的不同波形（正弦波、方波和三角波）的电信号。信号放大器是一个功率放大芯片（TI，OPA548），可以提供足够的功率驱动 IPMC。参考图 1-4 和图 1-5，利用信号发生器输入 0.1～10Hz，0.5～5.0V 的电信号作为驱动信号。同时，在 IPMC 两边并联电压传感器、串接电流传感器（TBC-0.5A，灵敏度为 0.01mA），测试电压和电流。

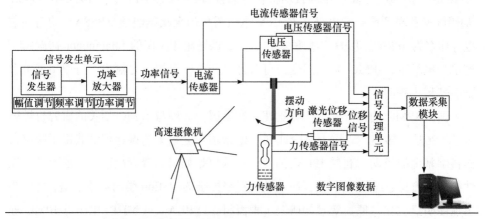

图 1-4　IPMC 信号输入单元及力学性能测试平台

图 1-5　IPMC 测试平台实物图

1.2.1.2　IPMC 性能测试系统

采用二维小量程力传感器采集 IPMC 水平、垂直方向的力输出。利用激光位移传感器同时向高速摄像和 6024E 数据采集卡发送信号，确保同步记录 IPMC 的位移变化。由于激光位移传感器所测试的量程（<10mm）有限，且 IPMC 偏转的位移实际上来自两个方向，故可以采用高速摄像设备对 IPMC 致动过程中大的偏转进行拍摄。将高速摄像捕获 IPMC 运动时的数据导入计算机，通过数字图像获得 IPMC 的运动轨迹。建立 IPMC 驱动信号与机械输出之间的关系，计算 IPMC 的输出功率和能量转化效率，评价其性能。

1.2.2　IPMC 的驱动、测试平台设置

1.2.2.1　数据采集系统

数据采集系统包括：传感器和变换器、信号调理设备、数据采集卡（或装置）、驱动程序、硬件配置管理软件、应用软件和计算机等。使用不同的传感器和变换器可以测量各种不同的物理量，并将它们转化为电信号；信号调理设备可对采集到的电信号进行加工，使它们适合数据采集卡等设备的需要；计算机通过数据采集卡等获得测量数据；软件则控制着整个测量系统，最后将结果显示。本书中采集装置采用的硬件为 NI 公司的 NI PCI-6024E 多功能数据采集卡，软件由 Labview 编程得到。NI PCI-6024E 多功能数据采集卡是 PCI 插槽，可以方便地安装于目前大多数 PC 机上。

1.2.2.2　信号产生单元

驱动 IPMC 的电信号可以是直流、交流，电压范围 0.5～5.0V，频率变化区间 0.1～10Hz。实验中采用盛普科技的 SP1651 型数字合成低频功率信号发生器，可产生正弦信号，频率范围 0.1Hz～200kHz，输出幅度 10～12.8V rms，输出幅度误差<1%，失真度<0.2%。IPMC 的位移与其驱动电压密切相关，正弦、方波信号激励下，IPMC 产生与电源信号形状相似的位移曲线。方波驱动下，由于存在一个短暂的峰电流，IPMC 的电极损伤较正弦波大。

1.2.2.3　电极夹装装置

IPMC 表面 Pt 纳米电极与夹装装置之间容易产生电弧而发热，故夹具要具有一定的导电和耐热性能。可行的方法是用溅射 Pt 颗粒的铜片来做电极。过程如下：在铜电极表面溅射 Pt 纳米颗粒，然后将导线焊接到铜电极背边，再将导线从夹具中引出，最后用强力胶水将铜电极和夹装装置固定起来。

1.2.2.4　电流测试平台

IPMC 是一个电机耦合系统，即施加电压信号，就会有一部分的电流通过 IPMC，使得 IPMC 内部的水合阳离子产生运动，导致 IPMC 产生变形。其中电流的变化对于解释 IPMC 的变形机理和 IPMC 的模型显得格外重要。为了测试 IPMC

流过的电流，可以在驱动回路上串接一个电流传感器，将电流传感器的输出信号接入数据采集卡 NI PCI-6024E 中，实时测量流经 IPMC 的电流。

在 IPMC 测试系统中对电流测量单元的要求是：在 IPMC 电流特性实验中，所检测到的电流范围大概在 0～0.8A 之间，分辨率达到 10mA 即可。为了不使增加的电流传感器对被测电路产生影响，实验选用了霍尔电流传感器。闭环式霍尔电流传感器的磁芯中磁通量近乎为 0，因此，插入损耗很小，几乎不会对被测电路产生影响，并且可以测量从直流到 100kHz 各种波形的电流。

电流传感器的输入信号为电流，输出为电压，需要建立起电流传感器输出电压和流经 IPMC 电流的关系。由于流经 IPMC 的电流有正有负，所以标定电流也必须有负值，标定的时候输入电压不可超过电流传感器的额定输入值。在电路中串联电流传感器，采集通过 IPMC 的电流。

利用上述装置采集了不同电压下的正弦电流信号，结果（图 1-6）用来比较它们的电学性能。电场激励下，IPMC 的电流随着驱动电压增加而变大，表现出理想的可控性。图 1-6（a）中给出了在驱动电压峰值分别为 1.5V、2.0V 和 3.0V 时 PFSA 膜 IPMC 的电流强度，其值分别为 88mA、113mA 和 312mA。图 1-6（b）中给出了相应电压下二氧化硅颗粒掺杂改性后 PFSA（Si-PFSA）膜 IPMC 的电流强度，其值分别为 5mA、11mA 和 14mA。显然，PFSA 膜 IPMC 的导电性能远远高于 Si-PFSA 膜 IPMC。图 1-6（c）给出了驱动电压与电流强度之间的线性拟合，可以看出，PFSA 基 IPMC 的斜率大于 Si-PFSA 基 IPMC，故添加了氧化硅颗粒后，母体膜的电导率降低了。前者的电化学电阻为 6.4Ω，后者的电化学电阻为 122.2Ω。

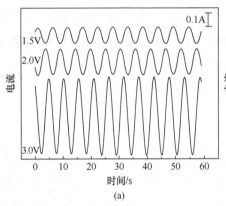

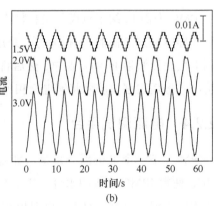

(a)

(b)

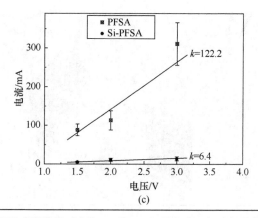

图 1-6　不同电压驱动下的电流信号。(a) PFSA 膜 IPMC 的电流强度；(b) SiO₂ 改性 PFSA (Si-PFSA) 膜 IPMC 的电流强度；(c) 驱动电压与电流强度的关系，电流强度等于峰值的一半，曲线斜率 *k* (单位：mA/V)

1.2.2.5　电容测量

IPMC 的母体聚合物与两侧电极构成了一个电容器，两电极可以看作两个等效电阻。电场下，整个 IPMC 可以看作由一个电容器和两个等效电阻串联组成的模块。通过测量电容值来评估 IPMC 电极储存电荷的能力，推理电解质膜内部离子电荷的传递能力。电容由下面公式计算：

$$C = \frac{\varepsilon S}{4\pi K d}$$

式中，ε 是介电常数；S 是聚合物/电极界面的接触面积；K 是静电常数；d 是顶部和底部电极层之间的距离。

1.2.2.6　位移测量单元

IPMC 在电场激励下产生形变，偏转角度可以接近 180°。通常检测位移用的是激光位移传感器，如 KEYENCE 激光位移传感器 (LK-G80)（图 1-7）。它是由电源、控制器、传感器组成，利用激光在发射点与接收点的位置变化产生位移变化数据。KEYENCE 激光器发射的光点直径为 70μm，再现性为 0.2μm。激光位移传感器检测的位移来自单方向，而实际 IPMC 的位移输出来自两个方向。高速摄像可以更为直观地反映 IPMC 的位移输出。通常，在使用激光位移传感器的同时，也使用高速摄像。相比较来说，高速摄像适用于大位移输出情况下，而激光位移传感器则适合小位移的情况。

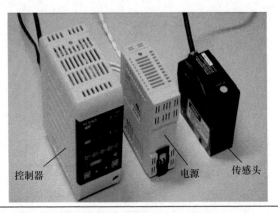

控制器　　　　　电源　　传感头

图 1-7　激光位移传感器

1.2.2.7　力测量单元

　　IPMC 的力输出是建立在位移输出的基础上。IPMC 工作时,遇到阻碍其偏转的物体,就会对物体产生一个推力。依据 IPMC 的致动机理,电解质膜内部水合阳离子的电场迁移受到了电极的阻挡,也称"堰塞效应",故 IPMC 产生的力有时称为"阻挡力"。推力的大小取决于 IPMC 运动的动力,从根本上来说,来源于电解质膜内阴阳离子的浓度梯度差。可以从以下 3 个方面改进:①驱动电压,驱动电压越高,水合离子运动的速率越大,IPMC 的堰塞效应越强;②电解质内部的微管道,高度多孔的电解质离子通道有利于产生大的堰塞效应;③离子交换基团的数量,离子交换基团与水合离子之间存在静电力,电场下水合离子的运动可以看作大量的离子在离子交换基团表面的传递。因此,离子交换基团数量越多,离子的电导率就越高,电致动效应就越显著。

　　力输出有许多种测量方式。最简便的方式是利用高精度的分析天平测量。如图 1-8 (左),采用奥豪斯 (OHAUS) 电子天平,精确度为 1/10 万 g,可以直接读出输出力的大小。它可以检测到 200g 以内的力。因此,当 IPMC 输出力大时,可采用天平测量。一些仪器中的力传感器也可以用来测试输出力。例如,CETR 公司的 UMT 多功能摩擦实验机可测量 IPMC 的输出力。实验机主要可进行多功能微摩擦试验和抛光试验,这里选用其量程为 10g 的力传感器,外形如图 1-8 (右)所示。测得的力数据直接通过数据线保存在 UMT 自带的电脑中,并且数据可在实验中实时显示出来。由于 IPMC 的变形是二维的,这种可以同时检测二维力的传感器能给全面测试 IPMC 的力输出性能 (F_x, F_y 两个方向) 提供方便。

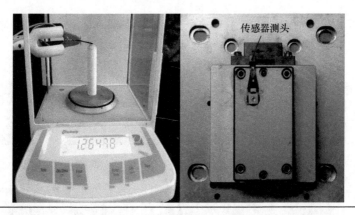

图 1-8　量程 200g 的 OHAUS 电子天平（左）和量程为 10g 的 UMT 力传感器（右）

影响 IPMC 力输出的因素较多，电压、电解质膜、电极、膜的力学性能、含水量、离子交换性能均可能影响。通常，厚度大的、尺寸大的 IPMC 薄膜产生的力大。小的输出力（<10g），甚至小于 100mg 的力需要使用高精密度的力传感器。瑞士 FT 力传感器可用于收集这样的力输出数据，其精度非常高，可以精确到 nN（毫牛）级。将尺寸为（15mm×1.5mm）带有悬臂 IPMC 条的一端对准平衡位置下的力传感器尖端，从垂直方向的一侧收集力的数据[图 1-9（a）]。最大值，即顶部和底部之间的差异，取其平均值即可[图 1-9（b）]。

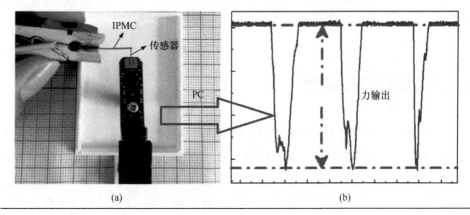

图 1-9　力检测设置（a）和三个周期的力曲线（b）

1.2.2.8　IPMC 电驱动器的运动

将电信号导入两侧嵌入电极的离子交换聚合物表面，就构成了电驱动器。对于全氟磺酸（PFSA）膜制成的 IPMC 电驱动器，利用高速摄像观察了不同电压、不同频率下的运动情况，见图 1-10。结果发现：增加驱动电压，位移输出随之增加，PFSA 膜 IPMC 的最大偏转角可以达到 150°以上。

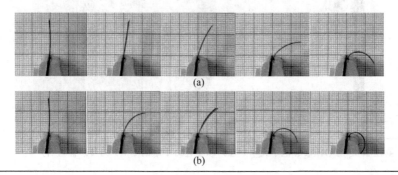

图 1-10　悬臂梁式 Nafion 膜 IPMC 的偏转。驱动信号：0.5Hz，2.0V（a）和 0.5Hz，3V（b）

1.3　制约 IPMC 电致动响应的因素

作为一种离子型的聚合物电驱动器，力、位移输出和稳定的工作时间是评价 IPMC 的三个重要参数。依据前述工作原理，聚合物母体膜、电极、溶剂化电解质离子、电信号四个因素可能制约 IPMC 的电致动响应。

1.3.1　聚合物母体膜

聚合物母体膜对 IPMC 起到支撑作用。不同聚合物、不同的制膜工艺制备的母体膜的力学性能、含水量、离子交换当量、多孔度均有不同，它们对 IPMC 电致动响应均存在不同程度的影响。同时，聚合物母体膜的含水量、离子交换当量、多孔度等参数之间也存在相互影响。例如，聚偏氟乙烯（PVDF）母体膜，不同制膜工艺下膜的极性、含水量、模量均变化大，所得到的 IPMC 驱动器的输出效果差别也较大。

1.3.1.1　聚合物膜形状对致动性能的影响

聚合物膜的形状对 IPMC 的性能也会产生明显的影响。前期设计了圆盘形、S

形、条形及扇形四种不同结构的 IPMC 致动膜，将之用作隔膜泵的驱动源，利用激光位移传感器测出不同条件下驱动器产生的位移[60]。ANSYS 软件下，利用位移推导出 IPMC 单元体的弯矩，计算不同形状 IPMC 微泵的体积变化和最大工作压力，分析了泵膜形状、半径、厚度、驱动电压对泵体积变化和工作压力的影响。

IPMC 母体薄膜采用商业 Nafion-115 溶液浇注制得。IPMC 试样的尺寸为 20.00mm×5.88mm×0.52mm，基底膜厚度为 0.40mm，电极厚度及吸水膨胀增加的厚度为 0.12mm。电极固定部分长为 3.0mm。驱动电压测试采用正弦波，电压为 3V，频率为 0.2Hz。将 IPMC 固定在闭合的空间，形成一个 IPMC 驱动的隔膜泵。设定泵膜厚度为 0.52mm，圆形泵膜 ϕ = 18mm。考虑到实际试验和应用，设计了圆盘形、S 形、条形和扇形四种具有代表性的驱动膜，其形状见图 1-11。

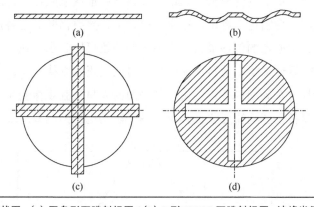

图 1-11　泵膜形状图。(a) 圆盘形泵膜剖视图；(b) S 形 IPMC 泵膜剖视图，波峰半径 r_1 为 3.69mm，角度 58°～115°，波谷半径 r_2 为 2.98mm，角度 238°～309°；(c) 条形 IPMC 泵膜平面图，条状泵膜的宽度为 2mm；(d) 扇形 IPMC 泵膜平面图，条状间隙的宽度为 2mm，长为 16mm

考虑到 IPMC 材料致动的自身特点，水合阳离子在电场作用下定向迁移，形成水合阳离子的浓度差，阴极的水分子浓度增高，该区域的水分子之间相互挤压使得该区域的 IPMC 伸长；而阳极情况相反，从而产生弯矩，导致 IPMC 单元体发生弯曲，故采用弯矩载荷分析计算。由于目前实验制备的为悬臂梁状 IPMC 驱动器，而实际应用的泵膜为厚度不同的弯曲形状驱动器，为了模拟计算出各种形状泵膜的相关参数，以悬臂梁结构为基础，利用实验测得的电机械性能参数，计算出其他形状泵膜的相关性能参数。具体如下：将悬臂梁状 IPMC 驱动器划分成长度和宽度均为 1mm，厚度与 IPMC 材料相等的单元体，每个单元体上在长宽方向均受到相等的弯矩作用。当每个单元体受到弯矩作用时 IPMC 驱动器件将会产生位移，因此可以根据实验测得的悬臂梁状 IPMC 驱动器的位移输出，逆向求出每个单元体所受的弯矩。ANSYS 下在 IPMC 悬臂梁状驱动器每个单元体的长度和宽度方向上施加 $1×10^{-6}$N·m 的弯矩，IPMC 悬臂梁状驱动器顶端位移为 0.412mm，再由测试所得的峰值位移数据可以计算出 3V 驱动电压下每个单元体在长度和宽度方向上所受的峰值弯矩为 $6.210×10^{-6}$N·m。再将各种形状的 IPMC 泵膜划分为一个个和前面相同的单元体，将峰值单元体弯矩施加在单元体上，拟合出各种形状 IPMC 泵膜的峰值变形，进而得到其他参数。

已知自制 Nafion 膜的弹性模量为 0.846GPa，泊松比为 0.49。泵膜边界施加限制各个方向位移的边界条件。单元体上施加前面由位移计算出的弯矩载荷。计算模型采用 SHELL63 的 4 节点 6 自由度壳单元。采用静力学分析计算不同形状泵膜在弯矩载荷作用下的变形情况。图 1-12 为各种形状泵膜在载荷的作用下中心轴上的形变位移。由图可以看出，在电压驱动下，泵膜横断面上各点位移近似呈抛物线形分布，中心点的位移最大。由图中的曲线可以看出，在一个完整的工作周期内，IPMC 悬臂梁状驱动器顶端位移随时间呈正弦规律变化，可以扩展到整个泵膜上，即在一个周期内各点的位移都是随时间呈正弦规律变化的，从而泵腔体积变化量也是按正弦规律变化，其频率等于驱动电压的频率。

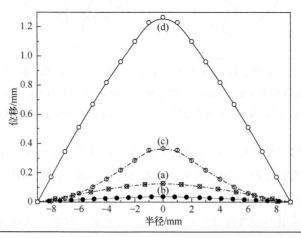

图 1-12　泵膜形变图。(a) 圆盘形 IPMC 泵膜；(b) 均匀厚度 S 形 IPMC 泵膜；(c) 条形 IPMC 泵膜；(d) 扇形 IPMC 泵膜

对于 IPMC 泵膜，由于泵膜的间隙较小，且 1∶20 硅橡胶弹性模量很小，对位移的影响不大，所以可以近似认为，IPMC 泵膜在受到电信号作用时，泵膜同一

圆周上的单元受力情况相同，所产生的形变也相同，根据膜片节点所对应的半径和形变的关系，利用锥台体积公式可得出微泵腔体体积变化近似为：

$$\Delta V = \frac{1}{3}\sum_{i=1}^{N}\pi\left(r_i^2 + r_{i-1}^2 + r_i r_{i-1}\right)(f_i - f_{i-1})$$

式中，r_i 为各圆周节点的半径；f_i 为相应各圆周节点的挠度；N 为径向节点数。由此可以计算出电压驱动下 IPMC 微泵腔体的体积变化。各种形状泵膜的体积变化分别为 13.22mm³、3.88mm³、21.21mm³ 和 125.67mm³。结果表明：较其他 3 种泵膜，扇形泵膜的体积变化量最大；泵膜半径的增加有利于增大体积变化量；泵膜厚度的增加有利于增加工作压力；适当地增加驱动电压可同时提高其工作压力和体积变化量。

1.3.1.2 聚合物表面结构对 IPMC 电致动性能的影响

为衡量聚合物表面结构对其性能的影响，利用表面加工技术，在聚合物母体膜上刻蚀了不同结构，分别命名为各向异性（纵向，RL）、各向异性（横向，RA）、各向同性（RI）。相同条件下，将上述膜制备成 IPMC，测试其电致动性能，列于图 1-13。图 1-13 比较了三种 IPMC 的输出力在不同频率（0.1Hz、0.2Hz、0.5Hz）下随正弦电压的变化（幅值分别为 1.5V、2V、2.5V、3V、3.5V）关系。结果显示：RL 的最大输出力为 3.76g，RA 的最大输出力为 3.54g，均大于 RI 的最大输出力（1.24g）。这表明：在低频和低电压下，IPMC 是可稳定控制的，RL、RA 的输出力高于 RI，提高了约 2~4 倍，位移没有明显降低。因此，各向异性膜的电致动性能优于各向同性的膜，聚合物表面结构对 IPMC 的驱动性能存在影响。

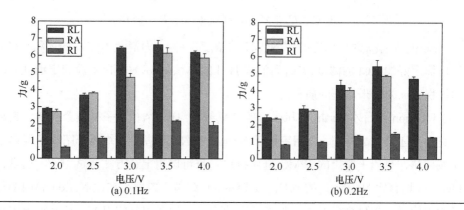

图 1-13

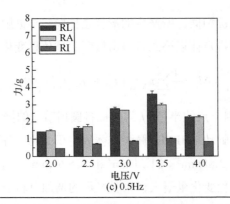

图 1-13　不同频率下纵向各向异性、横向各向异性、各向同性结构的 IPMC 力学输出数据

1.3.1.3　离子交换容量对 IPMC 电致动性能的影响

离子交换容量（IEC）产生于聚合物中磺酸、羧酸基团。IEC 越高，聚合物内部吸收的水含量越高，结晶成膜过程中微相分离形成的内管道越多。依据前述致动机理，提高人工肌肉本体材料中溶剂化阳离子迁移所需的微管道的含量（包括微管道的孔径和分布密度）是一个有效提高力/位移输出的方法。因此，尽可能提升聚合物膜的 IEC，可提升 IPMC 电致动响应性能。

测试 IEC 的方法如下：将离子交换膜放入质量分数为 2% 的 HCl 中煮沸 30min，用去离子水清洗，直至甲基橙滴定不变色。放入已用基准物邻苯二甲酸氢钾标定好的 NaOH 溶液中，加溴甲基红甲基酚绿指示剂，用已标定好的 HCl 滴定，至溶液为暗红色，煮沸 2min，冷却后继续滴定溶液至暗红色。同时做空白实验。IEC 的计算公式：

$$IEC = C_{NaOH}V_{NaOH} - C_{HCl}(V_{HCl} - V_{空白})/m$$

式中，C_{NaOH} 为已标定好的 NaOH 的浓度；V_{NaOH} 为消耗 NaOH 的体积；C_{HCl} 为已标定好的 HCl 的浓度；V_{HCl} 为消耗 HCl 的体积；$V_{空白}$ 为空白实验滴定消耗 HCl 的体积；m 为烘干后膜的质量。

Flemion 为日本 Asahi 公司生产的全氟羧酸（PFCA）离子交换聚合物。其离子交换基团是羧酸基团，作用等同于 Nafion 中的磺酸基团，均属于阳离子型离子交换材料，也属于常用的 IPMC 母体材料，也可以用上述方法测试 IEC。通常，Flemion 具有比 Nafion 高的 IEC，故 Flemion 结晶膜内部存在比 Nafion 膜内部更多的内管道，提供更多的水合阳离子运动途径。两者制备的 IPMC 在交流电驱动下，均可发生来回偏转。但在直流电驱使下，Flemion 膜 IPMC 表现出了不同于 Nafion 膜 IPMC 的特征。初始阶段下，Flemion 膜 IPMC 和 Nafion 膜 IPMC 均向阳极快速弯曲，在很短的时间内就可以达到 3/4 的位移。之后，二者发生了不一样的致动行为：Nafion 膜 IPMC 偏转角度发生减小，IPMC 末端回移，表现出了反向松弛（back relaxation）现象；与之不同，Flemion 膜 IPMC 会继续沿相同方向慢速移动，不发生反向松弛现象。有关 IEC 对聚合物膜内管道、多孔度、含水量、力学性能的影响在后面的实例中重点讨论。

1.3.1.4 含水量对 IPMC 稳定性的影响

IPMC 的工作是建立在有电解质溶液（水、离子液）存在的情况下。水的存在可以维持 IPMC 内部水合离子的定向迁移，从而产生稳定的电致动响应。在实际实验中，IPMC 置于空气气氛下工作，由于离子交换膜内的水含量十分有限，大量的水通过金属纳米块间隙流失。同时，提高输出功率必然要增加驱动电压和响应频率，这些措施势必加剧了水流失。这种情况下 IPMC 不可能长时间地处于稳定工作状态。例如：商业膜 Nafion 的平均水含量为 34%，自浇注的空白 Nafion 膜的平均含水量为 14%，它们在同样的电场下，IPMC 偏转的位移轮廓存在显著不同，含水量高的商业膜 IPMC 的驱动位移、力、非水工作时间远大于自浇注的空白 IPMC。

1.3.1.5 力学性能对 IPMC 的影响

IPMC 发生偏转时，其偏转的位移（或偏转角）受到母体膜的力学性能制约。实际的致动过程中，位移输出与力输出存在一定的竞争关系。模量高的母体膜，偏转时应变阻力大，偏转角度小，输出力大。Nafion 聚合物的电解质膜有商业膜、浇注膜、杂化膜三种。尽管主要成分相同，但是制膜工艺不同，Nafion 的晶相结构不同，制成的膜的力学性能不同。

Nafion 及其相关膜的力学性能可以用万能拉力实验机和纳米压痕仪来测试。前者是损伤性实验，属拉伸实验，可得到拉伸模量、伸长率、撕裂强度等数据。但是样品需求量大，比如样品需要制备成标准尺寸的"狗骨头"形状，以保证断裂处在中间。后者是非损伤性实验，属压力实验，可得到压模量、硬度、载荷等数据。在样品的制备上，不需要大样品，样品的尺寸只要大于压头尺寸就可以。考虑到 Nafion 相对贵重，采用压痕实验测试力学性能更为方便。

实验中采用纳米压痕仪(Nano Indenter SA2, MTS, USA)测试了自浇注 Nafion 膜的力学性能。它的技术指标为：位移分辨率 0.0002nm，最大压深>15μm，最大加载 10mN，载荷分辨率 1nN，压头行程 2mm。该纳米压痕仪主要由三部分组成：固定在刚性压杆上特殊形状压头（Berkovich 压头）、驱动器（提供动力）、传感器(测压头位置)。为了保证实验数据有较高的可信度,实验中在浇注的含水 Nafion 膜上随机选取 12 个压痕点。测试实验选取的压入深度为 800nm，压入速度为 10nm/s，许可深度漂移率设定为 0.15nm/s，泊松比为 0.35。图 1-14 给出了自制 Nafion 膜测试的载荷-深度曲线、硬度-深度曲线、模量-深度曲线。在选取足够的压痕测试数据点后，从标准偏差的数值来看，测试的结果数据是可信的，再经过对数据的有效处理后，得到所测试的浇注 Nafion 膜的弹性模量平均值为 0.551GPa，而文献记载的商业 Nafion 膜的弹性模量的平均值为 0.198GPa，表明浇注的 Nafion 膜的弹性模量较商业 Nafion 膜提高了 3 倍左右。分析原因，主要是浇注中采取了高温退火工艺，使得浇注的 Nafion 膜较硬，目的是使制备的 IPMC 人工肌肉材料能够具有较强的力学性能。

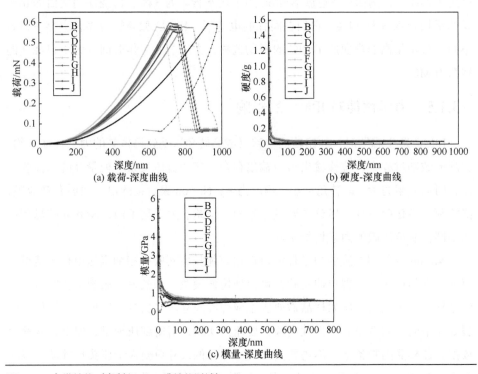

图 1-14　力学性能（自制 Nafion 膜性能测试）

1.3.1.6 基底聚合物对 IPMC 电机械性能的影响

聚合物基底膜足够的力学性能是维持大的力输出的必要条件。商业 Nafion 膜的力学性能较低，很难提供大的力输出，故需增加膜的力学性能。考虑到碳纳米管（CNT）具有高的电导率、弹性模量和电机械性能，一些研究报道了使用 CNT 作为添加剂制备 IPMC 驱动器。但是由于 CNT 不能很好兼容 Nafion 基膜[61-63]，其电致动提升效果并不理想。Yoo 等[64-66]使用球状（SiO$_2$，约 140nm）和层状（蒙脱石）硅酸盐材料作为添加剂来制备 IPMC。由于硅酸盐的存在大大提高了 PFSA 膜的储水和力学性能，制备的 IPMC 驱动器效果较为理想，与商业膜 IPMC 相比，杂化膜驱动器的力和位移输出均有所增加。

相对于球状和层状结构，无定形 SiO$_2$ 具有高的储水能力，与 PFSA 有更强的结合度[67]。在相同 Nafion 含量下，制备了纯的空白 PFSA 膜和无定形 SiO$_2$ 掺杂的 PFSA 膜。制备过程如下：在相同的两个 30mm×40mm×50mm 的硅橡胶容器里面，分别倒入 18mL Nafion 溶液，置于 70℃ 真空烤箱中浓缩 4h。一个直接在 90℃ 成膜（PFSA），另一个加入 0.3mL TEOS 溶液，充分搅拌，于烤箱中烘烤 20h 成型，期间温度逐渐升至 90℃。最后 150℃ 下退火 5min，得膜（Si-PFSA）。

添加氧化硅的目的是提高 PFSA 薄膜的力学性能和储水能力，其力学性能由纳米压痕仪测试。图 1-15 给出了两种薄膜的力-位移曲线。比较图 1-15（a）与（b），在弹性区域内，（b）的斜率均大于（a），表明 Si-PFSA 膜的弹性模量高于 PFSA 膜。压头面积为（50×50）μm^2，最大深度为 50μm，最大载荷为 100mN。每个样品在 6 个点处测量。压模量可由下式确定：

$$M = \frac{(y - y')/2.5}{(x - x')/h} \times 10^6$$

式中，M 是模量；x，y，x'，y' 是坐标系；h 是薄膜的厚度。

计算可得，Si-PFSA 膜的弹性模量为 0.846GPa，大约是 PFSA 膜（0.422GPa）的 2 倍；Si-PFSA 膜的硬度为 0.066GPa，大约是商业膜（0.037GPa）的 1.8 倍。因此，添加 SiO$_2$ 后，薄膜的力学性能得到了优化。

图 1-16（a）和（b）描述了不同驱动电压下力输出的变化。可以看出，随着电压的增加，两种驱动器的力输出均随之增加，说明 IPMC 驱动器的力输出有较好的可控性。驱动电压分别为 1.5V、2.0V、3.0V 时，PFSA 基 IPMC[图 1-16（a）]的力输出分别为 0.24mN、0.48mN、0.78mN；而 Si-PFSA 基 IPMC 的力输出分

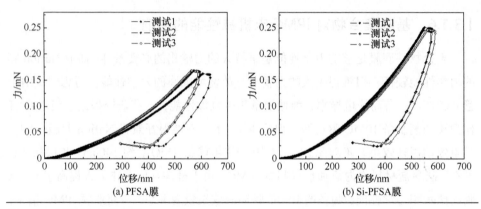

图 1-15　薄膜的力-位移曲线

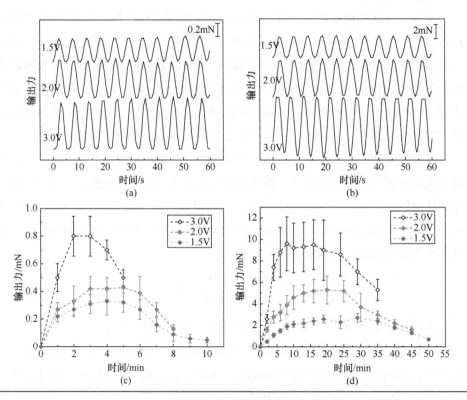

图 1-16　不同驱动电压下 IPMC 的力学输出性能。PFSA 基 IPMC（a）和 Si-PFSA 基 IPMC（b）的力输出；PFSA 膜 IPMC（c）和 Si-PFSA 膜 IPMC（d）力输出随时间的变化关系

别为 2.1mN、5.3mN、9.2mN[图 1-16（b）]。显然，相对于前者，后者的力输出大大提高了。前期文献研究表明：增加离子交换薄膜的厚度可以有效地增加力学输出性能[68-70]。考虑到二者厚度不同，前者厚度为 0.18mm，后者厚度为 0.28mm。

将它们转换成同样厚度来近似比较它们的力学输出性能，忽略电极厚度（3μm）和吸水后膨胀的体积，3 种电压下单位厚度上力输出从 1.33mN/mm、2.67mN/mm、4.30mN/mm 增加到 7.0mN/mm、17.7mN/mm、30.7mN/mm，平均输出力增加 6～8 倍。

掺杂后，另一个优化的工作参数是非水工作时间。因此，测试了不同电压下输出力随时间的变化数据，见图 1-16（c）和（d），其目的是研究驱动器的非水工作性能。比较图 1-16（c）和（d）可得：在固定电压和频率下，两种驱动器的力输出变化趋势相同，即随着时间的增加，力输出先增大后逐渐减小。例如，3.0V、0.2Hz 下 PFSA 基 IPMC 驱动器的最大输出力为 0.78mN，这个过程仅仅持续了大约 0.9min，总的非水工作时间也只有大约 5.3min；而 Si-PFSA 基 IPMC 驱动器的最大输出力为 9.2mN，该过程却持续大约 13.2min，总的非水工作时间也增加到大约 35.2min。在 1.5V 和 2.0V 时也有类似的结果。统计表明，非水工作时间平均延长了 6～7 倍。力输出和非水工作时间研究结果表明：Si-PFSA 基 IPMC 的电致动性能大大优于 PFSA 基 IPMC。可能原因：由于薄膜具有较好的力学性能，故能提供大的力输出；由于 Si-PFSA 膜内存在着大量的微管道，故能提供足够的水来保持 IPMC 的驱动需要，导致了非水工作时间的延长和输出力的增加。

1.3.2　电极

IPMC 电致动响应源自水合离子电场迁移产生的浓度梯度。均匀致密的电极可以提供强烈的"堰塞效应"，产生大的浓度梯度差，进而促使 IPMC 产生大角度的偏转。组成 IPMC 电极的金属纳米颗粒越均匀致密，其间隙越少越小，"堰塞效应"越强[图 1-17（a）～（c）]。然而，这些间隙的存在却是 IPMC 产生形变的必要条件。这是由于金属纳米电极的模量很高，难以发生弯曲。实质上，IPMC 的弯曲起源于间隙的距离变化，故提升"堰塞效应"与增加位移输出存在矛盾。此外，IPMC 电极是电子、离子交换电荷的媒介，需要电极与电解质溶液充分接触，多孔、粗糙的电极有利于减小界面电阻，因此，提升"堰塞效应"与电极导电性能存在竞争。

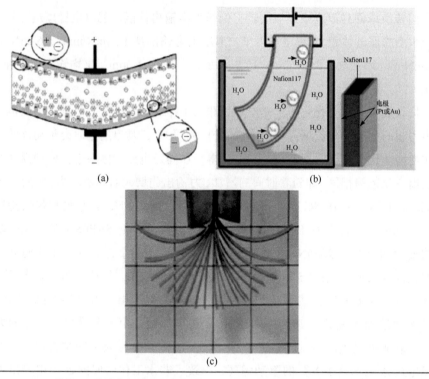

图 1-17 IPMC 结构。母体膜内部的微小内管道（a）；IPMC 工作原理示意图（b）；致动录像截图（c）

1.3.2.1 IPMC 电极

IPMC 电极的优劣对其性能影响较大。IPMC 电极主要分为金属电极和非金属电极两种。金属电极指的是 Pd、Pt、Ag、Cu 和 Au 纳米颗粒电极，理想的金属涂层厚度处于 1～20μm，金属纳米颗粒分散细小而均匀，外观具有黑色金属光泽。金属电极优点是导电性能好，面电阻通常小于 1Ω，缺点是金属纳米颗粒的力学性能高、模量大，不利于 IPMC 电驱动器的偏转。同时，金属纳米块之间存在间隙，当水分子来往于两个电极间迁移时，这些间隙的存在就造成了 PFSA 膜内部的水流失。另外，金属材质的表面能较高，与聚合物基底膜的化学兼容性差，容易脱落。而非金属电极通常有炭黑、石墨（包括石墨烯、石墨炔）、碳纳米管（CNT）、聚吡咯（PPy）、导电聚合物如聚噻吩（PTh）及其衍生物（如 PEDOT）等电极。非金属电极的优点是电极的柔韧性好，利于电驱动器的偏转；缺点是电极的导电性能差，面电阻几百欧姆或者上千欧姆，需要电驱动的电压高。制备导电、保水、小束缚偏转的柔性电极成为 IPMC 发展的瓶颈。

依据迁移离子的类型，Asaka 等[71]提出金属电极的制备方法有两种：还原剂渗透（reductant permeation，RP）和浸渍还原（impregnation reduction，IR）。前者由还原剂渗透到金属纳米离子前体处，还原形成纳米粒子；后者为金属离子迁移到外边，与还原剂作用，形成纳米粒子。考虑到通常 Nafion 膜内部存在大量的内管道，无论是阳离子或是阴离子，包括还原剂及金属离子均可以自由通过，还原剂和金属离子均可以迁移，因此本质上 RP 与 IR 并没有明显区别。两种过程中发生的化学反应如下。金属的前体通常为 Pd、Pt、Au、Ag 的络合物，由于这些惰性金属具有高电化学稳定性和导电性而通常被用作电极材料。还原剂为 $LiBH_4$、$NaBH_4$、NH_2-NH_2/NH_4Cl 等强的还原物质，此外，Ag 的还原剂也可以是葡萄糖、聚乙二醇（PEG）等毒性较小的物质。

以$[Pt(NH_3)_4]Cl_2$为例，常规的制备方法涉及三个环节：预处理、离子交换、初级化学沉积。与还原剂发生的反应如下：

$$[Pt(NH_3)_4]Cl_2 + NaBH_4 \xrightarrow{OH^-/H_2O} (Pt)_n + NH_3\uparrow + NaBO_2$$

$$[Pt(NH_3)_4]Cl_2 + NH_2\text{-}NH_2 \xrightarrow{OH^-/H_2O} (Pt)_n + NH_3\uparrow$$

1.3.2.2 预处理

预处理的目的是将离子交换膜的表面清洗干净，去除杂质。涉及环节如下：将 Nafion 117 基膜放置在有机玻璃上，用牙膏、棉布每面均匀磨，使之粗化。打磨后用去离子水进行多次清洗；粗化后的膜用 1.0mol/L 的盐酸煮沸 1h，使之打通离子通道。

1.3.2.3 离子交换

在去离子水中煮 1h，除去膜中的酸；按照 $2.0g/m^2$ 量取电极前体化合物。例如：膜面积为 $7.5cm^2$，膜总面积为 $15cm^2$，需要 45mg $[Pt(NH_3)_4]Cl_2$，将其配制成 2mg/mL 的溶液，浸泡 12h 以上。本过程中碱性的$[Pt(NH_3)_4]Cl_2$会中和溶液中的氢离子，在磺酸负电离子的周围，只能存在带正电的$[Pt(NH_3)_4]^{2+}$，这样一来，$[Pt(NH_3)_4]^{2+}$就被吸附在离子交换膜内部。

1.3.2.4 初级化学沉积

在碱性环境下配制 5%（质量分数）的 $NaBH_4$ 溶液备用。将预处理后的 Nafion 膜转移到梨形瓶，边加热边旋转，有利于化学还原的均匀进行。加入的 $NaBH_4$

溶液 2mL/15min, 7 次共计 14mL, 起始温度为 45℃, 逐步升温至 60℃（5℃/10min），反应 2h 后再加入 15mL NaBH$_4$ 溶液，充分反应 2h，整个初级还原结束，Nafion 膜表面覆盖 Pt 的纳米电极。反应过程中，注意防止 Nafion 膜贴壁。一般情况下，电极的黑色在第二次添加 NaBH$_4$ 溶液后出现。

1.3.2.5　次级化学沉积

次级化学沉积是在溶液浓度为 0.5mg/mL 的[Pt(NH$_3$)$_4$]Cl$_2$ 溶液中进行的。预先配制 5%的 NH$_2$OH·HCl 溶液与 20%的 NH$_2$NH$_2$·H$_2$O。为促进反应的均匀进行，把初级还原制备的 IPMC 膜转移到前述梨形瓶中，边加热边旋转。在过程中，每 20min 加入 3mL 的 NH$_2$OH·HCl 溶液和 2mL 的 NH$_2$NH$_2$·H$_2$O 溶液，全部过程中加入 7 次还原溶液。起始温度为 45℃，逐步升温至 60℃（10℃/20min），反应 2h。溶液的逐渐升温的目的是[Pt(NH$_3$)$_4$]离子逐级电离，将游离的 Pt 离子逐步释放到溶液中（图 1-18），保证还原反应的顺利进行。反应结束后，由于新制备的 Pt 纳米颗粒被吸附在原来的 Pt 纳米电极表面，整个电极厚度变大，电极逐渐呈现发亮的金属光泽。

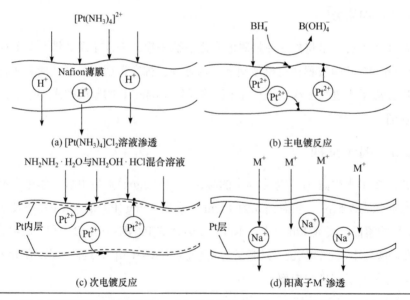

图 1-18　两次化学沉积过程中的离子运动。（a）碱性环境中，[Pt(NH$_3$)$_4$]$^{2+}$置换 H$^+$；（b）电解质内部的 Pt^{2+}迁移到界面，被 BH$_4^-$还原，转化为金属 Pt 纳米颗粒而嵌入 PFSA 膜表面；（c）水溶液中的 Pt^{2+}，被水中 NH$_2$NH$_2$还原而转化为金属 Pt 纳米颗粒，吸附在上次还原的 Pt 纳米颗粒表面；（d）金属离子在 PFSA 内部的离子交换

1.3.2.6　电极形貌观察

文献已经报道了 PFSA 基 IPMC 两侧 Pt 金属电极的形貌[44,48]。图 1-19 展示了典型的 Nafion 基 IPMC 的场发射扫描电镜（FESEM）图片。在 Nafion 膜两侧固定了两层 Pt 纳米颗粒电极，形成了典型的夹心结构。由于导电性能存在差异，SEM 图中层与层之间出现了明显的界面。Pt 纳米颗粒主要来源于初级化学沉积过程中 Nafion 膜内部抗衡阳离子——Pt（Ⅱ）离子的还原。图 1-19（d）显示：平均厚度为 4.8μm 的 Pt 纳米层紧密地与聚合物膜结合。图 1-19（e）进一步表明铂纳米层主要由许多具有不同直径（10～80nm）的 Pt 纳米晶粒组成。沿剖面方向，Pt 纳米颗粒存在一个浓度梯度，顶层是纯 Pt 纳米晶粒，随后是 Pt 纳米晶粒和 Nafion 聚合物的混合物。在 Nafion 聚合物中嵌入 Pt 纳米晶粒可有效阻止表层 Pt 纳米颗粒从 Nafion 表面脱落，从而确保了 IPMC 稳定的电机械响应。图 1-19（f）展示了 Pt 纳米晶粒的平面图，其中包括许多平均直径约 8nm 和不同的长度（30～120nm）的层状纳米微晶。这些纳米微晶来源于次镀过程，填充在 Pt 电极块的裂缝中间，一定程度上改善了电极的表面电导率。

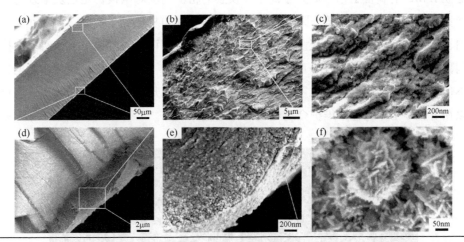

图 1-19　IPMC 的 SEM 图片。IPMC 样品经液氮冷断，表面沉积 Pt 颗粒（约 5nm）后观察。（a）为 200 倍横断面，Pt 纳米颗粒层夹心 Nafion 结构；（b）、（c）分别是膜 3000 倍和 5000 倍的放大图片；（d）、（e）分别是纳米 Pt 层的 5000 倍和 5 万倍的放大图片；（f）是 20 万倍的 Pt 纳米颗粒图片

在 IPMC 的平面图中，存在大量的裂缝，其直径处于 20～80nm 之间，如图 1-20 所示。显然，裂缝的存在有利于 IPMC 的摆动，但是过大的裂缝将导致水分子的严重渗漏。另外，大的裂缝会产生较大的电阻，进而消耗大量的能量。同时，电

解质溶剂如水很容易通过裂缝损失。因此，改进 IPMC 的性能需要优化 Pt 颗粒的沉积，降低裂缝的大小和数量。

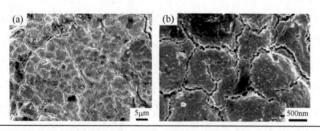

图 1-20　IPMC 电极。平面 SEM 图片，PFSA 膜 IPMC 的表面 2000 倍（a）和 20000 倍（b）

1.3.2.7　金属电极

　　IPMC 最早采用金属纳米电极驱动，它具有导电性能好、能量转化效率高的优点。Ag、Au、Pd、Cu 电极是常用的金属电极，它们的制备可以借鉴 Pt 电极的制备方法，也可以采用物理、机械、微电子技术制备。熊克课题组[39]报道了 Ag 电极 IPMC 的制备工艺，研究了离子交换膜的粗糙程度对电极稳定性及电致动性能稳定的因素。王延杰等[72]利用电镀技术改进金属电极的制备技术，制备了钯、铂、银、铜的枝状金属电极。其中，金属电极的厚度可以通过调节反应时间来控制，最大深度 200μm，几乎可以达到电解质层的对边（图 1-21）。枝状金属电极不仅可以快速实现电荷由电子型到离子型的传递，提升 IPMC 的偏转频率，也可以在 IPMC 工作过程中维护金属电极的稳定性。

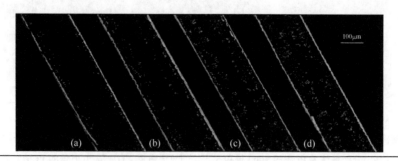

图 1-21　SEM 监控的枝状电极的发展过程

　　Esmaeli 等[73]研究了溅射方法制备 Au 电极的方法，研究了喷砂粗化、等离子辐照技术等基底膜的预处理程序对电极形貌及基底黏附力的影响。由于其高的氢和氧的过电位，Au 是最有希望替代 Pt 电极的候选者。此外，纳米 Au 电极在柔软性、无毒性和高导电性方面也具备一定的优势。结果显示：Ti 基表面沉积的 Au 电极更为致密，纳米颗粒较小。

尽管金属纳米电极已经在 IPMC 领域展开运用，但它们也存在明显的弊端。金属纳米电极具有高的力学性能限制了 IPMC 的偏转，金属纳米电极存在严重的水流失问题。更为重要的是：金属电极容易发生从电解质剥离现象。原因有 3 点：①IPMC 浸入水中后离子交换膜的体积膨胀 10%；②IPMC 工作过程中，水合离子的往复运动对电极有冲击；③金属电极和聚合物的表面差异较大，兼容性差。

1.3.2.8 非金属电极

非金属材料具有表面能低的特点，与电解质层的黏合也相对稳定。它们当中的聚合物也具有好的柔韧性能，可以最大限度减小电极偏转时对 IPMC 产生的阻力。同时，聚合物电极的生产成本也要比惰性金属电极小得多。因此非金属电极的使用是 IPMC 推广的有力举措。非金属电极的制备方法由溶胶凝胶、热压、静电纺丝等。

溶胶凝胶可以使用多种镀膜工艺，如图 1-22，包括提拉法（dip-coating）、旋涂法（spin-coating）、喷涂法（spray-coating）、弯月面法（meniscus-coating）等。将导电石墨、炭黑、科琴黑、纳米 Ag 等颗粒分散在一定的溶液中，制成电极浆，然后利用溶胶凝胶方法，经溶液蒸发、热硫化得聚合物电极。

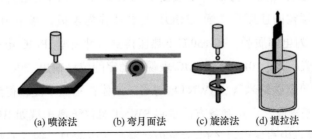

(a) 喷涂法   (b) 弯月面法   (c) 旋涂法   (d) 提拉法

图 1-22 溶胶凝胶镀膜工艺

连慧琴等[43]利用浸涂法制备了 CNT 掺杂的 Nafion 电极[图 1-23 (a)、(b)]。步骤如下：将 CNT 分散在 Nafion 的 DMF 溶液中，制成电极浆；将离子交换膜条浸入电极溶液中，取出膜并在 150℃下干燥 5min。将该过程重复三次以确保膜上有致密且均匀的 CNT 层。SEM 显示，CNT 与杂化膜之间存在强的相互作用，有利于 IPMC 维持稳定的电致动性能。我们课题组前期将单壁碳纳米管（SWCNT）

图1-23 CNT电极SEM水平表面（a）和横截面（b）；SWCNT/离子液电极IPMC的剖面300倍（c）和3000倍（d）；电极平面（e）和（f）SEM图片

超声分散在离子液中形成凝胶，涂于粗化的 Nafion 膜表面，制成 IPMC[图 1-23（c）～（f）]。SEM 显示：SWCNT 与 Nafion 之间有较强的黏附。四电极测试结果显示：面电阻处于 5～30Ω 之间，显示出了高导电性能。

热压即使用热压系统使几个薄的基体膜和电极膜物理黏附在一起。该方法具有能够增强 IPMC 的弯曲刚度、力性能和再现性，且操作简单、能重复，易控制厚度。同时，这种热压的方法可以很便捷地制备出需要的驱动器。陈韦团队将掺杂 Ag 纳米颗粒的还原石墨烯（rGO）复合膜作为电极，掺杂 IL 的聚偏氟乙烯（PVDF）作为电解质膜，在 150℃下热压得到一种新型 IPMC 电驱动器。对其性能测试结果表明：在 10Hz 下，IPMC 表现出稳定的位移输出。2005 年 Fukushima 课题组[74]利用单壁碳纳米管（SWNT）与离子液体在室温下复合得到凝胶态共混物，称为"巴基凝胶"。其制备方法是将 SWNT 悬浮于离子液如 BMIBF₄ 中研磨 15min。导入模具中与聚偏氟乙烯-六氟丙烯凝胶热压成型，得夹心结构。

静电纺丝是溶液在高压电场作用下产生纳米纤维的过程。基本的装置是由高压电源、蠕动泵、喷头和接收装置组成。接收装置接地，喷头与接收装置之间存在高的电压，电场下，聚合物溶液被喷出形成丝状预聚体，长时间堆积固化后形成纤维膜。Lee 等[61]制备了 CNT/Nafion 纺丝电极，将一定比例的多壁碳纳米管（MWNT）倒入 Nafion/PEO 分散体中，将混合物机械搅拌并使用超声均化器分散 1h。导入塑料注射器中，10kV 下，静电纺丝 20μm，作为电极。130℃的条件下，将含有 MWNT 的纺丝膜与粗糙化的 Nafion 热压 5min。电极中含有 Nafion 成分，保证了高温下电极与聚合物本体膜之间的稳定连接。然后在电极表面溅射 Au 纳米颗粒增加导电性能。静电纺丝制备电极工艺存在普遍难题：掺杂剂与支撑材料之间存在不同程度的难以兼容问题。在上面 Lee 团队的实验中，随着 MWNT 的含量增加，纺丝纤维的形貌变得不规则起来。这是由 MWNT 在分散液中分布不均匀造成的。前期，笔者团队也进行了导电石墨掺杂 Nafion 纺丝实验，得到的纺丝膜的面电阻在千欧姆级上。

章启明等制备了垂直排列的碳纳米管（VACNT）/Nafion 复合电极。该团队将 Nafion 分散液置于垂直排列的 CNT 内部流延成膜。利用环氧树脂包埋复合膜之后，使用精细切片机切片，沿垂直于 CNT 方向切割 12μm 厚的薄片作为电极膜。然后在 Nafion 薄膜的两个表面上喷涂 Nafion 分散液作为黏结剂，利用两个切片电极夹心 Nafion 膜，置于 130℃下热压以进一步改善黏合。最后在复合材料表面黏合 50nm 厚的金电极，以提高表面电导率。整个 IPMC 驱动器的厚度为 49μm。测试结果显示：所得驱动器的驱动速度快[>10%（应变）/s]，驱动应变大（>8%应变低于 4V）。

1.3.2.9 金属电极的优化

作为一种电极，IPMC 电极需要具备良好的导电性能。一般来说，金属电极的导电性能较好，面电阻常常小于 1Ω；而非金属电极的导电性能较差，常常大于千欧姆。依据我们实验结果，只有面电阻小于百欧姆的电极才可以用作 IPMC 的电极。因此，不同电极材料对 IPMC 的致动性能存在大的影响。

在金属电极 IPMC 的制备过程中，为了得到大小均匀、颗粒精细的金属纳米颗粒电极，常常采取重复铂还原沉积过程来增加 Pt 电极的厚度，进而减小面电阻，同时增加"堰塞效应"。经过 5 次铂还原的电极电阻明显减小，循环伏安（CV）曲线中的放电电流也大于 1 次铂还原的电极。也可以添加一些分散剂如 PVP、十二烷基磺酸钠（DSS）等，调控金属纳米颗粒的粒径分布，进而调整"堰塞效应"。

1.3.3 溶剂化电解质离子

1.3.3.1 电解质溶剂

一些低蒸气压有机溶剂，例如聚乙二醇和二甲亚砜也可以用来代替水作为电解质溶剂，以减小蒸发损失，实现 IPMC 长的非水工作时间。这方面效果最好的是离子液。由于离子液具有电化学性能较稳定、难挥发、低熔点等特性，由其作电解质的 IPMC 的非水工作时间显著延长，且低温下也可工作。但由于离子液的阴、阳离子体积大，离子迁移时受到的黏滞阻力大，故离子液驱动的 IPMC 存在响应慢、频率低的缺陷。对于 IPMC，离子液具有特殊的贡献：

① 软化聚合物膜。在高分子物质内添加离子液之后，热稳定性增高，结晶度降低，聚合物的塑性明显增加。目前公认的解释：离子液基团插入高聚物分子链与分子链之间，与分子链上的基团互相排斥，打开链缠结点，减小了分子链之间的范德华力或者极性作用力，使得分子链的移动能力增加；同时，离子液通常为高分子的良溶剂，高分子链在该溶剂中会发生溶胀，进一步加强了链的舒展效应，所以复合膜的柔性变大，塑性增加。

② 增加导电性。离子液与高聚物分子之间是物理性连接，并没有化学键结构，即离子液在聚合物中形成了凝胶固态溶液。离子液的阴阳离子可以自由地在聚合物膜的网络中移动，客观上增加了高聚物膜的导电性。

1.3.3.2 水合阳离子

IPMC 内部，参与运动的是水合阳离子。IEC 越大，用于静电平衡的抗衡阳离子越多，越有利于形成高密度的离子运动。水合阳离子体积越大，迁移时受到的黏滞阻力越大（黏度越大），离子电导率越低，但体积溶胀率越高。以 Na^+、TBA^+ 为例，当输入相同的方波时，Na^+ 产生大的电流，TBA^+ 产生大的偏转。这是因为前者的体积小于后者，运动时阻力小。

美国 Nevada 大学 Kim 和新墨西哥大学 Shahinpoor 研究了不同阳离子（Na^+，Li^+，K^+，H^+，Ca^{2+}，Mg^{2+}，Ba^{2+}，TBA^+，TMA^+）对 IPMC 输出力的影响，IPMC 的基体材料为 Nafion 117 膜，电信号为 1.2V 的正弦电压、0.5Hz 的频率，样品尺寸 25.4mm×6.75mm。结果表明：阳离子的水合程度如下：$Li^+ \gg Na^+ > $（$K^+$，$Ca^{2+}$，$Mg^{2+}$，$Ba^{2+}$）$>H^+$；IPMC 的输出力顺序如下：$Li^+ \gg Na^+ > $（$K^+$，$Ca^{2+}$，$Mg^{2+}$，$Ba^{2+}$）$>$（$H^+$，$TBA^+$，$TMA^+$）[68]。

由于 PFSA 为阳离子交换聚合物，理论上，所有的阳离子均可以通过静电作用与之匹配，不同的阳离子对膜的离子交换性能和含水量均有影响。电荷密度高的携带阳离子数目大。全氟磺酸膜（Nafion，N-117）的电荷密度为 0.91meq/g，全氟羧酸膜（Flemion，F-1.44 和 Flemion，F-1.8）的电荷密度分别为 1.44meq/g

和 1.8meq/g。在 Nafion 膜中，Li^+、Na^+ 具备较小的离子半径，其电荷密度较高，因此对水分子的亲和力较大，具备较高的水含量；对于不同的有机阳离子，水含量随着抗衡阳离子的疏水性增加而降低。在 Flemion 膜中，F-1.8 的电荷密度大于 F-1.44，前者携带的水分子数量大于后者。利用电化学交流阻抗技术可以表征不同抗衡阳离子下的 PFSA 膜的电化学阻抗。PFSA 膜的离子电导率取决于离子的半径大小，水合能力，离子聚合物的电荷密度等；碱金属和碱土金属阳离子型聚合物具有比烷基铵阳离子型聚合物更大的导电性；随着烷基铵阳离子的大小增加，电导率降低。Flemion 系列膜具有比 Nafion 膜更大的离子导电性。

1.3.4　驱动信号

电信号对 IPMC 的运动影响显著。以商业和自浇注的 Nafion 膜为基底膜，分别制备 IPMC 电驱动器，导入相同的电信号，利用激光位移传感器、力传感器分别采集它们的位移、力数据，加以对比。测试结果：在同频率下，随着电压的逐渐升高，膜的位移、力输出增大；在同电压下，随着频率的逐渐升高，膜的位移、力输出不断增大。

1.4　金属电极的封装

常用的 IPMC 使用金属纳米电极，当 IPMC 弯曲超过金属电极的屈服应变时，在电极表面上会随机产生不规则的裂纹和皱纹。裂纹和皱纹的存在具有严重的负面影响：①这些裂纹将不可避免地降低电极的电导率，并产生不均匀的电场分布，从而导致大量能量浪费和 IPMC 驱动器扭转[75-77]；②这些裂缝会引起大量漏水和水分流失，特别是在脉冲电场作用下[78,79]，失水严重时，IPMC 停止工作；③电解质离子将从电极裂缝中泄漏出来，从而削弱了颗粒的"堰塞效应"，进而减弱了机电响应[80-82]。另外，由于极性和表面能的差异，金属电极会产生金属疲劳，并且会从 Nafion 基体上剥离，进而导致电场不均匀，IPMC 致动不对称，或者发生扭曲。严重剥落情况下，IPMC 停止工作。因此，开发一种柔性、导电和保水的电极对于 IPMC 的商业应用至关重要，但仍然是一个巨大的挑战。

这里介绍了两种封装技术：纳米银 dip-coating 技术和电镀 PEDOT 技术。

1.4.1 电镀 PEDOT

为解决漏水问题，IPMC 被封装到多种聚合物材料中，例如封装在 Saran 塑料，Kapton™，聚二甲基硅氧烷（PDMS），聚对二甲苯等聚合物材料中[83-86]。这些材料表现出较低的弹性模量，具有较好的储水效果，有利于提升 IPMC 的电驱动性能。然而，这些密封剂聚合物中的大多数是介电的，因此它们并不能提升 IPMC 电极的电导率。考虑到 IPMC 致动性能的衰减主要源自电极疲劳，例如电极剥离或产生深度电极裂缝，目前的工作主要集中于获得具有永久导电性的柔性电极[87-91]。聚（乙二氧基噻吩）（PEDOT）由于其高的电导率，出色的电容性能和良好的成膜性而成为极有希望的电极候选材料[92-94]。已经有文献利用含有 PEDOT 和聚苯乙烯磺酸钠（NaPSS）分散液浇注 PEDOT/NaPSS 导电膜，作为 IPMC 的电极。Grazian 等[89]利用绿色合成技术，成功地在 Nafion 表面上制备了纯 PEDOT 电极，得到不含金属的 IPMC 驱动器，4.0V 正弦电压信号驱动下产生的最大输出位移约为 1.0mm，从而表现出明显的机电响应。

我们利用电化学接枝技术在 IPMC 电极表面上电镀一层 PEDOT 薄膜，达到封装和修复 IPMC 的目的（图 1-24）。所得的 PEDOT 薄膜不仅可以防止水从电极裂缝中漏出，使 IPMC 能够长期工作，而且可以恢复电极的导电性。值得注意的是，PEDOT 接枝的 IPMC 驱动器在空气中表现出优良的电机械性能和更长的稳定工作时间。

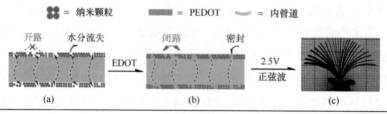

图 1-24 电化学接枝将 PEDOT 封装到 IPMC 表面的路线示意图。（a）普通 IPMC 的剖视图，由于电极裂纹，Pt 纳米颗粒层中会产生开路，因此水总是会从裂纹中泄漏出来。（b）在这项研究中，EDOT 被电聚合为 PEDOT 并填充了裂缝。因此，破裂的 Pt 纳米颗粒被很好地密封以形成闭合回路，并有效防止水分流失。（c）拍摄的图片显示了来自 PEDOT 嫁接的 Pt/Nafion IPMC 驱动器的多次连续执行

1.4.1.1　电镀装置

我们采用脉冲式恒流模式电镀 PEDOT。具体步骤如下：①挑选出电极疲劳的 IPMC 样品，在 2V、0.5Hz 的电压下，对制备的电驱动器进行弯曲变形响应测试。②配制电镀液。采用含有 EDOT 的去离子水溶液作为电镀液。③确定电镀条件。使用电化学工作站将需要修复的 IPMC 进行循环伏安扫描，从中得到最适合的电镀电流值范围，从而确定最佳电镀条件。④如图 1-25，使用脉冲式恒流程序（占空比为 50%）进行电镀，循环 10～50 个周期。⑤电镀（封装）后处理。对电镀（封装）后的 IPMC 进行修剪，切除边缘，确保 IPMC 吸附充足的水溶剂。

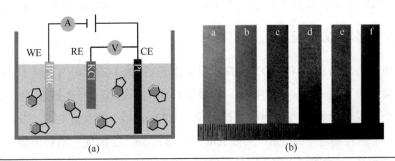

图 1-25　PEDOT 修饰 IPMC 的三电极电解槽装置示意图（a）；修饰前后的光学图片对比（b）
a—IPMC；b—100s；c—200s；d—300s；e—400s；f—500s

1.4.1.2　PEDOT 涂覆前后的形貌表征

为了观察 IPMC 表面电极裂缝的修复效果，图 1-26 记录了 PEDOT 修饰前后的 SEM 图片。如图 1-26（b）所示，在 IPMC 金属电极表面均匀覆盖了薄薄的一层 PEDOT 膜。将出现裂纹的区域进行放大，并与图 1-26（c）进行比较后发现：电镀的 PEDOT 薄膜完美地填补了裂缝，并覆盖在 Pt 电极的表面。PEDOT 薄膜涂层对 IPMC 起到了很好的封装效果，有效地减少了水分从金属电极缝隙的流失，

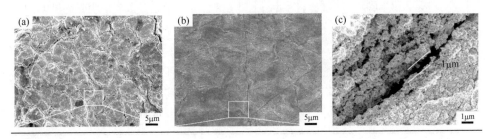

图 1-26

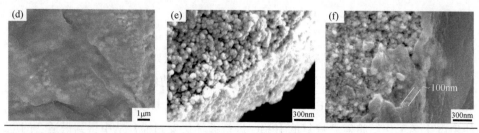

图 1-26　PEDOT 修饰 IPMC 前后的 SEM 图片对比。(a) 常规 IPMC 的表面；(b) PEDOT 修饰后的 IPMC 表面；(c) 表面裂纹；(d) 封装后表面裂纹；(e) IPMC 的剖面；封装后的 IPMC 的剖面 (f)

目的是延长 IPMC 非水环境的工作时间。横截面视图[图 1-26 (e)、(f)]显示：电镀的 PEDOT 薄膜涂层的厚度大约 100nm，修复了 IPMC 表面电极的裂纹。

1.4.1.3　化学成分表征

利用红外光谱监测 PEDOT 电聚合反应的进行[图 1-27 (a)]。对于 EDOT，观察到两种类型的 C—H 拉伸振动：①噻吩环中的不饱和 C—H 键在 3115cm^{-1} 处出现一个尖锐的单峰，其弯曲模式峰出现在 893cm^{-1} 和 761cm^{-1} 处；②乙二氧基中的饱和 C—H 键在 2980cm^{-1}、2923cm^{-1} 和 2873cm^{-1} 处出现三重吸收峰。其他一些特征峰包括：1365cm^{-1} 和 1484cm^{-1} 处的噻吩环骨架峰，产生于 C—C 和 C=C 键的拉伸振动；1185cm^{-1} 和 1057cm^{-1} 处的峰是 C—O—C 的拉伸振动；934cm^{-1} 处的峰是 C—S 的拉伸振动。电聚合后，不饱和 C—H 键的拉伸和弯曲振动峰都消失了，表明不饱和 C—H 键参与聚合反应。

Raman 检测也证实发生了电聚合反应[图 1-27 (b)]。对于 EDOT，由于 C=C

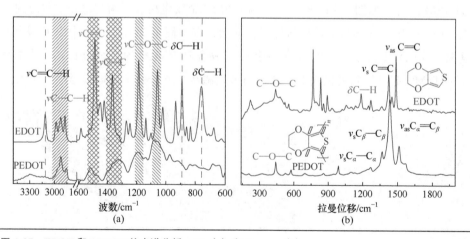

图 1-27　EDOT 和 PEDOT 的光谱分析。IR (a) 和 Raman (b)

键的不对称伸缩而产生了 1483cm⁻¹ 的强峰，而在 1446cm⁻¹ 和 1421cm⁻¹ 处发现了其对称伸缩。C—H 键的弯曲出现在 1267cm⁻¹、1184cm⁻¹、1134cm⁻¹、1054cm⁻¹、1097cm⁻¹。870cm⁻¹、831cm⁻¹、763cm⁻¹ 的峰来自噻吩环的变形振动。PEDOT 拉曼光谱显示：在 1569cm⁻¹、1508cm⁻¹、1430cm⁻¹ 处出现了三个明显的 $C_\alpha{=}C_\beta$ 键不对称伸缩带，$C_\beta{-}C_\beta$ 和 $C_\alpha{-}C_\alpha$ 的对称伸缩带分别出现在 1365cm⁻¹ 和 1270cm⁻¹。结论：聚合后，IR 光谱中不饱和 C—H 键的消失以及拉曼光谱中 $C_\alpha{=}C_\beta$、$C_\beta{-}C_\beta$ 和 $C_\alpha{-}C_\alpha$ 谱带的出现表明聚合成功。反应机理：EDOT 的单体通过除去 H 原子而聚合，相邻的 EDOT 环通过 $C_\alpha{-}C_\alpha$ 键连接而形成线型共轭 PEDOT 聚合物链，由此表现出良好的电子传导性。

采用 XPS 谱高分辨率分析了 PEDOT 包覆前后 IPMC 表层的 C、S、F、Pt 元素信息（图 1-28）。新 IPMC 的 C 1s 光谱[图 1-28（a）]由 4 个成分组成，分别

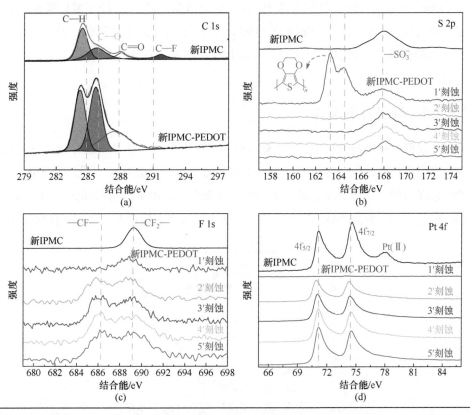

图 1-28 新制备 IPMC 封装 PEDOT 前（新 IPMC）、后（新 IPMC-PEDOT）的 XPS 光谱分析。C 1s（a），S 2p（b），F 1s（c）和 Pt 4f（d）高分辨率 XPS 光谱的比较和演变。经过五次 Ar⁺等离子体冲击后收集了新 IPMC-PEDOT 的 XPS 信号

为 C—C 键 (284.5eV)、C—O 键 (285.8eV)、C—F 键 (291.7eV) 和 O—C═O (288.1eV)。C—C、C—O 和 C—F 键来源于暴露 Pt 裂纹处的 Nafion 基体，O—C═O 则来自物理吸附的碳元素。PEDOT 包覆后，C—O 键的信号明显增强，原子浓度从 22.7% 上升到 58.1%，而 C—F 键几乎消失，说明 PEDOT 均匀包覆成功，封堵了裂纹，造成 Nafion 基体信号的中断。新 IPMC 在 168eV 时的 S 2p 峰值来自 Nafion 基质中的磺酸[图 1-28 (b)]，包覆 PEDOT 后，S 2p 光谱由两部分组成，分别处于 163.2eV 和 164.4eV，它们均来自 PEDOT 的噻吩环。新 IPMC 在 689.2eV 时出现了一个强的 C—F$_2$ 峰，PEDOT 涂覆后，该峰明显减弱，F 原子浓度从 6.16% 急剧下降至 0.31%。第 2 次蚀刻后，686.3eV 处又出现另一个微弱的 F 1s 信号，可能是由于 Ar$^+$ 等离子体的冲击，PEDOT 遭到剥离，暴露了内部的 Nafion 而产生 C—F 键[图 1-28 (c)]。新 IPMC 的 Pt 4f 谱由 3 个峰组成：71.1eV (4f$_{7/2}$) 和 74.6eV (4f$_{5/2}$) 的 2 组峰来自 Pt (0) 电子结构，77.9eV 峰可能是吸附的 Pt (Ⅱ) 离子[图 1-28 (d)]。PEDOT 包覆后，Pt 4f 信号被完全阻断，原子浓度从 35.93% 降至 0。这些观察结果进一步证明了 PEDOT 在 IPMC 表面成功且均匀包覆。

1.4.1.4　导电性能测试

采用四探针电极测试 PEDOT 修饰前后的导电性能。新 IPMC 的 Pt 纳米电极表面表现出良好的电子导电性，面电阻约为 2.6Ω/sq (图 1-29)[95]。然而由于电极中存在裂缝，长期使用过的两组 IPMC 表面平均面电阻大幅增加到 231Ω/sq 或 260Ω/sq。在电接枝 PEDOT 100s 后，两组的平均面电阻降至 22Ω/sq 和 16Ω/sq，

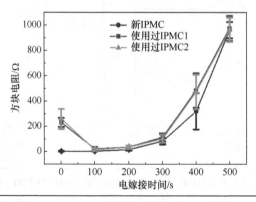

图 1-29　三组 IPMC 导电性能

达到可与其前体匹配的电导率。通过增加电接枝时间，PEDOT 表面形态发生了变化。其表面结构由聚合物膜发展成聚合物颗粒，其层厚度和薄层电阻均有所增加。由于 Pt 纳米颗粒显示出比 PEDOT 膜优越的电导率，而 PEDOT 膜则优于 PEDOT 颗粒，随着电嫁接时间的延长，复合膜的导电性能发生下降。此外，随着厚度的增加，增加 PEDOT 涂层的厚度会降低 IPMC 的柔韧性，这可能会阻碍 IPMC 的弯曲[96]。

1.4.1.5　修复前后电致动性能分析

新 IPMC 驱动器具有典型的 IPMC 对称致动功能，总摆动角度达到 117°，达到了预期的机电响应效果[图 1-30（a）]。新 IPMC 的位移曲线呈现出典型的正弦曲线形状，从波峰到中心和波谷到中心的位移均为 6.5mm，显示出良好的对称分布。PEDOT 的涂覆增加了新 IPMC 的偏转角和位移输出[图 1-30（d）]，证实了 PEDOT 涂层有利于 IPMC 提升驱动性能。

两组使用过的 IPMC（IPMC1 和 IPMC2）被用来电镀 PEDOT。电镀前，IPMC1 驱动器显示出 22.9°的左偏转角和 44.1°的右偏转角，显示出不对称的致动[图 1-30（b）]，其位移-时间曲线也证明了不对称性[96]。电接枝 PEDOT 后，IPMC1-PEDOT 驱动器的左偏转角为 47.0°，右偏转角为 46.8°，且检测到的位移数据几乎相同，表明 PEDOT 涂层的修复使得 IPMC 产生了对称的致动性能，且偏转角和位移均明显增加[图 1-30（d）]。

IPMC2 在被脉冲电场驱动时表现出明显的扭转变形行为[图 1-30（c）]，其位移-时间曲线也表现出了奇特的双峰现象。这是由于 IPMC2 的金属电极出现了剥离，导致电场分布不均匀，由此表现出了扭转变形的致动特征，在其位移曲线中看到了一个双波峰和一个双波谷。从波峰到中心的平均位移为 3.4mm，从波谷到中心的平均位移为 5.9mm，显示出典型的扭转和不对称行为。PEDOT 涂层的引入不仅使之恢复了正常致动性能，而且使位移输出增加了 1.56 倍[图 1-30（d）]。上述结果表明：PEDOT 涂层不仅能够有效修复使用过的 IPMC 的致动缺陷，例如 Pt/Nafion IPMC 驱动器中常见的不对称致动和扭转变形，还可以有效地增强其机电性能。

IPMC 的机电响应源自水合阳离子的迁移[97]。多数基于金属电极的 IPMC 在长时间启动（即超过 3h）后会遭受一些问题，例如失水和电极疲劳，从而导致机电性能严重受损[98]。为了测试一段时间内机电性能的稳定性，图 1-30（a）～（c）

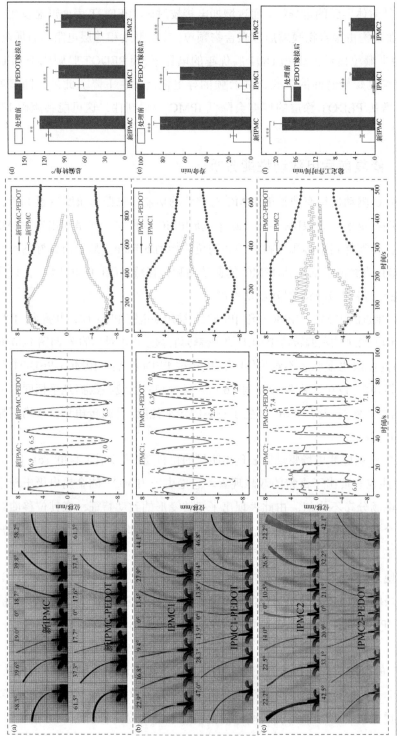

图1-30 新IPMC（a），旧IPMC1（b）和IPMC2（c）的PEDOT涂层前后驱动图像和位移曲线。所有IPMC均在2.5V、0.1Hz正弦波下致动。（d）～（f）分别为三种IPMC在相同驱动信号下的力、寿命、稳定工作时间曲线

中记录了位移衰减曲线，给出了每个位移曲线的波峰和波谷，同时去除了波峰和波谷之间的数据。新 IPMC 和 PEDOT 嫁接后的 IPMC 均显示出高度对称的位移曲线[图 1-30（a）]。两组旧 IPMC 的位移曲线是不对称的，并显示出较大的衰减[图 1-30（b）、（c）]。在 PEDOT 涂层之后，三组 IPMC 的位移输出均显著提高，且延长了使用寿命。新 IPMC 驱动器在空气中工作约 18min，而新 IPMC-PEDOT 驱动器可持续约 83min，增加 4.98 倍[图 1-30（e）]。两种旧 IPMC 的寿命也分别增加了 8.44 和 8.37 倍。因此，引入 PEDOT 涂层可有效抑制致动衰减。

稳定的弯曲行为对于 IPMC 应用至关重要。三组未修复 PEDOT 的 IPMC 驱动器使用纯 Nafion 作为电解质基质，并表现出非常短的稳定工作时间（SWT），即在 PEDOT 涂层之前仅有少于 140s 的 SWT，这与以前的研究结果一致[99,100]。PEDOT 涂层后，三组 IPMC 的 SWT 分别增加了 7.15、12.78 和 10.90 倍[图 1-30（f）]。电镀 PEDOT 的新 IPMC 的 SWT 更是超过了 1000s，表现出了前所未有的驱动稳定性。因此，PEDOT 涂层可有效解决常见 IPMC 驱动器中出现的水损失和电极疲劳问题。

将 PEDOT 涂层引入 IPMC 电极表面上旨在获得具有大电子迁移率和高致动稳定性的 IPMC 驱动器。通过连接相邻的金属纳米颗粒形成导电路径，PEDOT 显著提升了 IPMC 电极的导电性能[96]，从而获得具有均匀电场分布和高电导率的修复电极。IPMC 的稳定致动来自稳定的水吸收，因为 IPMC 如果没有电解质溶液就无法工作[101,102]。IPMC 表面上的 PEDOT 涂层可以有效地防止水从电极裂缝中漏出，从而获得超过 18min 的高稳定性工作时间。此外，填充的 PEDOT 还增强了 IPMC 电极的密度，从而增强了颗粒的"堰塞效应"并改善了机电性能。

1.4.2　纳米银 dip-coating

我们提出了一种简便有效的电极疲劳修复技术。如图 1-31 所示，先用多元醇还原法制备聚乙烯吡咯烷酮包裹的银纳米颗粒（PVP@Ag NPs），然后用提拉法将其涂覆在旧 IPMC 表面。值得注意的是，Ag NPs 的 PVP 封装旨在防止 Ag NPs 的氧化，并增加它在较高电压下（超过 2.5V）暴露在电解质溶液（例如水）时的电化学稳定性。由于 Ag NPs 与 IPMC 中原有 Pt NPs 具有良好的相容性，小的 Ag NPs 很容易进入电极裂纹内部，并牢固地附着在 IPMC 基体表面 Pt NPs 剥落的地方，从而修复电极剥落和开裂。填充的 Ag NPs 不仅连接相邻的 Pt 纳米颗粒团聚，形成新的导电路径，而且增强了"堰塞效应"，改善了机电性能。在脉冲电场的驱动下，PVP@Ag NPs 修复后的 IPMC 执行器具有更好的机电性能和更高的力输出。

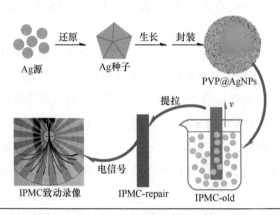

图 1-31　Ag NPs 的生长机理及 PVP@Ag NPs 浸涂修复 IPMC 的制备过程。以乙二醇（EG）为还原剂，首先将 AgNO₃ 还原为 Ag（0）种子，通过 PVP 生长抑制剂将 Ag（0）种子长大包封，形成 PVP@Ag NPs。利用步进电机将旧 IPMC（IPMC-old）从 PVP@Ag NPs 电极浆中缓慢垂直提升，从而得到 PVP@Ag NPs 涂覆的 IPMC（IPMC-repair）

1.4.2.1　银纳米颗粒的制备

采用多元醇还原法制备银纳米颗粒[103]。在避光条件下，在含 2.50g AgNO₃ 的 80.0mL 乙二醇溶液中缓慢加入 1.60g PVP（$M_w = 130 \times 10^4$），然后用自动移液枪加入 50μL NaCl（20μmol）的 EG 溶液，在室温下预反应 10min。随后放置于油浴锅中在 170℃下反应 3h，冷却至室温后，分别用丙酮和乙醇离心，仔细洗涤沉淀。最后将灰黑色的产品 PVP@Ag NPs 干燥成粉末。

1.4.2.2　在 IPMC 表面提拉银纳米颗粒

取 50mg PVP@Ag NPs 粉末，加入 10mL 的无水乙醇，使用提拉法在旧 IPMC 表面均匀地涂覆一层 Ag NPs，得到 IPMC-repair。这是一种简单有效的封装方法，PVP@Ag NPs 因其表面聚合物的保水性能，可以增强电极外侧的"堰塞效应"，阻挡水分的流失。作为金属，Ag 具有较低的电阻，并与 Pt 电极有着好的化学兼容性，使致动器在低驱动电压下就能达到好的致动效果。因此，PVP@Ag NPs-IPMC 致动器在空气中能表现出更好的机电响应和更长的稳定工作时间，可用作柔性致动器。

在实验中，旧 IPMC 被切成 20mm×5mm 的宽带，用于在银纳米颗粒浆中提拉。固定银纳米颗粒浆高度不变，IPMC-old 随着步进电机的上升而上升，将以上操作重复 2～3 次。悬挂过 1 次、2 次和 3 次 PVP@Ag NPs 的 IPMC-repair 的光学图片如图 1-32 所示。悬挂 2 次的 PVP@Ag NPs 用于 IPMC。

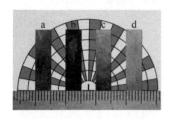

图 1-32　IPMC-repair 的光学图片
a—未提拉的 IPMC-old；b—提拉 PVP@Ag NPs 1 次；c—提拉 PVP@Ag NPs 2 次；
d—提拉 PVP@Ag NPs 3 次

1.4.2.3　银纳米颗粒的 TEM、XRD 和红外光谱分析

图 1-33（a）显示银纳米颗粒分布均匀，大小相似，直径约为 50nm。图 1-33（b）中显示，Ag NPs 以五边形结构的多晶形式存在，且其外层有厚度为 1.3nm 的包裹物，推测其为 PVP。图 1-33（c）是 PVP@Ag NPs 的 FITR 光谱图。在 2982cm^{-1} 处、2898cm^{-1} 处和 1426cm^{-1} 处分别出现 C—H 的不对称伸缩振动峰、对称伸缩振动峰和弯曲振动峰；在 840cm^{-1} 处出现的是 C—H_2 的对称伸缩振动峰。C＝O—N 中 C＝O 的伸缩振动峰出现在 1646cm^{-1} 处。1275cm^{-1} 处出现的是 C—N 的伸缩振动峰。1022cm^{-1} 处出现的是碳骨架 C—C 的伸缩振动峰。以上数据证明，PVP 包裹着 Ag 纳米颗粒。此外，利用 X 射线衍射仪对银纳米颗粒的晶体结构进行分析，得到的图像在图 1-33（d）中显示，可以观察到在 37.9°，44.2°，64.3°和 77.3°处出现衍射峰，分别对应的是 Ag（101），Ag（103），Ag（110）和 Ag（201），证明成功制备出银纳米颗粒。TEM、红外和 XRD 的结果可以证实 PVP 包裹的 Ag NPs 制备成功。根据以上结果，推测银纳米颗粒的生长机理可能是：在反应的第一阶段，作为银源的硝酸银在 Cl 和 EG 的作用下形成具有五边形结构的银种子。随后，PVP 作为抑制剂附着在 Ag 种子表面，抑制其生长速率，最终获得了类圆形的银纳米颗粒[104]。

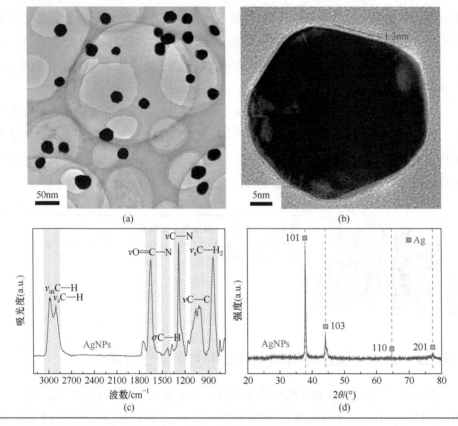

图 1-33 银纳米颗粒的 TEM 图像（a）、（b），FITR 谱图（c），XRD 谱图（d）

1.4.2.4 IPMC 的 XPS 分析

对提拉前后的 IPMC-old 和 IPMC-repair 进行 XPS 分析，图 1-34 记录了 C，F，S，Ag，N，Pt 元素的高分辨率谱图。图 1-34（a）显示的是 IPMC-old 和 IPMC-repair 的 C 1s 高分辨率谱图。IPMC-old 的图像分为四个部分，分别是 C—C 键（284.5eV）、C—O 键（286.0eV）、C=O 键（288.0eV）和 C—F 键（291.7eV），其中 C—C、C—O 和 C—F 键来源于电极脱落后裸露的 Nafion 基底。而悬挂 PVP@Ag NPs 后，C—F 键消失，说明银纳米颗粒均匀地填补了电极的裂缝；C=O 键的含量增强，相对峰面积从 4.0% 增加到 7.0%，以及 C—N 键的出现都证明 Ag NPs 外侧包裹着一层 PVP，这与银纳米颗粒的红外结果相一致。F 1s 高分辨率谱图如图 1-34（b）所示，IPMC-old 在 688.5eV 处出现的峰来源于 Nafion。而在 IPMC-repair 的谱图中，F 的特征峰消失，且其原子浓度从 12.7% 减少到 2.9%。图 1-34（c）显示的是

S 2p 的高分辨率谱图，IPMC-old 在 169.0eV 处出现来自 Nafion 的特征峰。但在提拉后，S 的特征峰也消失了，其元素浓度从 5.1%降到 0。F 1s 和 S 2p 的高分辨率谱图可以证明，IPMC-old 表面被 Ag NPs 覆盖。N 1s 的高分辨率谱图在图 1-34（d）中显示，经过提拉后，新增了在 399.5eV 处的特征峰，这来源于 PVP。图 1-34（e）显示的是 Ag 3d 的高分辨率谱图，IPMC-repair 在 367.5eV 和 373.5eV 处有新峰出现，且 Ag 的原子浓度从 0 增加到 22.9%，这显示 Ag NPs 悬挂在 IPMC 的表面。另外，Pt 4f 的高分辨率谱图在图 1-34（f）中显示，IPMC-old 在 70.8eV 和 74.2eV

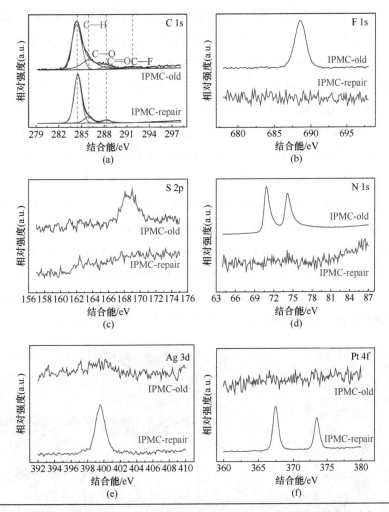

图 1-34　XPS 数据分析。IPMC-old 和 IPMC-repair 的 C 1s 高分辨率 XPS 谱图（a），F 1s 高分辨谱图（b），S 2p 高分辨谱图（c），N 1s 高分辨谱图（d），Ag 3d 高分辨谱图（e），Pt 4f 高分辨谱图（f）

处的峰来自 Pt 电极。而在提拉后，铂的特征峰消失，且其原子浓度从 30.1%降低到了 0，这表明 Pt 电极的信号完全被掩盖。综上所述，可以证明制备的 Ag 纳米颗粒外有 PVP 的包裹，且均匀地悬挂在 IPMC 上。

1.4.2.5　IPMC 的形貌特征分析

IPMC-old 的表面电镜图像[图 1-35（a）]显示电极表面有许多裂纹，这是长时间致动的结果。在这个过程中，Pt 电极会周期性地收缩和膨胀，不可避免地导致电极疲劳、脱落和变形。其放大图像[图 1-35（b）]显示电极裂纹的最宽处可达 1.2μm 且深度很深，导致电阻的增加和水分的流失。IPMC-repair 的表面电镜图像[图 1-35（c）]显示银纳米颗粒均匀地悬挂在电极表面，且电极表面原本纵横交错的裂纹宽度变窄，深度降低。放大图像[图 1-35（d）]显示大小均匀的 Ag NPs，伴随着少量的 AgNWs，进入 Pt 电极的裂纹处，并填补了电极表面的裂缝。IPMC-old 的剖面图显示出清晰的三明治结构[图 1-35（e）]。同时，对电极剖面的一侧放大，其图像[图 1-35（f）]显示明显的 Pt 层和 Nafion 层，且 Pt 电极有一定的断裂，与 Nafion 基底连接不牢固。因此，Pt 电极的导电性大大下降，水分也很容易从这些缝隙中流出。因为 Ag 颗粒和 Pt 颗粒之间良好的化学兼容性，IPMC-repair 的剖面图[图 1-35（g）]显示出跟 IPMC 相似的结构。其放大图像[图 1-35（h）]显示出明显的 Ag NPs 层，Pt 层和 Pt/Nafion 层。Ag NPs 与 Pt NPs 之间连接紧密，没有断裂的现象。且少量的 Pt 颗粒渗透到 Nafion 基底，其粒径自内向外略微增加。因此，PVP@Ag NPs 的引入填补了 Pt 电极表面的裂纹和缝隙，阻止 IPMC 致动器内部水分的流失，降低由电极裂纹引起的较大电阻。

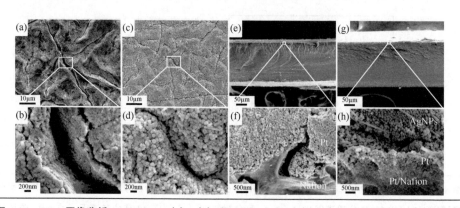

图 1-35　SEM 图像分析。IPMC-old（a）、（b）和 IPMC-repair（c）、（d）的不同放大比例平面图；IPMC-old（e）、（f）和 IPMC-repair（g）、（h）的不同放大比例的剖面图

1.4.2.6　IPMC 的面电阻分析

使用四探针测量系统测量 IPMCs 的薄层电阻。由于长期的致动，IPMC-old 的电极表面产生许多裂缝，因此导致其表面电阻增大，平均值达 258Ω/sq（图 1-36）。但提拉一次银纳米颗粒的 IPMC-repair1 致动器，其面电阻降低至 10Ω/sq 左右。原因是银纳米颗粒具有良好的导电性，且进入了 Pt 电极的缺陷处，修复了表面电极。在此基础上再提拉一次银纳米颗粒，得到的 IPMC-repair2 致动器的面电阻降低至 2Ω/sq 左右。这归因于二次提拉后，Ag NPs 的填补更加充分，进一步增强了填充效果，降低了表面电阻，提高了电导率。在第三次提拉后，IPMC-repair3 的面电阻降低至 1.9Ω/sq，与提拉两次的致动器的结果相差不多。但由于电极厚度的增加，电极的束缚效应也增强，IPMC-repair3 的致动效果并不理想。因此在电化学性能和致动性能测试中，选择 IPMC-repair2 作为测试对象。

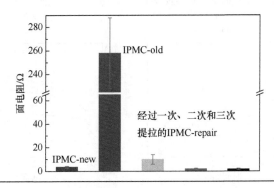

图 1-36　IPMC-new, IPMC-old, 以及提拉一次、两次、三次 PVP@Ag NPs 的 IPMC-repair 面电阻

1.4.2.7　IPMC 的电化学性能分析

IPMC 的机电响应源于电解液阳离子的迁移，因此电化学参数可以被认为是一个有用的基准来评估机电性能[105]，因为每个 Li^+ 比每个 H^+ 可以携带更多的水分子，因此 Li^+ 的迁移可能比 H^+ 产生更多的机电行为。因此，将 IPMC-old 和 IPMC-repair 浸泡在 Li^+ 溶液中过夜后进行电化学测试。图 1-37（a）和（b）为 IPMC-old 和 IPMC-repair 的 EIS 数据。很明显，IPMC-old 和 IPMC-repair 都表现出类似的非标准奈奎斯特图，即在高频下呈不规则半圆曲线，在低频下由于 Li^+ 的迁移而形成规则的 Warburg 线。与 IPMC-old 相比，IPMC-repair 的 Warburg 线斜率更

高，表明其 Li$^+$ 扩散速率更高。

与 IPMC-old 相比，IPMC-repair 展示出更高的离子和电子电导率：欧姆电阻和电化学电阻分别为 8.9Ω 和 27Ω，对应的 IPMC-old 为 75.2Ω 和 778Ω（表 1-2）。经过第一次测试，IPMC-old 和 IPMC-repair 的初始电导率分别为 0.24mS/cm 和 7.98mS/cm，IPMC-repair 的初始电导率比 IPMC-old 增加了 33 倍。图 1-37（c）和表 1-2 记录了两种 IPMC 的离子电导率。随着致动时间的增加，高频区的半圆

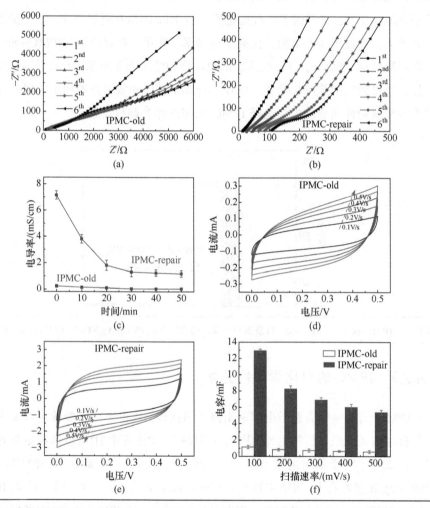

图 1-37　电化学性能测试。**IPMC-old 和 IPMC-repair 的 EIS 曲线（a）、（b），计算的电导率（c）；在电压 0～0.5V 的范围下，IPMC-old 和 IPMC-repair 在 0.1～0.5V/s 的扫描速率之间的 CV 曲线（d）、（e）和计算的电容（f）**

曲线半径均逐渐增大，低频区的 Warburg 线斜率逐渐减小，这表明水合 Li⁺的迁移速率降低，电化学电阻因失水而增加。IPMC-old 的稳定离子电导率为 0.06mS/cm，IPMC-repair 的稳定离子电导率为 1.24mS/cm，增加了 20.6 倍。如此巨大的增长是因为 PVP@Ag NPs 的修复可以有效防止电极裂纹漏水，从而使 IPMC-repair 的基质实现了更好的节水能力，保持了更高水平的离子迁移率。

对 IPMC-old 和 IPMC-repair 进行 CV 扫描，评估 PVP@Ag NPs 的封装效果，结果如图 1-37（d）和（e）所示。两个 IPMC 也呈现相似的 CV 曲线，近似标准的矩形分布，表明明显的 EDLC 特征。各 CV 曲线均未见明显的氧化还原峰，说明没有发生氧化还原过程。由于 IPMC-repair 的高导电性，其最大电流比 IPMC 修复前增加了 10 倍。随着扫描速率从 0.1V/s 增加到 0.5V/s，两种 IPMC 的氧化还原电流和计算的 EDLC 电容均呈现下降趋势。与 IPMC-old 相比，IPMC-repair 在不同扫描速率下显示出更高的 EDLC 电容，显示出更强的充电节约能力。高 EDLC 电容有利于产生高浓度梯度的水合 Li⁺阳离子，进而提高 IPMC 的"堰塞效应"。

表 1-2　修复前后 IPMC 的导电性能比较

样品	厚度/μm	方块电阻/Ω	欧姆电阻/Ω	电化学电阻/Ω	面积/cm²	初始电导率/（mS/cm）	稳定电导率/（mS/cm）
IPMC-old	301	258	75.2	778	0.16	0.24	0.06
IPMC-repair	344	2.0	8.9	27	0.16	7.98	1.24

1.4.2.8　IPMC 的致动性能分析

新制造的 IPMC 通常具有理想的机电响应，其总摆角（包括左右偏转角）在 80°～120°范围内，并表现出典型的对称驱动，其中左偏转角几乎等于右偏转角。然而，当 IPMC 往复弯曲超过 Pt NPs 电极的屈服应变时，尤其是在脉冲电场作用下，电极表面会随机产生许多巨大的不规则裂纹。图 1-38（a）记录了 IPMC-old 的典型驱动图像。它向左偏转 11°，向右偏转 8°，总的摆动角度只有 19°，显示一个弱的、不对称的驱动。涂覆 PVP@Ag NPs 后，IPMC-repair 向左偏转 61°，向右偏转 62°，呈强烈的对称分布[图 1-38（b）]。总摆角达到 123°，比 IPMC-old 增加了 6.47 倍。

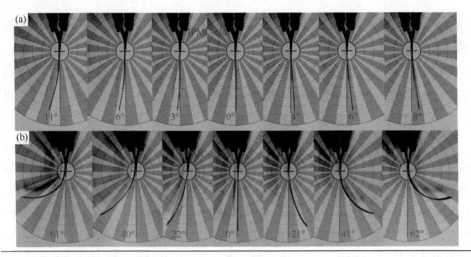

图 1-38 IPMC-old（a）和 IPMC-repair（b）的致动图像

1.4.2.9 IPMC 的机电响应分析

通过测量输出的位移和力，评估了使用过的和修理的 IPMC 执行器的机电性能（图 1-39）。IPMCs 的位移曲线如图 1-39（a）所示。在正弦电压的驱动下，两个位移曲线均呈现典型的正弦特征，表明机电行为与驱动电信号之间存在良好的关系。IPMC-old 的位移迅速减小，峰值位移在 100s 内从 2.9mm 减小到 1.9mm；IPMC-repair 具有相当稳定的位移输出，从中心到波峰和从中心到波谷的位移都是 14.5mm，比 IPMC-old 增加了 7.62 倍。如此巨大的增长源于 IPMC-old 的电极在长期驱动后存在电极疲劳和失水的大问题，从而导致机电性能严重受损。涂覆 PVP@Ag NPs 后，电极剥落和开裂得到有效修复，从而恢复了电极的电导率，增强了颗粒坝效应，从而提高了机电性能。

图 1-39（b）为输出位移与驱动电压的关系。随着驱动电压的增加，两种 IPMC 的位移都增加，说明驱动电压可以很容易地控制其机电行为。当驱动电压高于 1.5V，IPMC-old 的位移检测到 1.10mm@1.5V，2.10mm@2.0V，2.96mm@2.5V。对比 IPMC-old，IPMC-repair 表现出更高的输出位移，其位移检测到 3.89mm@1.5V，7.24mm@2.0V，14.58mm@2.5V，分别显示增强的机电响应。当驱动电压低于 1.5V 时，IPMC-old 无法触发，激光位移传感器没有检测到明显的位移。因此，IPMC-repair 比 IPMC-old 有更大的位移输出。需要注意的是，裸露的 Ag NPs 一旦暴露在电场下，就会被电解质溶液（即水）氧化，不可避免地导致 Ag 电极失效。而

PVP@Ag NPs 修复电极在不氧化的情况下能承受较高的（2.5V）电压，其高的电化学稳定性源于 PVP 在 Ag NPs 表面的完整封装。

稳定的驱动行为对 IPMC 的商业应用至关重要。图 1-39（c）记录了两个 IPMC 的位移衰减曲线，以评估机电响应的稳定性。随着驱动时间的延长，IPMC-old 由于失水导致位移严重衰减，在 2.5V 驱动电压下，IPMC-old 的稳定工作时间仅为 59s。涂覆 PVP@Ag NPs 后，IPMC-repair 的位移输出显著增强，寿命延长，在 2.5V 驱动电压下，其稳定工作时间延长至 253s，增加了 4.28 倍。因此，PVP@Ag NPs 涂层有效抑制了位移的衰减。另一个需要改进的地方是，如图 1-39（c）所示，IPMC-old 的波峰剖面与波槽剖面有很大的不同，表现出不对称的扭转驱动行为。这种变形是由于电极剥落导致的电场分布不均匀造成的。IPMC-repair 的波峰形态与波谷形态基本一致，提示 PVP@Ag NPs 涂层能够修复电极剥落问题，并产生对称的驱动效应。

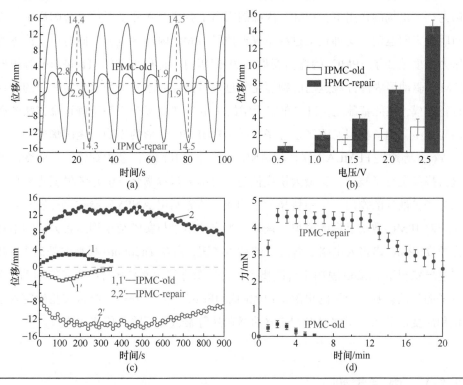

图 1-39　电机械性能分析。随时间变化的致动位移曲线（a）；随电压变化的致动位移柱状图（b）；位移衰减曲线（c）和力衰减点状图（d）

力输出是评价 IPMC 机电性能的一个重要参数。图 1-39 (d) 记录了 IPMC 随时间变化的力衰减曲线。与位移数据相似，IPMC-old 的力曲线输出时间很短，没有明显的平台期。而力曲线 IPMC-repair 显示稳定工作时间更长，其最大输出力是 4.51mN，是 IPMC-old 的 9.39 倍。总之，PVP@Ag NPs 涂层有效维修 Pt NPs 电极结构的 IPMC，从而提高其电子和离子电导率、节水性能和稳定机电特性。

1.5　IPMC 电致动理论模型

为了有效地对 IPMC 驱动器进行应用开发，有必要建立合理的 IPMC 输入与输出之间的理论模型来有效地描述其物理特性及变形。对于电场作用下 IPMC 的变形机理，目前具有代表性的是水合阳离子的运动机理。水合阳离子的运动机理认为：在电场的作用下，IPMC 内部的阳离子会结合水分子形成水合阳离子，并向阴极方向运动，这种运动过程不仅形成了 IPMC 内部的电流，同时由于流体的压力梯度造成了 IPMC 的弯曲变形。2000 年日本神户大学的 Tadokoro 等根据 IPMC 驱动器内部微观运动的物理化学过程对内部的水分子和水合钠离子的运动进行建模，在此基础上，日本东京大学的 Toil 等建立了一个基于伽辽金方法的有限元模型，但该模型忽略了水分子扩散项对 IPMC 变形的影响。美国华盛顿大学的 Yoon 等通过 FEMLAB 软件和 ANSYS 软件对 IPMC 微型内窥镜的弯曲变形的最大挠度进行了模拟，其最大挠度值与实验结果基本吻合，但是该模型也忽略了水分子扩散项的作用。华中科技大学的龚亚琦等利用 ANSYS 参数化开发平台，实现对 IPMC 致动过程的模拟，该模型得出的结果与实验结果相差较大。本书首先建立 IPMC 串接入电路后各部分的通电状况，再在 Tadokoro 模型的基础上，建立通电状况下 Nafion 膜内水合阳离子的力平衡方程，考虑水合阳离子的运动、水分子的扩散以及水分子的电解，由此确定 IPMC 含水量分布，结合实验确定含水量和应变的关系，实现对 IPMC 驱动器在悬臂梁状态下输出位移的模拟。

1.5.1　电学模型

根据 IPMC 材料的特点，建立将 IPMC 串接入电路后的电路图，如图 1-40 (a)

所示，其中，R_e 代表 IPMC 的表面电极电阻，R_d 代表由于电解所产生的等效电阻，电容 C 代表 Nafion 膜。将 IPMC 接入回路中，电信号从信号发生器流出来以后，首先流经 IPMC 表面铂电极，再一部分电信号使得水合阳离子运动，导致 IPMC 材料发生变形，另一部分电信号使得电解产生的 H_3O^+ 和电子运动，导致 IPMC 材料中的水分子发生电解。

根据戴维宁原理可以将图 1-40（a）电路转化为等效电路[图 1-40（b）]。

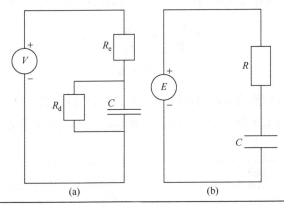

图 1-40　IPMC 接入电路示意图（a）和等效电路图（b）

其中

$$E = \frac{R_d}{R_d + R_e}V, \quad R = \frac{R_d R_e}{R_e + R_d}, \quad \tau = RC \tag{1-1}$$

当信号发生器提供的电压为阶跃信号时，即

$$V(t) = U, t \geqslant 0 \tag{1-2}$$

$$V(t) = 0, t < 0 \tag{1-3}$$

由于在换路之前（$t = 0^-$）电容元件（Nafion 膜）未储有能量，即 $u_c(0^-) = 0$，该情况为 RC 电路的零状态响应。

Nafion 膜两端的电压为：

$$u_c = U(1 - e^{-\frac{t}{\tau}}) \tag{1-4}$$

流经 Nafion 膜的电流为：

$$i = C\frac{du_c}{dt} = \frac{CE}{\tau}e^{-\frac{t}{\tau}} \tag{1-5}$$

流经回路的电流为：

$$I = i + \frac{u_c}{R_d} \tag{1-6}$$

当施加电压之前，电容器还有电量存在，即施加的电压信号为正弦电压，在施加的初始时刻，电容器没有电量的存在，此时属于 RC 电路的零状态响应，而在后面时刻由于电源激励始终存在，而且电容的起始状态 $u_c(0^-)$ 不为 0，该电路属于 RC 电路的零输入和零状态的叠加，为 RC 电路的全响应，根据基里霍夫定律有：

$$CR_e \frac{du_c}{dt} + u_c + \frac{R_e}{R_d} u_c = u(t) \tag{1-7}$$

$$u_c(0) = 0 \tag{1-8}$$

由 IPMC 串入回路的电路图可知，在水合阳离子运动达到稳态之后，电流曲线后面的电流是由电解电流产生的，所以据图 1-41（a）可以计算出等效电解电阻为

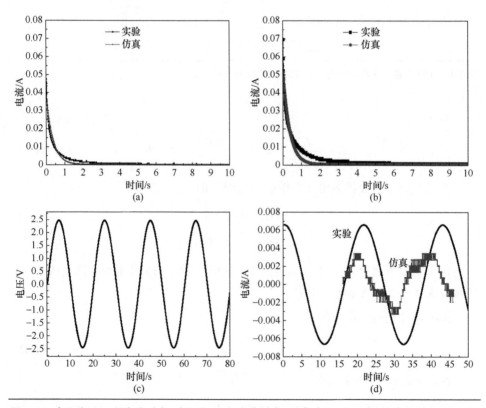

图 1-41 电压为 **1.5V** 的电流（**a**），电压为 **2V** 的电流（**b**），施加在 **Nafion** 膜上的电压（**c**），通过电路图模拟所得电流（**d**）

$R_d = 4.1046 \times 10^3 \Omega$，对电流曲线进行拟合可得平均表面电极电阻 $R_e = 38.9610\Omega$，实际在 IPMC 材料通电偏转的时候，表面电极电阻是会发生变化的，曲率为 0 的时候电阻最小，随着曲率增大电阻将会变大，电容值为 $C = 0.0091F$，这和电容的公式 $C = \varepsilon S/d$ 计算出的电容 $0.0021F$ 有差距，不一致的原因是 Nafion 膜为多孔结构。再将计算出的电路参数代入公式，可由电路计算并模拟出电流值。可以通过式（1-7）解得当施加的电压信号为 2V 的直流电压时，Nafion 膜上的电流如图 1-41（b）所示。当施加的为 2.5V、频率为 0.05Hz 的电信号时，Nafion 膜上的电压如图 1-41（c）所示。再由 Nafion 膜上的电压及式（1-6）可求出流经回路的电流，如图 1-41（d）所示。

从模拟结果可以看出，所建立的 *RC* 电学模型只能模拟线性变化，而对于 IPMC 在电场作用下的非线性电学响应有一定的局限性，需要进一步改进，而且 Nafion 膜上的电压相对于电信号相位上有延迟，模拟电流和实际电流[如图 1-41（d）所示]不一致的原因可能是在将电信号施加到 Pt 电极上的时候有损失。

1.5.2　电场作用下水合阳离子的迁移

剖面扫描电镜图片显示，IPMC 膜内部存在着大量的直径为 $100 \sim 300nm$ 的微管道，而水分子和阳离子的大小相对于微管道直径较小（Na^+ 的离子半径为 $106 \times 10^{-12}m$，Li^+ 的离子半径为 $76 \times 10^{-12}m$，水分子的直径为 $4 \times 10^{-10}m$），所以可以近似认为 Nafion 膜这种多孔结构对水合阳离子的运动没有影响，水合阳离子在电场的作用下通过这些通道由阳极向阴极运动，通电下 IPMC 膜内这种水分子非均匀分布引起 IPMC 弯曲变形，根据 Tadokoro 模型，如图 1-42 所示，水合钠离子的力平衡条件：$F_e = F_v + F_{d1} + F_{d2}$。式中，$F_e$ 为电场力；F_v 为黏滞阻力；F_{d1} 为 M^+ 引起的扩散阻力；F_{d2} 为水合阳离子所携带的水分子所引起的扩散阻力。$F_e = eVE(x,t)$，$F_v = \eta v(x,t)$。式中，e 为单位电荷；$E(x,t)$ 为膜内电场强度；x 为 Nafion 膜的厚度；t 为时间；η 为黏滞系数；$v(x,t)$ 为 M^+ 运动速度；V 为阳离子的化合价。M^+ 所受的扩散阻力 $F_{d1} = KT \dfrac{\partial Inc(x,t)}{\partial x}$。式中，$K = 1.38 \times 10^{-23} N \cdot m/K$ 为玻尔兹曼常数；T 为热力学温度；n 为平均每个 M^+ 所携带的水分子数；$c(x,t)$ 为 M^+ 浓度。$w(x,t)$ 为水分子浓度，每个 M^+ 所水合的水分子所受的扩散阻力为：

$$F_{d2} = nKT \frac{\partial lnw(x,t)}{\partial x}。$$

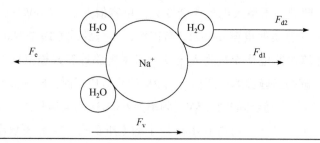

图 1-42 水合阳离子受力分析图

一旦电压施加到 IPMC 材料的电极上以后，将 Nafion 膜看作电容器，对于电容器有：

$$E(x,t) = \frac{u_c(x,t)}{d} \tag{1-9}$$

式中，$u_c(x,t)$为 Nafion 膜上的电压；d 为 Nafion 膜的厚度。

Nafion 膜的电容为：

$$C = \frac{Q_1(x,t)}{u_c(x,t)} = \frac{\varepsilon S_x}{d} \tag{1-10}$$

式中，$Q_1(x,t)$为总电量；ε 为 Nafion 膜的介电常数；S_x 为沿 x 方向的面积。

电量为：

$$Q_1(x,t) = \int_0^t i(\tau)\mathrm{d}\tau + NeS_x \int_0^x [c(x,t) - c_0]\mathrm{d}x \tag{1-11}$$

式中，$i(\tau)$ 为流经 Nafion 膜的电流；N 为阿伏伽德罗常数；e 为单位电荷的电量；$c(x,t)$为阳离子浓度；c_0 为起始阳离子浓度。

将式（1-10）和式（1-11）代入式（1-9）可得电场强度：

$$E(x,t) = \frac{1}{\varepsilon}[\frac{1}{S_x} \int_0^t i(\tau)\mathrm{d}\tau + Ne \int_0^x (c(x,t) - c_0)\mathrm{d}x] \tag{1-12}$$

由阳离子所产生的电量为：

$$Q(x,t) = NeS_x \int_0^x c(\xi,t)\mathrm{d}\xi \tag{1-13}$$

将式（1-13）代入式（1-12）可得电场强度：

$$E(x,t) = \frac{1}{\varepsilon S_x}[\int_0^t i(\tau)\mathrm{d}\tau + Q(x,t) - Q(x,0)] \tag{1-14}$$

对于水合阳离子的离子流动有：

$$J(x,\ t) = c(x,\ t)v(x,\ t) \tag{1-15}$$

由流量连续性条件有：

$$\frac{\partial c(x,t)}{\partial t} = -\frac{\partial J(x,t)}{\partial x} \tag{1-16}$$

由式（1-16）可以得出流量：

$$J(x,t) = -\int_0^x \frac{\partial c(\xi,t)}{\partial t}\mathrm{d}\xi = -\frac{\partial}{\partial t}\int_0^x c(\xi,t)\mathrm{d}\xi = -\frac{\partial}{\partial t}[\frac{1}{NeS_x}Q(x,t)] \tag{1-17}$$

由式（1-15）可得水合阳离子的运动速度：

$$v(x,t) = \frac{J(x,t)}{c(x,t)} = -\frac{1}{c(x,t)} \times \frac{\partial}{\partial t}[\frac{1}{NeS_x}Q(x,t)] = -\frac{1}{\dfrac{1}{NeS_x} \times \dfrac{\partial Q(x,t)}{\partial x}} \times \frac{\partial}{\partial t}[\frac{1}{NeS_x}Q(x,t)]$$

$$\tag{1-18}$$

阳离子 M^+ 所受到的扩散力为：

$$F_{d1} = KT\frac{\partial Inc(x,t)}{\partial x} = KT\frac{1}{c(x,t)} \times \frac{\partial c(x,t)}{\partial x} = KT\frac{1}{\dfrac{1}{NeS_x} \times \dfrac{\partial Q(x,t)}{\partial x}} \times \frac{1}{NeS_x} \times \frac{\partial^2 Q(x,t)}{\partial x^2}$$

$$\tag{1-19}$$

阳离子 M^+ 所水合的水分子受到的扩散力为：

$$F_{d2} = nKT\frac{\partial Inw(x,t)}{\partial x} = nKT\frac{1}{w(x,t)} \times \frac{\partial w(x,t)}{\partial x} = nKT\frac{1}{w_m + n\dfrac{1}{NeS_x} \times \dfrac{\partial Q(x,t)}{\partial x}} n\frac{1}{NeS_x} \times \frac{\partial^2 Q(x,t)}{\partial x^2}$$

$$\tag{1-20}$$

由式（1-14）、式（1-18）～式（1-20）可以得到以水合阳离子的电量 $Q(x,t)$ 为变量的方程：

$$\eta\frac{\partial Q(x,t)}{\partial t} = KT\frac{\partial^2 Q(x,t)}{\partial x^2} + \frac{n^2KT}{NveS_x}\frac{\dfrac{\partial Q(x,t)}{\partial x}}{w_m + \dfrac{n}{NveS_x} \times \dfrac{\partial Q(x,t)}{\partial x}} \times \frac{\partial^2 Q(x,t)}{\partial x^2} -$$

$$\{\frac{Ve}{\varepsilon S_x}[\int_0^t i(\tau)\mathrm{d}t + Q(x,t) - Q(x,0)]\}\frac{\partial Q(x,t)}{\partial x} \tag{1-21}$$

式中，S_x 为沿 x 方向的横截面积；w_m 为自由的水分子浓度；$i(\tau)$ 为电流值。

定义厚度方向为 x 方向，长度方向为 y 方向，t 为时间，如图 1-43（a）所示。

起始条件： $$Q(x,0) = NeS_x c_0 x \quad (0 \leqslant x \leqslant d, t = 0) \tag{1-22}$$

式中，c_0 为起始阳离子的浓度；d 为基底膜的厚度。$x = 0$ 为阳极，$x = d$ 为阴极。

边界条件： $$Q(0,t) = 0 \qquad (x = 0, t > 0) \tag{1-23}$$
$$Q(d,t) = NeS_x c_0 d \qquad (x = d, t > 0) \tag{1-24}$$

因为电荷总量为该区域内阳离子的电量数，即

$$Q(x,t) = NeS_x \int_0^x c(\xi,t) \mathrm{d}\xi \tag{1-25}$$

对上式两边求导，可得阳离子的浓度为：

$$c(x,t) = \frac{1}{NeS_x} \times \frac{\partial Q(x,t)}{\partial x} \tag{1-26}$$

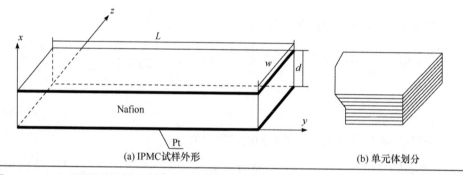

图 1-43　IPMC 试样示意图

1.5.3　水分子的自由扩散

水合阳离子达到稳态之后，水分子会由浓度高的地方向浓度低的地方扩散，根据菲克扩散定律，水分子的扩散方程：

$$\frac{\partial w(x,t)}{\partial t} = \frac{KT}{\eta_1} \times \frac{\partial^2 w(x,t)}{\partial x^2} \tag{1-27}$$

式中，η_1 为水分子的黏滞系数；$w(x,t)$ 为不同时刻沿厚度方向水分子的浓度。

起始条件为： $$w(x, 0) = w_m + nc(x, t_{end}) \tag{1-28}$$

边界条件为：
$$\frac{\partial w(0,t)}{\partial x} = 0 \tag{1-29}$$

$$\frac{\partial w(d,t)}{\partial x} = 0 \tag{1-30}$$

1.5.4　水分子的浓度分布

由于疏水性的碳氟骨架的存在从而在材料内部形成很多的似球状的簇团结构，其具体的大小由水合程度来决定，而水分子和亲水的水合阳离子存在于簇团结构内，这些离子簇团之间由纳米管道相连，离子簇间形成的纳米通道是膜内离子和水分子迁移的唯一通道，每个离子簇内部有离子组和相应的金属阳离子，水分子和金属阳离子可以在交织的孔道中迁移流动。因此 IPMC 内部的水分子包括两部分：一部分为固定的水分子，其中固定的水分子包括和阳离子水合的水分子和固定在磺酸根离子上的水分子；另一部分为纳米通道中自由的水分子。所以水分子的浓度为：

$$w(x, t) = w_m(x, t) + nc(x, t) = w_0 - nc_0(x, t) + nc(x, t) \tag{1-31}$$

如果基底膜是 TEOS 改性的膜，会有一部分亲水性的 SiO_2 镶嵌在基底膜的纳米通道上，这样对于 TEOS 改性的膜的内部的水分子包括两部分：一部分为固定的水分子，其中固定的水分子包括和阳离子水合的水分子，固定在 SiO_2 上的水分子以及固定在磺酸根离子上的水分子；另一部分为纳米通道中自由的水分子。

1.5.5　含水量分布

沿厚度方向将 Nafion 膜划分为 n 个单元体，如图 1-43（b）所示，第 i 个单元体中水分子的物质的量（mol）可以由如下公式计算出：

$$W_i(x,t) = S_x \int_{x_i}^{x_j} w(x,t)\mathrm{d}x \tag{1-32}$$

第 i 个单元体中所含的水分子的质量为：

$$m_i = W_i M_w \tag{1-33}$$

式中，$M_w = 18g/mol$ 为水的摩尔质量。

第 i 个单元体本身的质量为：

$$m_R = S_x h \rho_w \tag{1-34}$$

式中，h 为第 i 个单元体的厚度；$\rho_w = 1.10g/cm^3$ 为 IPMC 基底膜的密度。

第 i 个单元体的含水量为：

$$W = m_i / m_R \tag{1-35}$$

1.5.6 IPMC 基底膜应变和应力与含水量的关系

本文通过实验的方法建立起应变和含水量之间的关系。Nafion 商业膜（Dupond-117，USA）可认为是各向同性的材料，即含水量的变化在各个方向上的应变相同，通过下面测试步骤可得到含水量与应变的变化关系。

① 将条形 Nafion 放入烤箱中 100℃下烘烤 5h，使其充分失水，测量此时的质量 M_0 和长度 L_0。

② 将烘干的商业膜置入去离子水中浸泡，每隔一段时间记录此时的质量 M_i 和长度 L_i。

含水量为：

$$W = \frac{M_i - M_0}{M_i} \tag{1-36}$$

应变为：

$$\varepsilon = \frac{L_i - L_0}{L_0} \tag{1-37}$$

③ 根据含水量和对应应变的值，建立商业膜含水量和应变的关系图。根据沿厚度方向的含水量分布可以计算出沿厚度方向的应变分布：

$$\varepsilon_i^x = \varepsilon_i^y = \varepsilon_i^z = 0.67316W - 0.00375 \tag{1-38}$$

式中，ε_i^x，ε_i^y，ε_i^z 分别为第 i 个单元体在 x,y,z 方向上的应变。

由广义虎克定理，第 i 个单元体上的应力为：

$$\sigma_i^x = \sigma_i^y = \sigma_i^z = E_1 \varepsilon_i^x = E_1 \varepsilon_i^y = E_1 \varepsilon_i^z \tag{1-39}$$

式中，E_1 为基底膜的弹性模量。

1.5.7　弯矩的计算

由于 IPMC 在电场的作用下，水合阳离子从阳极向阴极运动，形成水合阳离子的浓度差，阴极的水浓度增高，该区域的水分子之间相互挤压，相当于该区域有拉应力的作用，而阳极情况相反，这与弯矩的应力分布相似，如图 1-44 所示，故本书采用弯矩载荷分析计算悬臂梁结构。对于 IPMC 悬臂梁结构，z 方向上所受到的弯矩为：

$$M = \int_{-\frac{d}{2}}^{\frac{d}{2}} \sigma(x,t)Bx\mathrm{d}x \tag{1-40}$$

式中，B 为 IPMC 试样的宽度；$\sigma(x,t)$ 为 t 时刻沿厚度方向的应力。

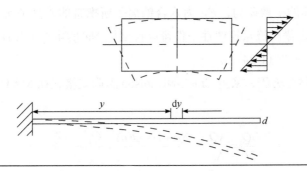

图 1-44　IPMC 材料沿厚度方向应力分布图

1.5.8　位移输出与实验验证

在 ANSYS 软件中将计算所得的弯矩代入模拟出相应的位移，单元类型选为 SOLID95，该单元有 20 个节点，每个节点有 3 个自由度，所以该单元能够产生大的变形，模拟 IPMC 这种大变形结构比较合适。

1.5.9　IPMC 直流电压下的模拟

在恒定电压作用下，IPMC 膜内水合阳离子由阳极向阴极运动，同时水分子由浓度高的地方向浓度低的地方扩散。由于水合阳离子在恒定电压的作用下，达到最大位移的运动时间较短，而扩散是一个相对缓慢的过程，所以近似认为 IPMC 驱动器在恒定电压作用下的运动可分为前后两个过程：①在外加电场的作用下，膜内水合阳离子在电场力的作用下向阴极迁移，水合阳离子重新分布，阳极水合阳离子浓度减少，阴极水合阳离子浓度增加，导致材料向阳极弯曲；②由于电极两侧水分子分布不均匀，水分子将会由高浓度的阴极向低浓度的阳极自由扩散，引起材料弯曲变形向阴极的回复。

1.5.9.1　电场作用下水分子的迁移

IPMC 膜内水分子非均匀分布引起 IPMC 弯曲变形，根据 Tadokoro 模型，水合钠离子的力平衡条件：$F_e = F_v + F_{d1} + F_{d2}$。式中，$F_e$ 为电场力；F_v 为黏滞阻力；F_{d1} 为 Na^+ 引起的扩散阻力，F_{d2} 为水合钠离子所携带的水分子所引起的扩散阻力。根据高斯定律和流量连续性条件可以得到以 Na^+ 的电量 $Q(x,t)$ 为变量的方程式[式（1-21）～式（1-24）]。

对于该偏微分方程，采用 Crank-Nicholson 型隐式格式在 MATLAB 中编程进行求解：

$$\frac{\partial Q}{\partial t} = \frac{\Delta Q}{\Delta t} = \frac{Q(n+1) - Q(n)}{\tau} = \frac{Q_j^{n+1} - Q_j^n}{\tau} \tag{1-41}$$

$$\frac{\partial Q}{\partial x} = \frac{1}{2}\left(\frac{\Delta Q}{\Delta x} + \frac{\Delta Q}{\Delta x}\right) = \frac{1}{2}\left(\frac{Q_{j+1}^n - Q_{j-1}^n}{2h} + \frac{Q_{j+1}^{n+1} - Q_{j-1}^{n+1}}{2h}\right) \tag{1-42}$$

$$\frac{\partial^2 Q}{\partial x^2} = \frac{1}{2}\left(\frac{Q_{j+1}^n - 2Q_j^n + Q_{j-1}^n + Q_{j+1}^{n+1} - 2Q_j^{n+1} + Q_{j-1}^{n+1}}{h^2}\right) \tag{1-43}$$

式中，τ 为时间间隔；h 为单元体厚度；Q_j^n 为 j 时刻第 j 个单元体到第 n 个单元体的电量。

模拟所用的电流值如图 1-45（a）所示，该电流为电解电流和流过 Nafion 膜的电流之和，由前面所建的电学模型可以计算出此时电解电流为 $7.2401 \times 10^{-4}A$，此电流相对于通过 Nafion 膜的电流很小，基本可以忽略。将材料的各项参数（表 1-3）代入式（1-21）～式（1-24）可以解得 IPMC 在施加 3V 电压后（0～1.63637s）的电量分布，如图 1-45（b）所示。又由式（1-26）可得阳离子的浓度。

根据式（1-24）可以计算出不同时刻的阳离子沿厚度方向的分布，图 1-45（c）所示为达到平衡时阳离子沿 IPMC 膜厚方向的浓度分布图，图 1-45（d）和（e）

分别为此时阳极和阴极附近的阳离子浓度分布。从图中可以看出，在阳极附近会形成一段阳离子浓度为零的阳离子耗尽区域；中间部分阳离子浓度基本不发生变化；而在阴极附近会形成一段阳离子丰富区域，该区域的阳离子浓度呈指数分布递增。随着时间的进行，阳极阳离子耗尽区域会变得越来越大，而阴极阳离子浓度变化曲线会变得越来越陡峭。

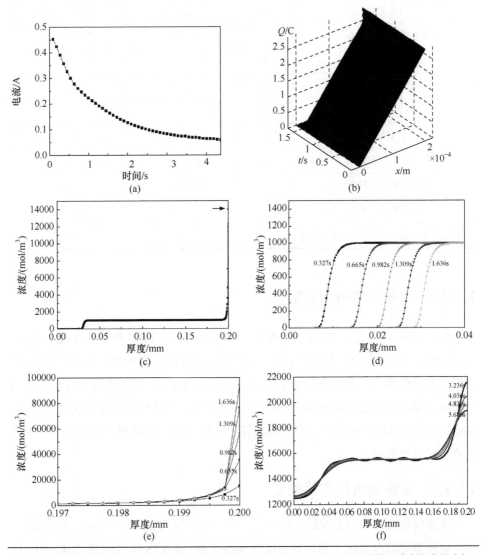

图 1-45　模拟电流值 (a)，Na$^+$电量分布图 (b)，最大位移时刻 ($t = 1.63637$s) 阳离子浓度分布图 (c)，阳极附近阳离子浓度分布图 (d)，阴极附近阳离子浓度分布图 (e)，沿厚度方向水分子浓度分布图 (f)

表 1-3 试样参数

参数		值	单位
厚度	d	2.0×10^{-4}	m
沿 x 方向的面积	S_x	150.0×10^{-6}	m^2
沿 y 方向的面积	S_y	1.0×10^{-6}	m^2
介电常数	ε	2.80×10^{-3}	$C^2/(N \cdot m)$
水合阳离子黏滞系数[106]	η	1.18×10^{-11}	$C^2 \cdot N \cdot s/m^2$
水分子黏滞系数	η_1	1.16×10^{-11}	$C^2 \cdot N \cdot s/m^2$
阿伏伽德罗常数	N	6.02×10^{23}	mol^{-1}
单位电荷电量	e	1.60×10^{-19}	C
玻尔兹曼常数	K	1.38×10^{-23}	$N \cdot m/K$
热力学温度	T	2.93×10^2	K
阳离子起始浓度[107]	c_0	1.00×10^3	mol/m^3
水分子起始浓度[108]	w_0	1.55×10^4	mol/m^3
平均每个水合钠离子携带的水分子数	n	3	

1.5.9.2 水分子的自由扩散

在 $t = 1.63637s$ 之后，水分子将发生自由扩散，将式（1-26）数据代入式（1-27），式（1-20），式（1-21）和式（1-22）可得出水分子浓度随厚度和时间的变化图，如图 1-45（f）所示。从图中可以看出，随着时间的进行，在阳极附近形成的阳离子耗尽区域会变得越来越小；阴极附近的阳离子浓度变化曲线会变得越来越平缓，IPMC 由最大位移位置处产生向后的回复。这与 IPMC 驱动器在直流电刺激下的位移输出现象相吻合。

1.5.9.3 位移输出与实验验证

计算模型所采用的 IPMC 梁模型长、宽、厚分别为 30mm、5mm、0.22mm，表面电极厚度均为 8μm，被夹持长度为 5mm。在 ANSYS 软件中将式（1-40）所得弯矩代入计算可以得出相应的位移，单元类型选为 SOLID95，该单元有 20 个节点，每个节点有 3 个自由度，所以该单元能够产生大的变形，模拟 IPMC 这种大变形结构比较合适，在 $1.87×10^{-3}$N·m 的弯矩的作用下 Nafion 膜镀 Pt 电极的复合材料结构所产生的位移为 14.882mm，IPMC 试样在 3V 直流电压下模拟计算得到的位移响应如图 1-46（b）中圆形标记曲线所示。相同结构尺寸的 IPMC 试样在 3V 直流电压激励下的位移响应实验结果如图 1-46（b）中方形标记曲线所示。

从图 1-46（b）可以看出，模拟结果与实验结果位移响应的变化趋势基本相同，最大位移输出分别为 14.882mm 和 12.382mm，模拟值比实验值高出 2.5mm。最大输出位移值存在误差可能由于下面原因在计算中未考虑到。实际 IPMC 表面的 Pt 电极是通过离子还原的方式化学镀于 Nafion 膜表面并沿厚度方向逐渐向膜内渗透，因此 Nafion 膜的弹性模量沿厚度不完全一致；再者，IPMC 表面 Pt 电极是以微纳米块状或颗粒状存在的，表面的金属镀层内有空隙，水分子很容易通过电极孔隙蒸发；另外，IPMC 在激励电压超过 1.23V 会发生水电解，也将影响 IPMC 的输出效率。在图 1-46（b）中对比模拟结果和实验结果的后半段，相比前半段趋势相差较大，这可能与扩散系数的选择有关，扩散系数在整个计算过程中始终是一个定值，而在实际过程中，随着水合过程的进行，扩散系数会随着 Na^+ 和水分子浓度的改变而发生变化。

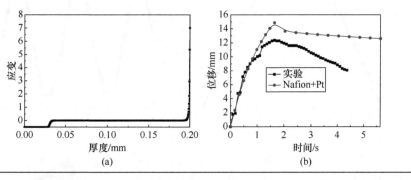

图 1-46　最大位移时刻（$t=1.63637$s）应变分布图（a）；由水分子浓度梯度所产生的位移（b）

1.5.10　IPMC 阶梯电压下的模拟

IPMC 在阶梯电压的电致动情况和直流电压的情况基本相似，不同的是当阶梯电压换向以后，水合阳离子的起始条件和水分子的起始条件都已经发生变化，此时的起始状态为电压换向前阳离子的分布和水分子的分布。

1.5.11 IPMC 正弦电压下的模拟

根据 Boltzmann 叠加原理[如图 1-47（a）所示]，正弦电压可以用阶梯电压表示出来，这样的话，由于水合阳离子一直在迁徙，而且水分子扩散很慢，所以基本可以忽略水分子扩散的影响，就可以仅考虑电渗过程，而忽略掉自由水分子的自由扩散的影响（周期越长，扩散的影响越大）。

1.5.11.1 电场作用下水分子的迁移

IPMC 膜内水分子非均匀分布引起 IPMC 弯曲变形，根据 Tadokoro 模型，根据高斯定律和流量连续性条件可以得到以 Na$^+$的电量 $Q(x,t)$ 为变量的方程式（1-21）～式（1-24）。

对于该偏微分方程，采用 Crank-Nicholson 型隐式格式在 MATLAB 中编程进行求解，模拟所施加的电压信号如图 1-47（b）所示，所用的电流值如图 1-47（c）

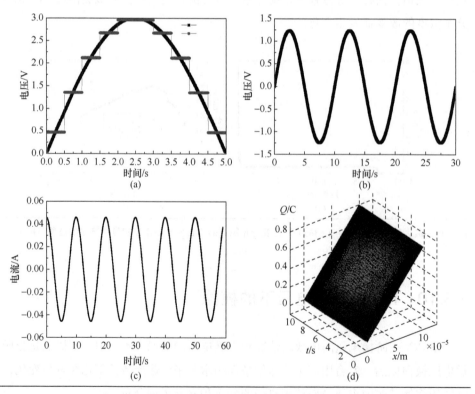

图 1-47　Boltzmann 叠加原理示意图（a），所施加的电压信号（b），产生的电流（c），Na$^+$电量分布图（d）

所示，根据前面所建立的电学模型可以计算出电解所产生的电流为 5.3920×10^{-4}A，将材料的各项参数（表1-4）代入式（1-21）～式（1-24）可以解得 IPMC 在施加 1.24V 正弦电压后电量分布，如图 1-47（d）所示。

表1-4　试样参数

参数		值	单位
厚度	d	1.0×10^{-4}	m
沿 x 方向的面积	S_x	83.25×10^{-6}	m²
沿 y 方向的面积	S_y	0.45×10^{-6}	m²
介电常数	ε	2.80×10^{-3}	C²/（N·m）
水合阳离子黏滞系数	η	1.18×10^{-11}	C²·N·s/m²
水分子黏滞系数	η_1	1.16×10^{-11}	C²·N·s/m²
阿伏伽德罗常数	N	6.02×10^{23}	mol⁻¹
单位电荷电量	e	1.60×10^{-19}	C
玻尔兹曼常数	K	1.38×10^{-23}	N·m/K
热力学温度	T	2.93×10^{2}	K
阳离子起始浓度	c_0	1.00×10^{3}	mol/m³
水分子起始浓度	w_0	1.55×10^{4}	mol/m³
水合钠离子携带的水分子数	n	3	

根据式(1-26)可以计算出不同时刻的阳离子沿厚度方向的分布，图 1-48(a)～(d) 为不同时刻阳离子浓度变化分布图，（e）和（f）分别为此时阳极和阴极附近的阳离子浓度分布。从图中可以看出，施加上升沿电压时随时间的推移在阳极附近会形成一段阳离子浓度为零的阳离子耗尽区域；中间部分阳离子浓度基本不发生变化；而在阴极附近会形成一段阳离子丰富区域，该区域的阳离子浓度呈指数分布递增；随着时间的进行，阳极阳离子耗尽区域会变得越来越大，而阴极阳离子浓度变化曲线会变得越来越陡峭。施加下降沿电压时随着时间的进行，阳极阳离子耗尽区域会变得越来越小，而阴极阳离子浓度变化曲线会变得越来越平缓。

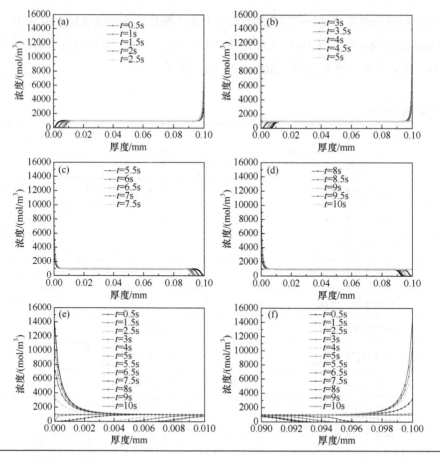

图 1-48　阳离子浓度分布图（a）～（d），阳极附近阳离子浓度分布（e），阴极附近阳离子浓度分布（f）

1.5.11.2　位移输出与实验验证

　　计算模型所采用的 IPMC 梁模型长、宽、厚分别为 18.5mm、4.5mm、0.11mm，表面电极厚度均为 5μm，被夹持长度为 3.5mm。在 ANSYS 软件中将式（1-40）所得的弯矩代入计算可以得出相应的位移，单元类型选为 SOLID95，该单元有 20 个节点，每个节点有 3 个自由度，所以该单元能够产生大的变形，模拟 IPMC 这种大变形结构比较合适，在 1mN·mm 的弯矩的作用下 Nafion 膜镀 Pt 电极的复合材料结构所产生的位移为 0.02438mm，计算得到的位移响应如图 1-49（a）曲线所示。相同结构尺寸的 IPMC 试样在正弦电压激励下的位移响应实验结果如图 1-49（b）曲线所示。

从图 1-49 可以看出，模拟结果与实验结果位移响应的变化趋势基本相同，最大位移输出分别为 0.61321mm 和 0.564mm，模拟值比实验值高出 0.0492mm。最大输出位移值存在误差可能由于下面原因在计算中未考虑到。实际 IPMC 表面的Pt 电极是通过离子还原的方式化学镀于 Nafion 膜表面并沿厚度方向逐渐向膜内渗透，因此 Nafion 膜的弹性模量沿厚度不完全一致；再者，IPMC 表面 Pt 电极是以微纳米块状或颗粒状存在的，表面的金属镀层内有空隙，水分子很容易通过电极孔隙蒸发；另外，IPMC 在激励电压超过 1.23V 会发生水电解，也将影响 IPMC的输出效率。在图 1-49 (a) 和 (b) 中对比模拟结果和实验结果的后半段，相比前半段趋势相差较大，这可能与扩散有关，书中基本忽略掉扩散的影响，而在实际过程中，随着水合过程的进行，扩散的影响会随着 Na$^+$ 和水分子浓度的迁移越来越大。

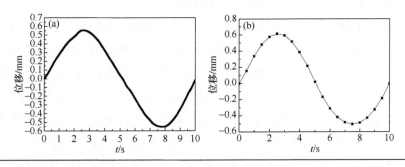

图 1-49　(a) 计算得到的位移响应；(b) 实验得到的位移响应

本章小结

① 概述 IPMC 的致动机理、发展过程、驱动平台、性能测试系统，从材料化学的基础上提出 IPMC 的优化措施。驱动平台包括信号输入平台、电极夹装装置；评价系统包括电流测试平台，位移测量单元和力测量单元。制约 IPMC 电致动响应的因素，主要来自聚合物基底膜、电极、电解质。其中基底膜的影响因素包括膜的厚度、尺寸、大小、离子交换当量、含水量、力学性能；电极方面涉及金属、非金属电极的材料、组成和制备封装工艺；电解质涉及水和离子液；信号源为方波、正弦波，驱动电压 0.5~5V，驱动频率 0.1~10Hz。

② 氧化硅的掺杂改变了全氟磺酸离子交换聚合物膜的含水量、模量、离子交换当量，由此改变了电致动性能。测试结果表明：杂化膜的内部存在着大量的直径为 100～300nm 的微管道，多孔度增加了 26.9%；杂化膜 IPMC 驱动器产生大的力输出和长的非水工作时间，同厚度杂化膜 IPMC 驱动器的力输出是商业膜 IPMC 驱动器的 6～8 倍，非水工作时间是商业膜驱动器的 6～7 倍。

③ 常规 IPMC 电极存在电极疲劳。将导电的柔性 PEDOT 膜接枝到 IPMC 电极表面可修复电极疲劳并防止水流失。实验证明：引入 PEDOT 涂层可将电极电导率提高 10 倍以上，可以有效地修复常见的驱动缺陷，例如不对称驱动和扭转变形，并显著延长了稳定的工作时间，且衰减很小。

④ 通过提拉法在旧 IPMC 表面的缺陷电极处填补直径 50nm 的银纳米颗粒，以修复电极疲劳。修复后电导率和电容分别达到 7.98mS/cm 和 7.98mF/g，为修复前的 33 和 9.8 倍，位移、力输出均显著增加。

⑤ 研究 IPMC 材料的电致动理论模型，根据 IPMC 的结构特点建立 IPMC 的电学模型，根据该模型可以计算出在不同的电信号下流过 IPMC 的电流和施加在 Nafion 膜上的电压以及电解电流，将该模型计算出来的流经 IPMC 的电流同实验结果对比，验证了电学模型的正确性。又由 IPMC 的电致动特性分析，建立 IPMC 的电机械耦合模型，该模型主要考虑 IPMC 材料在通电状况下，水合阳离子的迁移、水分子的扩散以及水分子的电解对 IPMC 形变的影响。通过实验分别测试 IPMC 材料在直流和正弦电压下的位移响应，并将该实验结果同模拟计算结果对比，结果基本吻合，验证了电机械耦合模型的正确性。

第2章
全氟磺酸聚合物膜 IPMC电驱动器

2.1 全氟磺酸聚合物

2.1.1 全氟磺酸系列聚合物

全氟磺酸（PFSA，商业名 Nafion）具有质量轻，柔韧性好，弯曲变形大，变形回复迅速，离子交换容量高，电导率高等优点，是目前最为理想的基体膜材料。PFSA 中主链的 C—F 结构决定了聚合物具有一定的力学性能，而侧链的羧酸基团可以调控 IPMC 的离子交换性能。当 PFSA 成膜后，疏水和亲水部分相对于其他部分会出现微小的相分离现象，这种不同聚集相之间的分离就形成了聚合物内部的孔道结构，即离子传输的微管道。膜内出现了明显的两个相区：亲水的离子相、憎水的非离子相。在离子相界面存在大量的带有负电荷的磺酸基团，有利于支撑水合阳离子的电迁移。电场驱使下，水合阳离子会从一个磺酸基团的末端迁移到另外一个磺酸基团的末端，宏观上表现为阳离子由阳极迁移到阴极。

2.1.2 化学结构

1966 年，美国 DuPont 公司的 Walther Grot 提出：以全氟磺酰乙烯基醚单体进行本体聚合，或者全氟磺酰乙烯基醚和四氟乙烯、全氟磺酰乙烯基醚和六氟丙烯、全氟磺酰乙烯基醚和偏氟乙烯、全氟磺酰乙烯基醚和三氯氯乙烯共聚合的方法，可以制备全氟磺酸聚合物（PFSA）。Nafion 为 Dupont 公司的一种 PFSA 商品名，它溶解性能很差，以胶体形式分散在溶液中，例如目前使用的 D2020 实质为 PFSA 分散在异丙醇混合溶剂中的混合物。2004 年，Curtin 等利用尺寸排阻色谱法测定了水中分散的 Nafion 的分子量，结果为略高于 10^5。考虑到测试温度较高（230～270℃），聚合物在这个温度存在分解的可能性，推测 Nafion 的分子量处于 10^5～10^6 之间。

如图 2-1，Nafion 中磺酸末端可以与阳离子（如 H^+、Na^+、K^+、Ca^{2+}、NH_4^+ 等）电平衡。其中，酸形式的聚合物（Nafion-H）IUPAC 系统命名为：1,1,2,2-tetrafluoro-2-[1,1,1,2,3,3-hexafluoro-3-（1,2,2-trifluoroethenoxy）propan-2-yl]oxyethanesulfonic acid。中文名为：1,1,2,2-四氟-2-[1,1,1,2,3,3-六氟-3-（1,2,2-三氟乙氧基）-2-丙基]

氧乙烷磺酸。

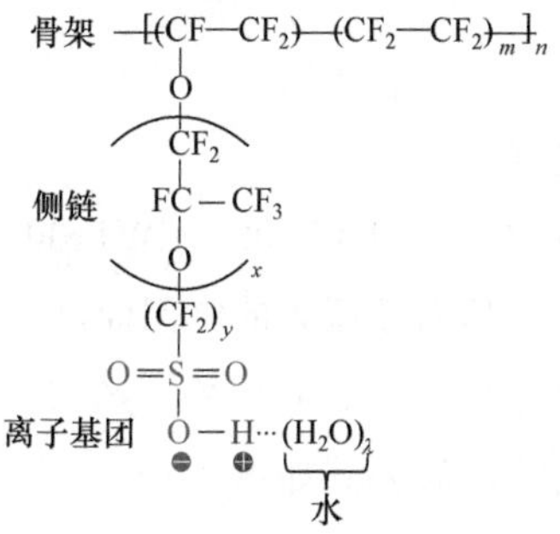

骨架 $-[(CF-CF_2)-(CF_2-CF_2)_m]_n$

$\begin{array}{c}O\\ |\\ CF_2\\ |\end{array}$

侧链 $FC-CF_3$

$\begin{array}{c}|\\ O\\ |\end{array}$ x

$(CF_2)_y$

$O=S=O$

离子基团 $O-H\cdots(H_2O)_n$

水

图 2-1 具有不同侧链长度的各种 PFSA 的结构式。Nafion-H 的结构单元的化学式为 $C_7HF_{13}O_5S \cdot C_2F_4$。Nafion：$x=6\sim10$，$y=1$，$n=2$；Alexlex：$x=6\sim8$，$y=0\sim1$，$n=2\sim5$。Flemion：$x=6\sim10$，$y=1$，$n=2$

除了 DuPont 公司生产的 Nafion，Asahi 公司也开发了具有类似功能的氟离子交换聚合物：Flemion（Asahi Glass）和 Aciplex（Asahi Kasei）两种产品；Dow公司开发了一种类似于 Nafion 的磺酸盐形式的全氟化离聚物（Dowew），与 Nafion相比，不同之处在于 Nafion 的侧链较短，且含有一个醚氧，Dowew 存在两个醚氧基团。3M 公司也有类似的商业产品（3M®）。它们的主链均为 C—F 结构，区别在于侧链的长度不同。其中，最为常用的是 Nafion 和 Flemion，它们的物理性能数据见表 2-1。

表 2-1 两种全氟离子聚合物的主要性能

名称	制造商	含水量（质量分数）/%	IEC/（mmol/g）	电导率/（S/cm）	弹性模量/MPa
Nafion	DuPont	34	0.93～1.00	0.05～0.20	约 120
Flemion	Asahi	35	0.67～1.25	0.05～0.20	约 130

由于具有类似的结构，Nafion，Aciplex，Flemion 和 3M®之间存在许多相似之处。因此，Aciplex，Flemion 和 3M®的命名也可以采用 Nafion 的方式，按照等效质量（equivalent weight，EW）来命名。例如：EW1100 的 Nafion，EW950 的Aciplex 和 EW950 的 Flemion 产品。EW 是含有 1mol 磺酸基团的干燥 Nafion 的质量，基本上就是共聚体结构单体的分子量。引入 EW 为了对比不同 PFSA 聚合物的离子交换容量（ion exchange capacity，IEC）。商业 Nafion 的命名还反映出其产品规格和离子交换性能。例如：Nafion117，是指具有 1100EW 且厚度为 0.007in（1in = 2.54cm）的薄膜。目前市场上可以购买到的多为 Nafion 117，也可获得 115

和 112 薄膜。聚合物的 EW 值可以通过酸碱滴定、尺寸排阻色谱法、原子硫分析和 FT-IR 光谱评价。计算公式如下：

$$EW = 100m + 446$$

式中，EW 为等效重量；m 为含 TFE 基团的重复度。

例如：Nafion-H 的 EW 可以是 1000、1100、1200，分别称为 EW 1000、EW1100、EW1200 的 PFSA 聚合物。其中，EW1100 的 Nafion 产品为该系列的常用商品。离子交换膜的离子电导率，溶胀行为，透水性和扩散性等均与 EW 相关。通常，人们采用 IEC 来评价离子交换性能。EW 和 IEC 之间的换算公式如下：

$$IEC = 1000/EW$$

此外，也可以采用电荷密度来命名 PFSA，例如：Flemion 的产品就有 F-1.44 和 F-1.8 两种，它们的电荷密度分别为 1.44meq/g 和 1.8meq/g。与之对应的 Nafion EW 1100 的电荷密度为 0.91meq/g。从数值上看，Aciplex 和 Flemion 可提供高离子交换当量的膜。膜的离子交换容量与其离子电导率、溶胀行为、透水性和扩散性等特性密切相关，IEC 值的提高，或 EW 值的降低意味着离子交换膜具有更高的吸水率和更高的电导率。例如 25℃时，Aciplex EW 1050，Flemion EW 1099 质子传导率达到 0.13S/cm；相同条件下，对于 Flemion EW 909，它的质子传导率增加至 0.18S/cm。

2.1.3 基本的物理化学性能

Nafion 的高吸水性能和离子导电性能源于其特殊的结构：主链是聚四氟乙烯结构，具有憎水的功能；侧链是酸根，具有亲水的功能。H⁺可以同其他的阳离子如 Li^+、Na^+等发生离子交换。Teflon 骨架与酸性磺酸基团的结合赋予 Nafion 如下特征：

① Nafion 具有非常高的化学稳定性，能够抵抗多种化学侵蚀。研究表明：在正常的温度和压力条件下，只有碱金属（特别是钠）才能直接攻击 Nafion。这意味着 Nafion 不会轻易被降解并释放到周围的介质中。

② Nafion 与许多聚合物相比具有相对较高的工作温度。Nafion 可以在高达190℃的温度下使用。Nafion 的热分析曲线如图 2-2（a），磺酸基团的解离发生在 200～430℃之间，意味着低于 200℃的温度下是可以稳定存在的。C—F 的骨架

分解温度在 400～520℃之间，基本上与 Teflon 相同。

③ Nafion 具有优异的导电性能，在一定的温度和水化状态，它的质子传导率高达 0.2S/cm。Nafion 结晶成膜后，内部存在可供水合阳离子迁移的内管道，—SO_3H（磺酸基团）上的质子通过内管道从一个酸性位点"跳跃"到另一个酸性位点。这些内管道通常仅允许阳离子移动，但膜不传导阴离子或电子，因此它又被称为阳离子交换聚合物。

④ Nafion 是一种超强酸催化剂。附在聚四氟乙烯骨架上的磺酸基团具有极强的供质子能力，pK_a 约为 6，酸性接近于三氟甲磺酸（CF_3SO_3H）。

⑤ Nafion 膜有很强的选择性和渗透性。Nafion 的磺酸基团具有很高的水化率，因此能很有效地吸收水。磺酸基团之间的相互连接导致水通过 Nafion 迅速移动。传统上，Nafion 应用于制造离子交换膜。

2.1.3.1　含水量

离子交换聚合物（如 Nafion）的吸水性是其最为重要的性能，它直接影响聚合物结晶的相分离行为，从而影响整体膜的结构和性能。PFSA 的主链是 C—F 键，非常稳定，支撑结晶膜的力学性能；侧链是亲水的磺酸基团，可以吸附水，提供亲水和离子交换功能。如图 2-2（b）所示，吸附的水分子可以分为固定水和自由水。前者指的是通过氢键或强的化学作用力固定的水分子，通常固定在磺酸基团区域附近；后者指的是可以自由流动的水分子，可以与阳离子一起形成水合阳离子，电场下迁移产生离子导电。

常用的含水量计算方法是称重法。室温下，将杂化、空白膜浸泡在去离子水中 24h，取出后，仔细擦干表面水分，用分析天平测其质量，作为饱和吸水状态下质量（M_1）。然后，将试样放入真空干燥箱中，在 70℃下干燥 24h，测试干燥膜的质量（M_2）。

$$WU = (M_1-M_2)/M_2$$

式中，WU（water uptake）为试样的吸水率；M_1，M_2 分别为吸水膜、干膜的质量。

为了将 WU 与 IEC 和 EW 关联，引入了摩尔含水量（λ）衡量含水量。

$$\lambda =(M_1-M_2)/n = WU \cdot EW = 1000WU/IEC$$

式中，λ 为摩尔含水量；n 为磺酸物质的量。

PFSA 聚合物的吸水行为与其磺酸含量密切相关，PFSA 膜的吸水率随着 EW

的增加而降低。测试结果显示：相同 EW 下，Dow 系列 PFSA 的含水量较高。另外，膜的掺杂、热处理温度、老化、污染、机械压缩等加工工艺也会影响其数值。例如，利用 Nafion 分散液浇注膜的含水量没有商业膜高，其力学性能也比商业膜高。原因是 Nafion 117 膜作为 DuPont 公司生产的商业膜，在制膜时加入了一些可以增强其电导率和吸水性的助剂。吸水前后，PFSA 的体积会发生明显变化，造成密度的改变。纯的 Nafion 膜的干密度 ρ 为 (2.05 ± 0.05) g/cm^3，随着含水量的增加，吸水 Nafion 的密度降低。随着 IEC 的增加，含水量增加到 30%，密度逐渐降低，从干膜的 2.1g/cm^3 下降到 1.6g/cm^3。通过掺杂亲水性基团，可以增加 PFSA 膜的含水量。

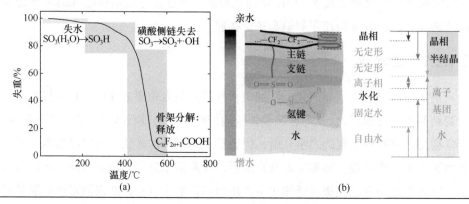

图 2-2　**Nafion 117 的热性能（a）；PFSA 分子与水作用的示意图（b）**

2.1.3.2　电导率

电导率来自水合阳离子的迁移。要计算离子电导率，首先需要获得膜的电阻。一般的方法是采用电化学工作站对离子交换膜进行交流阻抗（EIS）测试，获得 PFSA 膜的电化学电阻，近似于膜的电阻。需要说明的是：这个电阻属于等效电阻，包含电极/聚合物、聚合物/电解质之间的界面电阻以及水合阳离子在膜内迁移的电阻。也可以采用二电极、四电极的方法测试体相电阻和面电阻。不同的测试方法，结果略有不同。以 Nafion 117 为例，利用电化学工作站测试 EIS 谱，频率为 $0.1\sim10^5$Hz，扰动电压振幅 5mV。交流阻抗，经等效拟合，高频区与实轴的交点即为该膜的内阻，并可根据该电阻值按照如下公式计算材料的电导率：

$$\sigma = \frac{l}{AR}$$

式中，σ 为电导率，S/cm；l 为经电解液浸泡 24h 后的膜厚，cm；A 为膜有效面积，cm²；R 为膜电阻。

电导率的数值受到测试样品的预处理方法、温度、环境湿度影响。即使拥有相同的化学成分，制备工艺不同，也会产生不同的电导率。电导率测量时需要准确控制温度和湿度。测试温度升高，离子基团迁移速率增大，电导率随之增加。在湿度 100%和纯水环境下，Nafion 膜 IPMC 的电化学电阻分别约为 880Ω和 1300Ω[111]。导入电导率公式计算，两种环境下，电导率分别为 51mS/cm 和 63mS/cm，因此含水量高的膜电导率大。要想提高 PFSA 膜的电导率，亲水性物质的掺杂也是有效手段。考虑到 IEC 的增加，含水量随之增加，故 IEC 高的膜的电导率大。例如：当 EW 为 600 时，电导率可以达到 600mS/cm 左右；当 EW 为 1100 时，电导率下降到 90mS/cm 左右。此外，测试电极的成分、形状、规格也会影响电导率的测定。

为提高膜的离子电导率，常常采用添加含有磺酸、羧酸、羟基的化学物。例如：磺酸改性氧化石墨烯（GO-SO₃H）表面含有较多的羟基、磺酸基团，既可以增加膜的含水量，又提升了膜的离子交换当量，因此提升膜的电导率。以 Nafion 117 为例，制备了空白 Nafion 膜和 GO-SO₃H 掺杂的杂化膜。利用电化学工作站测试 EIS 谱，测试离子电导率。如图 2-3，空白膜和杂化膜的所有谱图呈现明显的线性分布，表明两个样品均具有理想的双电层电容特征。依据文献拟合上述曲线，取其与实轴的交点即为测试样品的内电阻。比较图 2-3 可得：GO-SO₃H 掺杂后，Nafion 膜的内电阻减小，电荷传递能力增强。其原因可能是：GO 为大比表面积的平面 2D 分子膜，其表面分布大量亲水基团羟基和羧基，可携带大量的水分子，经过磺酸化改性后的 GO，亲水性能进一步增强，同时磺酸基团又是典型的具有离子交换能力的活性官能团，水合阳离子可以借助 GO-SO₃H 膜表面的磺酸基团进行迁移，因此，GO-SO₃H 的加入也增强了杂化膜的离子迁移能力。

电解质离子也影响电导率。当电解质为水时，空白膜和杂化膜的内电阻均随时间的推移增加，其内电阻分别从 4.79Ω和 3.49Ω增加到 5.10Ω和 4.04Ω；当电解质为锂离子溶液时，空白膜和杂化膜的内电阻均随时间的推移而减小，其内电阻分别从 4.26Ω和 3.55Ω减小到 3.90Ω和 3.26Ω。其原因如下：当电解质为水时，交流阻抗测试中的电场增加了离子交换膜内部水溶液的蒸发损失，而水中的阳离子（H⁺）的浓度并不随溶液的损失而降低，水溶液的减少造成了离子交换膜内部的微小内管道的数量和孔径减小，水合阳离子迁移困难，因此内电阻逐渐增加。当电解质为锂离子溶液时，随着水溶剂的损失，尽管离子交换膜内部的微小内管道孔径也在变化，但锂离子的浓度增大效应占据了主要作用，这时膜内可迁移的离子数量增加，故其电阻有所降低。但应当指出的是：当内部水溶剂损失到一定程度时，不能支持锂离子的迁移，即使是在锂溶液电解质中离子交换膜的内电阻仍然会增加。

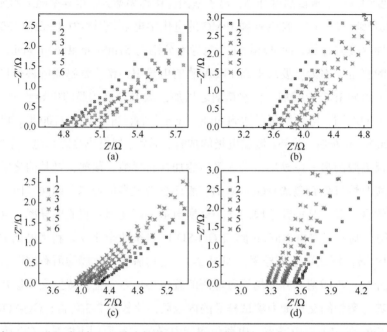

图2-3 高频 EIS 谱图（图中 1~6 代表间隔 10min 的 6 次测试）。（a）水电解质中空白膜；（b）水电解质中杂化膜；（c）Li⁺电解质中空白膜；（d）Li⁺电解质中杂化膜

以 EIS 测试中得到的内电阻作为膜的电阻值，利用电导率计算公式，计算并绘制出了电导率随时间的变化曲线，见图 2-4。图 2-4（a）显示当电解质为水时，杂化膜和空白膜的电导率均随时间的推移降低，其电导率分别从 22.01mS/cm 和 16.09mS/cm 下降到 19.41mS/cm 和 15.28mS/cm，其原因可以归咎于相应的 EIS 测试中电阻的增加。图 2-4（b）显示当电解质为锂离子溶液时，杂化膜和空白膜的电导率均随时间的推移增加，其电导率分别从 21.55mS/cm 和 17.81mS/cm 增加到 23.17mS/cm 和 19.60mS/cm，其原因同样可以归结于相应的 EIS 测试中电阻的降低。比较图 2-4 中（a）与（b）发现，在锂离子溶液电解质中，杂化膜和空白膜的平均电导率均比水作电解质的平均电导率高，表明锂离子在电场下的离子迁移能力优于氢离子。综合 EIS 测试和电导率的结果可得出，离子交换膜的水分的多

少对于其内电阻乃至电导率影响十分显著，而这些性能会直接决定 IPMC 材料的性能输出。同时，选择合适的迁移离子对于提高 IPMC 材料的性能也是有效的。上述测试结果表明：IPMC 电致响应的衰减源于其内部离子交换膜电导率的下降，与水的含量紧密相关。

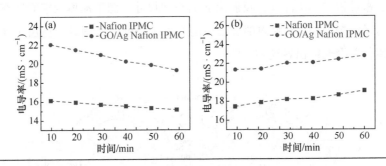

图 2-4　电导率-时间变化曲线图。（a）水电解质；（b）Li⁺电解质

2.1.4　微观结构模型

经过微相分离，在 PFSA 结晶膜内部形成了支撑大量离子传输的网状微管道，这些微管道直径大约在 1.8～3.5nm[111,112]，受水合程度的大小变化，微管道直径发生收缩或扩张。由于 PFSA 的性能多与这些微管道关联，故研究 PFSA 的形态结构是近百年来材料化学与物理研究领域的一个热点。小角度 X 射线散射、广角 X 射线衍射等成为研究 PFSA 形态的有效手段。以 Nafion 为例，早期学者试图将大量结构信息与观察到的性质（特别是质子传输性质）相结合起来，以便提出明确的 Nafion 形态模型。迄今为止，Nafion 形态的主要模型[109-117]包括：Gierke 等[112,113]提出的群网络模型，Fujimura 等[114]提出的改进核壳模型，Dreyfus 等提出的局部有序模型，Haubold 等[117]提出的三明治式模型，以及 Rubatat 等[112]提出的棒状模型。这些模型理论的核心是解释 Nafion 内部离子基团如何形成簇，如何支撑在内部传输离子。

上述模型中，最为接受的是群网络模型。1981 年，美国的 Gierke 提出了群网络模型，也称为簇-通道或簇-网络模型。群网络模型理论的解释如图 2-5 所示，在碳氟化合物晶格中，磺酸根离子簇形成"反胶束"，水等极性溶剂分子被包裹形成胶束；这些胶束直径约 40Å（4nm），胶束与胶束之间存在直径约 10Å（1nm）

的窄通道，这些窄通道将胶束连接起来。群网络模型理论成功解释了 Nafion 内部的离子传输特性，成为最广泛引用的模型，大量的论文和报告都依赖于这个模型来解释 Nafion 的各种物理特性和其他特征。但是，该理论并没能真实描述出 Nafion 的结构形态，它是建立在一个假设基础上。该假设认为在 Nafion 膜内部存在碳氟化合物的密堆积球体类晶体，反胶束簇的空间尺寸来源于晶体的空间填充间隙。此外，为了解释 Nafion 膜内部反胶束的高度选择性，该假设还提出了连接簇的 1nm 通道，并没能给出客观的证明。

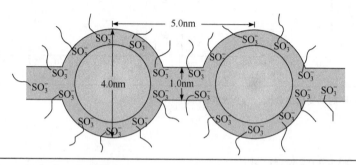

图 2-5　水合 Nafion 形态的群网络模型

按照上面的模型，当 Nafion 膜吸水之后形成了离子簇，簇之间存在微管道，此时膜内出现了明显的三个相区：憎水碳氟骨架区、界面区以及水核，这就形成了 Nafion 或 Flemion 结晶态结构的三相离子簇模型，如图 2-6 所示。在 Nafion 结晶膜中，磺酸基团与阳离子如 H^+、Li^+、Na^+、K^+ 通过水合作用会形成离子簇，离子簇的直径介于 3～5nm。水的含量对于离子簇的形成和尺寸具有至关重要的作用。当摩尔含水量小于 2 时，水分子就被固定在磺酸基团附近，磺酸基团与其静电作用固定的水分子一起形成孤立的一个个簇，由于簇之间没有连通，此时的 PFSA 不具有离子导电性能；随着含水量的增加，摩尔含水量处于 3～7 之间时，簇的直径增大，相邻簇之间存在少量水分子形成离子迁移通道，这些通道将不同

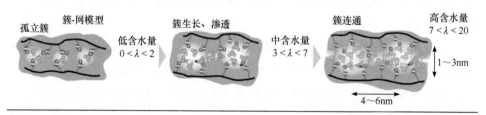

图 2-6　离子簇的形成、生长示意图

的簇连接起来，形成一个大的离子迁移网络；随后，更多的水分子被引入，簇和通道得到加强，离子迁移的通道得到加强。整个薄膜宏观上表现为发生了溶胀，体积变大。该模型很好解释了摩尔电导率与 EW、IEC 之间的关系。

2.1.5　高分辨 TEM 图片

为准确获得 Nafion 的内部微观形态，Allen 等使用高分辨透射电子显微镜（HrTEM）技术对 100nm 厚的干燥和水化 Nafion 薄膜进行观测，经过拟合得到了 Nafion 膜的三维图像。比较水化前后 Nafion 的 TEM 图片（图 2-7），可以看出：

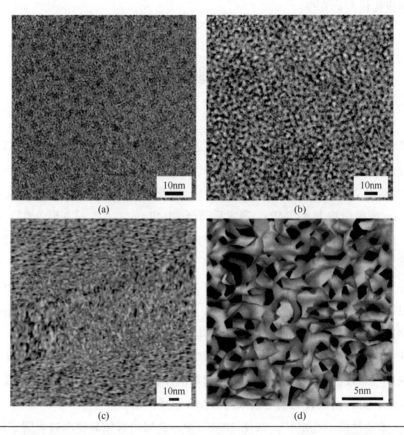

图 2-7　干膜和水化 Nafion 膜（EW = 1100）的 TEM 图片（a）、（b），水化 Nafion 膜的低温 3D TEM 图片（c），内部标记相互连通的离子相，提取出的离子相 3D 图片（d）

水化前，Nafion 内部由深色部分的离子相与浅色部分非离子相构成，其中离子相呈现近似球形随机分布，平均直径为（3.5±0.3）nm[图 2-7（a）]；水化后，离子相的尺寸明显增大，其球形直径增加至 5.1nm 左右，而且球形的簇之间存在宽度为 2.5nm 的管道。这种结构与前述 Gierke 提出的群网络模型相似，客观上支持了群网络模型理论。利用软件过滤，Nafion 膜内部的离子相被过滤出来，标记于图 2-7（c）和（d）。从放大图像可以清晰看出：Nafion 膜内部的离子相通过 3D 离子通道相互连接，形成了一个立体的网络结构，从而保障了水合离子在整个膜内进行迁移。3D 图片直观地给出了 Nafion 内部非离子相的存在分布比例，图 2-7（d）显示：离子相的体积分数为 0.55，非离子相的体积分数为 0.45。3D 图片有力地支持了 Nafion 膜用于 IPMC 的材料基础，为解释 Nafion 膜 IPMC 的电致动响应提供理论支撑。

2.2　Nafion 基 IPMC 的驱动性能与优化

IPMC 驱动器具有可以与天然肌肉媲美的致动性能。但目前的 IPMC 还没有实现商业化，尚需解决下列难题：

① 输出功率小[21]。原因有两个方面：一是聚合物基底膜的力学性能较低（商业 Nafion 膜模量约为 422MPa，吸水后降至 88MPa 左右），易变形，难以加载高电压；二是膜的离子交换能力有限，参与电场迁移的水合阳离子数目少，产生运动的动力不足。

② 致动频率低[69,100]。常规 IPMC 的电化学电阻和欧姆电阻均在 10Ω以上，膜内电荷（电子、离子）传递能力不高，其结果是电流峰值滞后于电场变化，离子迁移还没达到极值就被迫改变运动方向，难以实现高频工作。

③ 非水工作时间短[65]。IPMC 的连续致动是建立在水含量稳定的基础上，由于水的蒸气压较高（约 3.2kPa），电极间隙的存在成为 IPMC 水流失的主要原因，制备保水、可自由偏转的新电极成为 IPMC 发展的瓶颈。

④ 致动性能不稳定[65]。常规 IPMC 中，金属电极依靠物理吸附固定在聚合物膜表面。由于存在极性差异，长时间工作中，金属纳米电极逐渐从聚合物表面剥落，造成膜表面电场分布不均，IPMC 发生扭曲，力学输出随之发生衰减。剥

落严重时，IPMC 不能工作。

⑤ 成本太高。目前，IPMC 的材料（Nafion、Pt）价格昂贵。依据实验，一片 30mm×40mm×0.5mm 的 IPMC，成本约 700 元人民币。高昂的价格令许多应用难以展开。

现有 IPMC 的材料组成和结构严重阻碍了致动性能的提升，表现在：

① 依据致动机理，组成电极的金属纳米颗粒越均匀致密，其间隙越少越小，"堰塞效应"越强。然而，这些间隙的存在却是 IPMC 产生形变的必要条件。这是由于金属纳米电极的模量很高，难以发生弯曲。实质上，IPMC 的弯曲起源于金属块间隙的距离变化，故提升"堰塞效应"与增加位移输出存在矛盾。

② 大功率输出需要高力学性能的基底膜作支撑，而高模量的膜发生弯曲时受到的应变阻力必然大，故力输出与位移输出存在竞争。

③ 理论上，膜内微小内管道的密度和尺寸取决于膜的离子交换当量。提高离子交换当量增加了膜的储水性能和水合阳离子数目，但却降低了膜的力学性能[65]。故力学性能的提高与离子交换能力的提升存在矛盾。

④ 离子交换膜内的水含量十分有限。正常工作时，大量的水会从金属纳米块间隙流失。提高输出功率必然要增加驱动电压和响应频率，这些措施势必加剧了水流失。故这种情况下 IPMC 不可能长时间地处于稳定工作状态，提高输出功率与维持稳定工作存在矛盾。

为了提高人工肌肉材料的力学性能，国内外学者对此做了大量的试验[119]。总结起来，大致有 5 种方法。

① 增加基底厚度。由于商业的离子交换膜的厚度在 100～300μm 之间，力输出太小。通过溶液结晶成膜的方法可以制备较厚的离子交换膜，从而提高力学性能。但是，较厚的离子交换膜所使用的驱动电压也会相应增高，因此也加大了负面效应——水解（水的水解电压为 1.23V）发生的可能性。

② 制备复合电极。采用不同于 Pt 的其他金属电极。考虑到水解过程要产生氢气和氧气，而氢气在一些金属电极上的过电势很高，采用这些金属作为电极就可以有效地阻止水解的发生，进而减少溶剂的损失使电极的工作时间得以延长。目前采用的复合电极有 Pt-Au、Ag-C、Au-Ni 电极。

③ 改善金属电极的制备。改进化学沉积的制备方法，即在化学电镀的过程中使用一些添加剂如 PVP（聚乙烯吡咯烷酮）来提高表面纳米金属电极的致密度，从而减少溶剂的损失。

④ 采用新型电解质溶液。使用高沸点、低蒸气压溶剂如聚乙二醇等来代替水，其目的是降低溶剂的挥发；采用低黏度的离子液，因其电化学稳定，故可以长时间工作，但是使用离子液时，溶剂分子在微管道中运动太慢，导致人工肌肉材料的制动频率太低。

⑤ 改性基底材料。这也是目前较好的方法，改性后的薄膜可以储存更多的溶剂分子，同时，也可改善薄膜的力学性能，用这样的材料来制备人工肌肉材料，可以较好提高人工肌肉材料的力学性能和工作时间。在这方面，韩国学者在 Nafion 溶液中添加硅酸盐如蒙脱土，目的是增加基底膜的力学性能和含水量。

由上述研究基础，我们提供了几种 Nafion 改性的实用方法。

2.2.1　多孔二氧化硅/Nafion 杂化膜的制备与 IPMC 性能

该方法利用无定形 SiO_2 纳米颗粒搭载的多金属氧酸盐（POM）超分子复合材料的添加和降解，获得多孔的 Nafion 基底膜，以此制备 IPMC 电驱动器。如图 2-8 所示，POM 降解以后，杂化膜内部存在直径为 0.4~1.4μm 的微型内管道和直径为 300~700nm 的微孔。同时，相对于球状和层状结构，无定形 SiO_2 具有高的储水能力，与 PFSA 有更强的结合度，以此可以同时提升基底膜的含水量和力学性能。由于多孔度高，最终制备的薄膜还具有高的储水量。最后，在多孔离子交换膜的两侧化学还原沉积金属 Pt 纳米电极，控制电信号引入，制成 IPMC 电驱动器。结果表明：在 2.5V 和 1.5V 的电压驱动下，新型电驱动器的最大输出力分别为 37.4mN 和 23.4mN，相对于常规 IPMC 电驱动器，分别增大了 2.97 和 4.93 倍；最大输出位移分别为 7.2mm 和 5.9mm，分别增加了 4.8 和 9.7 倍；最大稳定工作时间分别为 480s 和 710s，分别增加了 4.36 和 2.22 倍。

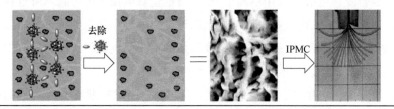

图 2-8　Nafion 膜内部多金属氧酸盐的掺杂、去除，多孔结构的形成，多孔的二氧化硅/Nafion 膜 IPMC 的致动录像截图

如图 2-9，利用原位溶胶-凝胶反应，将 Dawson 结构 POM、二甲基甲酸铵（DMF）、四乙氧基硅（TEOS）、Nafion 前体溶液一起结晶成膜。在结晶过程中，由于 Nafion 的微弱供质子能力，TEOS 发生酸性水解，生成无定形 SiO_2 纳米颗粒，与 Nafion 一起共结晶。POM 与 DMF 生成一种超分子化合物，搭载在 SiO_2 纳米颗粒表面。因此，形成一个 POM-SiO_2/Nafion 杂化膜。经碱液降解，POM 超分子被水溶解，形成多孔的 SiO_2/Nafion 膜。

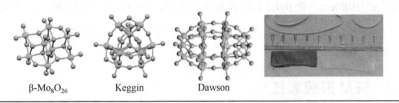

β-Mo_8O_{26} Keggin   Dawson

图 2-9　同多酸（β-Mo_8O_{26}）和 Keggin、Dawson 结构 POM 的分子结构图；POM-SiO_2/Nafion 杂化膜和 SiO_2/Nafion 多孔膜吸水后的光学图片，吸水之后，多孔膜显示了高的溶胀率

2.2.1.1　ATR-FTIR 测试

图 2-10 为自浇注 Nafion，POM-Nafion，SiO_2-Nafion 膜的红外光谱和相关数据。在曲线 a 中，两个明显的振动，1203cm^{-1} 和 1145cm^{-1} 处为不对称和对称的 C—F 伸缩振动。由于 C—F 键主要来自主链，而侧链较少，所以其吸收峰相对尖锐。720cm^{-1} 处的弱峰为 C—F 弯曲振动。1314cm^{-1} 和 1054cm^{-1} 处宽大的振动波峰归属为不对称和对称的 S=O 伸缩振动。因为水的存在两个相近的磺酸基团总

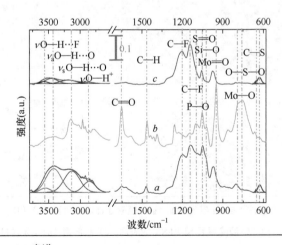

图 2-10　膜的 ATR-FTIR 光谱

a—自浇注 Nafion；b—POM-Nafion；c—SiO_2-Nafion

是聚合成二聚体，故两个振动波峰较宽大。2922cm⁻¹和2854cm⁻¹处两个弱峰归属为不对称和对称的C—H伸缩振动区域，可能源自空气中烷烃漂浮物的物理吸附。曲线 b 显示了 POM 杂化的 Nafion 膜红外光谱，在 948cm⁻¹，788cm⁻¹，755cm⁻¹处出现了 POM 的特征吸收峰，Nafion 的吸收峰 C—F 等仍然存在，表明 POM 被掺杂在 Nafion 膜内部。经过碱液降解，1710cm⁻¹处的 C=O 和 POM 特征吸收峰消失，表明 POM 超分子被除去。曲线 c 显示了氧化硅和 Nafion 的线性组合。在1214cm⁻¹和1080cm⁻¹处出现了不对称和对称的 Si—O—Si 伸缩振动，804cm⁻¹处的 Si—O—Si 的弯曲振动。与曲线 a 相比，C—F 主链的吸收峰几乎不变，只是吸收强度少量变化。

2.2.1.2　SEM 形貌表征

图 2-11 用 SEM 表征了高度多孔离子交换膜的形成过程。如图 2-11（a）所示，Nafion 自浇注膜具有典型的高分子聚合物表面，光滑带有一些皱纹。喷砂后[图 2-11（b）]，表面粗糙度增加，以稳定后来附着的 Pt 纳米颗粒。其表面吸附

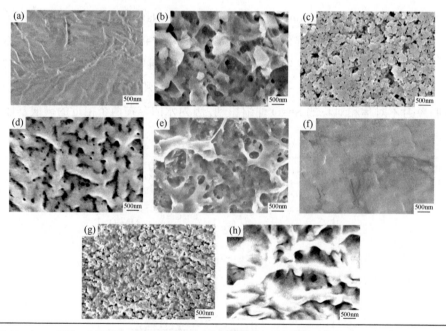

图 2-11　SEM 图片。自浇注 Nafion 膜的表面（a）；喷砂处理后的表面（b）和剖面（f）；POM-Nafion 膜的表面（c）和剖面（g）；碱液降解后 Si-PFSA 的表面（d）和剖面（h）；牙膏打磨后的 SiO₂-Nafion 的表面（e）

有直径为 20nm～1μm 的不规则石英砂。POM-Nafion 的 SEM 平面图出现了直径为 80～300nm 的颗粒，这些颗粒是 Nafion 聚合物包裹的 POM 复合物[图 2-11(c)]。图 2-11（d）显示了多孔 SiO_2 杂化 Nafion 表面。表面有许多小孔，它是在 Nafion 基体复合物中的 POM 分解成 PO_4^{3-} 和 MoO_3^{2-} 的小组分后，溶去后形成的。SiO_2 和 Nafion 留下，形成复合膜的骨架。骨架之间存在管道和小孔，便于水合阳离子的迁移。去除 POM 基复合材料后，生成了高度多孔的膜结构，其中存在许多尺寸为 0.4～1.4μm 的通道和尺寸为 300～700nm 的孔隙。这些渠道和小孔可以储存大量的电解质溶液。与只有 4nm 通道的 Nafion 膜相比，该膜可以大大提高储水能力，因为多级的孔结构可以作为水迁移区域。为了均匀吸附 Pt 纳米颗粒，SiO_2-Nafion 膜表面用牙膏仔细打磨。图 2-11（e）显示了用牙膏抛光的表面。这种表面显示了多孔和粗糙的结构，有利于 Pt 纳米晶粒的牢固吸附。图 2-11（f）～（h）显示了膜的横截面，进一步证明了多孔膜的生成。

在自浇注 Nafion 膜和 SiO_2-Nafion 膜的两侧嵌入纳米 Pt 颗粒，制备了两种类型的 IPMC 驱动器。两个 IPMC 的 SEM 图像如图 2-12 所示。图 2-12（a）显示了 Nafion 膜 IPMC 的平面图，表面存在一些不规则的裂缝。图 2-12（b）显示了 SiO_2-Nafion 膜 IPMC 的平面图，该图像是在 SiO_2-Nafion 膜的牙膏抛光表面上制作的，样品表面出现了一些纵横交错的裂缝，可能是磨痕诱导生成的轨迹。这些裂痕一方面有助于 IPMC 的弯曲，另一方面又不可避免地会引起水分子的泄漏，并且具有很高的电阻，消耗了能量。因此，优化 Pt 晶粒的制备和减小裂纹尺寸是

图 2-12　自浇注 Nafion 膜 IPMC 的表面（a）和剖面（c）、（e），SiO_2-Nafion 膜 IPMC 表面（b）和剖面（d）、（f）SEM 图像

提高 IPMC 性能的两种有效手段。图 2-12（c）和（d）显示了 Nafion 和 SiO₂-Nafion IPMC 最上层 Pt 晶粒的形貌。显然，这两个表面都是由许多层型纳米晶组成的，直径为 20nm，长度为 50～300nm。对于 Nafion IPMC，这些纳米晶粒聚集成直径为 300～600nm 的大 Pt 颗粒。对于 SiO₂-Nafion IPMC，纳米晶粒聚集成直径为 200～300nm 的较小颗粒。因此，图 2-12（d）呈现出相对光滑的形貌。这些纳米微晶可以在二次电镀过程中形成。图 2-12（e）和（f）显示了 Nafion 和 SiO₂-Nafion IPMC 的横截面形貌。两层电极的厚度分别为 4.65μm 和 6.25μm。SiO₂-Nafion 膜 IPMC 的中间 Pt 晶粒似乎比 Nafion IPMC 的中间 Pt 晶粒更细，有利于产生更强的"堰塞效应"，目的是提高电机械耦合效果。

2.2.1.3 电致动性能研究

典型的力曲线和位移曲线如图 2-13（a）和（b）所示。采用 1.5V 和 2.5V 的电信号驱动 IPMC 驱动器。力、位移与驱动电压之间存在很好的相关性，1.5V 时稳定的力输出为 0.57g，在 2.5V 时为 1.27g。对于 Si-Nafion 膜 IPMC 驱动器，在 1.5V 时稳定力输出为 2.39g，在 2.5V 时稳定力输出为 3.78g。在 1.5V 和 2.5V 的电压下，平均力输出分别增加 2.97 和 4.19 倍。力输出的增加源于离子交换膜内通道和力学性能的增加。位移输出是影响 IPMC 性能的另一个重要参数。自浇注 Nafion 膜驱动器在 1.5V、2.5V 产生的最大位移输出分别为 0.61mm、1.51mm，Si-Nafion 驱动器在 1.5V、2.5V 产生的最大位移输出分别为 5.9mm、7.2mm，分别增加了 4.8 和 9.7 倍，这可能是由通道和内部通道的数量增加所致。

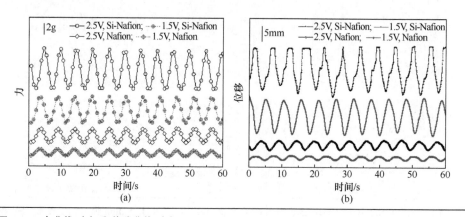

图 2-13　力曲线（a）和位移曲线（b）

2.2.2 磺化 SiO₂ 纳米胶杂化 Nafion 复合膜的制备与 IPMC 性能

考虑到磺酸官能化的 SiO₂ 纳米胶体具有高的 WU 和 IEC，它可作为无机添加剂，掺杂在 PFSA 聚合物内部使用。以前的文献[118-122]已经报道了用于甲醇燃料电池的含磺酸 SiO₂ 添加剂的 Nafion 杂化膜的制备技术。Li 的团队[121]将气相二氧化硅掺入 Nafion 中，然后通过浓 H_2SO_4 的磺化将磺酸接枝到二氧化硅表面，所得复合膜具有良好的离子电流和质子传导率。Ren 的团队[122]将活性硫醇基团引入二氧化硅掺杂到 Nafion 中，然后通过氧化将—SH 基团转化为—SO₃H 基团。与纯 Nafion 膜相比，所得的杂化膜表现出强的力学性能，但缺陷是低 IEC 和质子传导性不足。可能的原因来自制备工艺，先掺杂后磺化的制备工艺不能保证所有的—SH 基团都转化为—SO₃H 基团。

我们采用先磺化后掺杂的工艺，来制备 SiO₂ 掺杂的 PFSA（HSO₃-SiO₂/PFSA）薄膜，并将之用于制造 IPMC 电驱动器（图 2-14）。商业 3-巯丙基三甲氧基硅烷作前体经水解形成巯基官能化的 SiO₂ 纳米胶体（SH-SiO₂，直径约 25nm），然后进一步氧化成磺酸 SiO₂ 纳米胶体（HSO₃-SiO₂，直径约 14nm）。两种 SiO₂ 纳米胶体被用作掺杂 PFSA 膜的添加剂，以制造 IPMC 使用的基质膜。由于相容性的不同，SH-SiO₂ 纳米胶体在共结晶过程中发生相分离，并聚集成平均直径约为 690μm 的巨大球形颗粒，而 HSO₃-SiO₂ 纳米胶体与 PFSA 完全相容，形成非常均匀的杂化基质薄膜。测试结果表明：HSO₃-SiO₂ 杂化膜与 SH-SiO₂ 杂化膜相比，具有更好的 IPMC 兼容性能，吸水率是其 1.59 倍，离子交换能力是其 2.37 倍；HSO₃-SiO₂

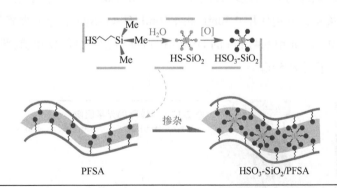

图 2-14 HSO₃-SiO₂ 掺杂 PFSA 薄膜的形成。KH590 的硫醇前体经水解和氧化形成 HSO₃-SiO₂ 纳米胶体，掺杂到 PFSA 中共结晶形成杂化基质膜。由于引入了大量的磺酸基，杂化膜表现出较高的亲水性，内部通道更大、连通性更好，有利于提高 IPMC 的机电性能

杂化膜内部可携带更多的溶剂化阳离子，为 IPMC 弯曲形变提供更大、更多的微小内通道。因此，HSO_3-SiO_2 杂化的 IPMC 驱动器表现出更高的驱动能力，例如更高的力输出、更高的位移输出和更长的稳定工作时间。

2.2.2.1 磺酸硅纳米胶体的制备与表征

巯基官能化的 SiO_2 纳米胶体（SH-SiO_2）是通过水解前体 KH590 制备的。将 2.0mL 的纯 KH590 添加到 18.0mL 乙醇和 2.0mL 去离子水（pH = 2.0）的混合液中，于 80℃下剧烈搅拌反应 90min。KH590 完全水解后，将产物在无水乙醇中透析 3 次，以去除多余的水（透析袋的截留分子量为 300）。最后，通过旋转蒸发仪将溶液浓缩至 2.0mL，从而得到无色透明的胶体溶液，含 1.08g SH-SiO_2 纳米胶体。浓缩前，将 20.0mL 过氧化氢（30%）加入上述混合物中以氧化–SH。在 60℃下进行氧化反应 24h，然后将所得混合物浓缩至 2.0mL，含约 1.59g HSO_3-SiO_2 纳米胶体。

2.2.2.2 PFSA 杂化膜的制备与表征

利用 PFSA 与功能化的 SiO_2 纳米胶体共结晶制备杂化膜。将 1.0mL 浓缩的 SH-SiO_2 或 HSO_3-SiO_2 胶体溶液添加到 PFSA 混合液中，混合液含 18.0mL PFSA（20%，质量分数）和少量 DMF。剧烈搅拌均匀混合后，分别倒入两个自制 PDMS 容器（75mm×80mm×50mm），随后在 60℃下 48h 结晶除去溶剂，分别获得了 SH-SiO_2/PFSA 杂化膜（白色，厚度约 0.46mm）和 HSO_3-SiO_2/PFSA 杂化膜（浅黄色，厚度约 0.38mm）（图 2-15）。为了比较，将 18.0mL 的 PFSA 溶液倒入上述容器中以制成纯的 PFSA 膜（白色，厚度约 0.31mm）。为了研究膜厚度与机电性能之间的关系，分别使用 0.50mL 和 1.50mL HSO_3-SiO_2 溶液，制备了另外两种厚度分别为 0.34mm 和 0.41mm 的 HSO_3-SiO_2/PFSA 杂化膜。使用前，将所有 PFSA 薄膜在 150℃下退火 5min。

图 2-15　母体膜的光学图像
1—纯 PFSA（参考样品）；2—SH-SiO_2/PFSA；3—HSO_3-SiO_2/PFSA

2.2.2.3 功能化 SiO₂ 纳米胶体的形貌和组分表征

图 2-16 （a）和（b）显示了 SH-SiO₂ 和 HSO₃-SiO₂ 纳米胶体的无定形胶体结构。因为 HSO₃-SiO₂ 在极性环境（乙醇和水的混合物）中比 SH-SiO₂ 具有更高的分散性，所以获得的 HSO₃-SiO₂ 平均尺寸（约 14nm）比 SH-SiO₂ 的平均尺寸（约 25nm）小。

红外光谱和 XPS 分析证实了两种纳米胶体的化学成分。如图 2-16（c）所示，在 SH-SiO₂ 的红外光谱中，在 3432cm⁻¹ 处出现了一个的 Si—OH 拉伸特征峰，在 1113cm⁻¹ 和 1065cm⁻¹ 处出现了一个双 Si—O—Si 拉伸特征峰，表明 KH590 被水解。经 H₂O₂ 氧化后，S—H 拉伸带在 2550cm⁻¹ 处完全消失，并且出现了三个新的谱带（S=O 在 1156cm⁻¹ 处不对称拉伸，S=O 在 1032cm⁻¹ 处不对称拉伸，以及 O=S=O 在 1352cm⁻¹ 处不对称拉伸），证明了硫醇基团被成功氧化[123]。另外，丙烷基有机链的存在使得在 2800～3000cm⁻¹ 范围内产生了尖锐峰，且在 HSO₃-SiO₂ 的曲线上出现了一个更强更宽的 O—H 谱带，表明磺酸基团与其前体相比对水有更强的亲和力。

XPS 检测进一步证实了硫醇基团的成功氧化。图 2-16（d）记录了两种 SiO₂

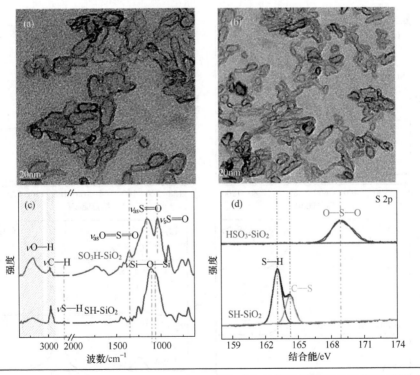

图 2-16　SH-SiO₂ 纳米胶体（a）和 HSO₃-SiO₂ 纳米胶体（b）的 TEM 图像，ATR-FTIR 光谱（c）和高分辨率 S 2p XPS 光谱（d）的比较

纳米胶体的高分辨率 S 2p XPS 数据。对于 SH-SiO₂ 纳米胶体，S 2p 光谱由位于 163.1eV 和 164.4eV 的两个部分组成，这是由化合价为-2 的硫引起的，前一个峰源自 S—H 键，而后一个峰源自 C—S 键。对于 HSO₃-SiO₂ 纳米胶体，磺酸基中的+6 价硫产生了一个宽峰。综上所述，以上结果证实了磺酸 SiO₂ 纳米胶体的成功制备。

2.2.2.4　PFSA 复合膜的 XPS 表征

图 2-17 比较了 PFSA 系列膜的 XPS 数据。测量曲线[图 2-17(a)]显示了 C 1s，S 2p，O 1s，F 1s 和 Si 2p 的散射峰，对于高分辨率的 S 2p 光谱[图 2-17（b）]，由于电极裂缝处 PFSA 成分的暴露，在 168.6eV 处出现了一个磺酸基峰。

掺杂 SH-SiO₂ 纳米胶体后，在 163.2eV 处出现 S—H 基团新峰。掺杂 HSO₃-SiO₂ 纳米胶体后，仅剩下 S 元素的一个增强峰，由于磺酸基团的引入，S 元素浓度从 2.74％增加到 3.07％。对于高分辨率的 Si 2p 光谱[图 2-17（c）]，在参考样品中没有看到 Si 信号，而在两个混合膜曲线中 103.0eV 处出现了一个强烈的 Si—O—Si 信号，这是由 SiO₂ 纳米胶体的添加造成的。由于 Si 的不同聚集态，Si 元素浓度

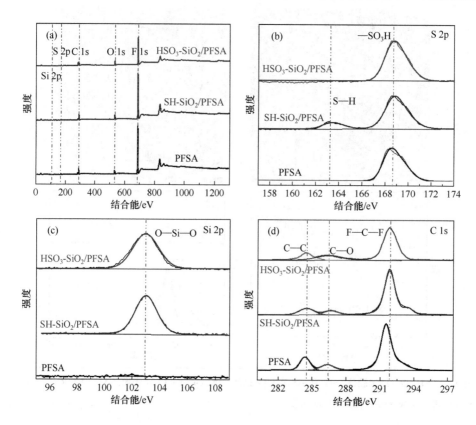

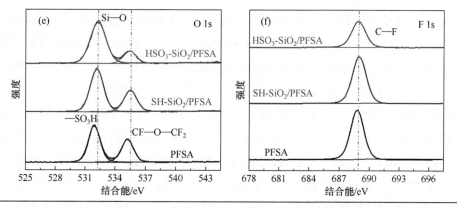

图 2-17　XPS 分析。对 PFSA、SH-SiO₂/PFSA、HSO₃-SiO₂/PFSA 膜进行扫描（a）；元素 S（b）、Si（c）、C（d）、O（e）、F（f）的高分辨 XPS 谱

从 SH-SiO₂/PFSA 膜的 1.52％到 HSO₃-SiO₂/PFSA 膜的 2.22％不等。另外，C 和 F 元素浓度降低以及 O 元素浓度增加等其他信息进一步证实了功能化 SiO₂ 纳米胶体的掺杂[图 2-17（d）～（f）]。

2.2.2.5　IPMC 相关的特性表征

功能化 SiO₂ 纳米胶体的引入会显著改变基膜的极性、WU、IEC、力学性能，从而影响 IPMC 的机电转化性能[120-124]。对于纯 PFSA，SH-SiO₂/PFSA 和 HSO₃-SiO₂/PFSA 薄膜，测试水 CA 分别为 84.1°、75.7°和 54.5°[图 2-18（a）]，由于添加了 SiO₂ 纳米胶体，其表面广泛分布亲水性的 Si—OH 和 Si—O—Si 基团，因此两种混合膜都变得更加亲水。由于磺酸功能的强极性，HSO₃-SiO₂/PFSA 膜表现出最佳的亲水性。

WU 数据显示出与 CA 相似的变化趋势：HSO₃-SiO₂/PFSA 膜>SH-SiO₂/PFSA 膜>纯 PFSA 膜。HSO₃-SiO₂/PFSA 膜测试到的 WU 值为 32.2％，与纯 PFSA 膜相比增加了 1.80 倍。值得注意的是，当水合阳离子在两个电极之间快速移动时，水驱动的 IPMC 驱动器总是会因大量水分蒸发和电解而出现缺水现象[125-127]。因此，高 WU 对于确保其驱动稳定性具有重要作用。

由于磺酸基团具有很强的电离能力，因此，假设—SH 基团完全转化为—SO₃H 基团，纯 HSO₃-SiO₂ 的理论 IEC 值达到 6.76mmol/g。在实验中，HSO₃-SiO₂/PFSA 膜测试到的 IEC 为 1.66mmol/g，约为自制纯 PFSA 膜的 1.90 倍，或市售 Nafion 膜的 1.86 倍[128,129]。但对于 SH-SiO₂/PFSA 膜，由于 Si—OH 和 Si—SH 几乎不提供离子交换能力，因此其检测到的 IEC 仅为 0.70mmol/g，甚至低于对照的 0.89mmol/g，因此，不利于产生强电机械响应。应该注意的是，增强的 IEC 将提供更多的内部通道，使许多离子同时迁移，从而产生强大的力和功率输出[129]。

为了评估 SiO_2 添加剂与 PFSA 基膜之间的相容性，采用纳米压痕仪测定了复合材料的力学性能，列于图 2-18（b）和（c）。显然，所有 PVDF 薄膜的应力-应变曲线都显示出了先弹性形变，后塑性形变的轮廓。在干燥状态下，纯 PFSA 膜显示出 714MPa 的压缩弹性模量，高于相同膜厚度下商用 Nafion 膜的 220MPa。而掺杂功能化 SiO_2 纳米胶体后的杂化膜，力学性能得到了明显改善，SH-SiO_2/PFSA 薄膜的弹性模量为 804MPa，HSO_3-SiO_2/PFSA 薄膜的弹性模量为 1135MPa，与纯 PFSA 膜相比，分别提高了 1.13 和 1.59 倍。因此，HSO_3-SiO_2/PFSA 膜是这些膜中机械强度最强的，表明 HSO_3-SiO_2 纳米胶体与 PFSA 之间具有良好的相容性。吸水后，三个基膜均显示出力学性能减弱。由于具有高亲水性和 WU，HSO_3-SiO_2/PFSA 膜在湿态下的最低压缩弹性模量为 83MPa，与干态下相比，仅剩

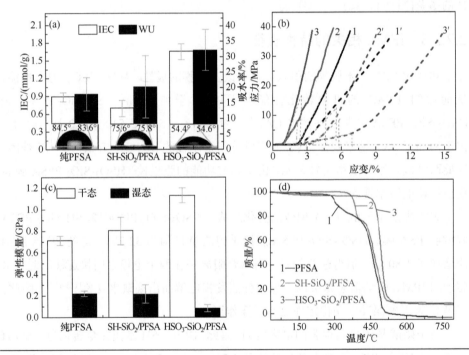

图 2-18　IPMC 相关参数。（a）PFSA 衍生膜的 IEC 和 WU 比较（插入的图像是 CA 图像）；（b）典型的应力-应变曲线，实线 1、2、3 和虚线 1′、2′、3′分别来自参考样品；（c）SH-SiO_2/PFSA、HSO_3-SiO_2/PFSA 薄膜处于干态或湿态的弹性模量比较；（d）TG 曲线

7.3%，这表明它具有很高的柔韧性，因此 HSO$_3$-SiO$_2$/PFSA 膜 IPMC 有望产生更大的变形。

图 2-18（d）比较了三种基质薄膜的热力学性能。作为对照，失重的三个阶段分别从 285℃、399℃和 438℃开始，分别对应于磺酸基、支链和 C—F 主链的热分解温度。嵌入 SH-SiO$_2$ 粒子后，热分解温度升高，分别移至 355℃、405℃和 446℃。但对于 HSO$_3$-SiO$_2$/PFSA 膜，在 464℃下才发生质量损失，表明 HSO$_3$-SiO$_2$/PFSA 膜具有较高的热稳定性。热分解温度的增加表明了 HSO$_3$-SiO$_2$ 纳米胶体与 PFSA 之间存在强相互作用，进一步证明了它们之间的高度相容性。

2.2.2.6　IPMC 形态表征

图 2-18 记录并比较了两种混合膜 IPMC 的 SEM 形态。如图 2-19（a）和（d）所示，SH-SiO$_2$/PFSA 和 HSO$_3$-SiO$_2$/PFSA 膜 IPMC 总厚度分别为 570μm、455μm。因为后者的母体膜具有更高的 IEC 值，所以作为中和硫酸阴离子的阳离子，更多的 [Pt(NH$_3$)$_4$]$^{2+}$ 被吸收在膜内，并被还原成 Pt 纳米颗粒。因此，HSO$_3$-SiO$_2$/PFSA 膜 IPMC 具有较厚的 Pt 电极。增加 IPMC 的电极厚度有利于克服电极缺陷，提高电导率和"堰塞效应"[130]。重要的是，在 HSO$_3$-SiO$_2$/PFSA 膜 IPMC 中，Pt 电极与聚合物基质之间的界面产生了明显的过渡层[图 2-19（e）]，而在 SH-SiO$_2$/PFSA 膜 IPMC 中，几乎没有发现过渡层[图 2-19（b）]。该结果表明，Pt 纳米片层与 HSO$_3$-SiO$_2$/PFSA 基质之间的连接更牢固，可防止 Pt 纳米颗粒从基质表面分离，并确保稳定的机电响应[131]。

从图 2-19（c）和（f）可以看出，SH-SiO$_2$/PFSA 中有许多孤立的球形颗粒和闭合的孔，它们的平均尺寸约为 690mm[图 2-19（c）]。由于膜的断裂，球形颗粒从母体膜表面脱落，产生闭合的孔，表明 SH-SiO$_2$ 纳米胶体与 PFSA 之间的相容性差。这就是在图 2-15 中看到不透明的 SH-SiO$_2$/PFSA 白色膜的原因。由于 SH-SiO$_2$ 纳米胶体与 PFSA 不兼容，在共结晶过程中，这部分 SH-SiO$_2$ 颗粒发生微相分离，聚集在一起形成巨大的球形颗粒。将 SH-SiO$_2$ 颗粒分散在极性溶剂中，颗粒表面亲水的 Si—OH 基团与 PFSA 中的磺酸基团产生氢键相互作用，大量的硫基由于亲水性能差而被埋在颗粒的内部，失去了与 H$_2$O$_2$ 接触的机会，只有少量硫醇基获得氧化的机会而转变为磺酸基，因此，先水解后氧化的方法并不能获得高 IEC 的杂化膜。对于 HSO$_3$-SiO$_2$ 纳米胶体与 PFSA 的杂化膜，由于均相共结晶，图 2-19（f）未见明显的颗粒或孔隙，因此其光学图像呈透明膜状。

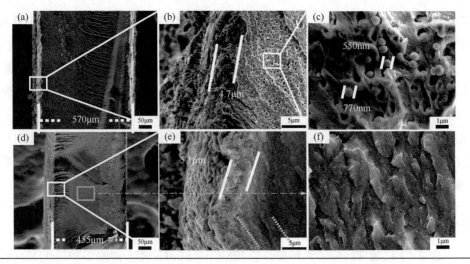

图 2-19 基于 SH-SiO₂/PFSA（a）和 HSO₃-SiO₂/PFSA（d）～（f）的 IPMC 的横截面轮廓，界面处连接，母体膜内部形态 SEM 图像

2.2.2.7 IPMC 的机电响应的研究

在图 2-20 中显示了 IPMC 驱动图像。纯 PFSA、SH-SiO₂/PFSA 和 HSO₃-SiO₂/PFSA 膜 IPMC 都产生了稳定的机电弯曲，其最大摆角分别为 65°、28°和 110°。根据机电响应机制，在电场的驱动下，水合 Li⁺ 从阳极迁移到阴极，从而形成水浓度梯度，导致 IPMC 向阳极弯曲[132,133]。因此，水合 Li⁺ 和内部通道的数量对于 IPMC 弯曲程度至关重要[132]。由于引入了亲水性磺酸基团，与纯 PFSA 膜相比，HSO₃-SiO₂/PFSA 膜具有更高的 IEC 和更高的 WU，分别增加到 1.87 和 1.80 倍。HSO₃-SiO₂ 纳米胶体的掺杂改善了 IPMC 的驱动性能，理由如下：①由于极性磺酸基参与了内通道的形成，杂化膜的内通道增大，相互间的连接更加紧密；②在杂化膜中引入大量的锂离子作为阳离子来平衡磺酸阴离子，从而提供足够的可移动水合阳离子来迁移；③在电场的驱动下，水合阳离子（即 Li⁺）沿内通道从一端的磺酸基团向另一端迁移，大量的磺酸基团提供了大量的离子交换位点，支持了水合阳离子的快速迁移[134]。此外，HSO₃-SiO₂ 杂化膜的高 WU 还为 IPMC 驱动性能带来了两个明显的好处：①高 WU 使基膜柔韧性好，有利于产生较大的变形；②高 WU 有益于保持稳定的水合阳离子浓度，并稳定驱动，因为 IPMC 如果没有电解质溶液就无法工作[137]。总体而言，IEC 和改善基膜的亲水性的增加增强了 IPMC 的机电转换性能。

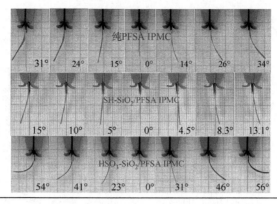

图 2-20   纯 PFSA 膜 IPMC、SH-SiO₂/PFSA IPMC 和 HSO₃-SiO₂/PFSA IPMC 的致动图像
电信号：频率 0.1Hz，2.5V 正弦波

2.2.2.8   IPMC 的机电性能分析

　　典型的位移和力输出曲线如图 2-21（a）和（d）所示。由于使用正弦信号作为驱动源，位移曲线和力曲线均显示出典型的正弦曲线特征，从而在机电行为和驱动电场之间显示出良好的相关性。图 2-21（b）和（e）记录了随着驱动电压的增加位移和力的变化曲线。采用 1.0～3.0V 电压驱动 IPMC 驱动器。显然，位移和力都随着驱动电压的增大而增大。在相同的 2.5V 激励电压下，控制系统中 PFSA、SH-SiO₂/PFSA、HSO₃-SiO₂/PFSA 基膜的 IPMC 最大位移输出分别为 10.43mm、4.08mm、15.77mm，最大力输出分别为 12.03mN、27.32mN、40.03mN，总偏转角（包括左右摆动角）分别为 65°、28°、110°。总而言之，HSO₃-SiO₂/PFSA 的 IPMC 表现出最强的位移和力输出，这归因于高的 IEC，WU，Li⁺ 电导率。

　　图 2-21（c）和（f）示出三种 IPMC 驱动器的位移和力的输出曲线。在相同的 2.5V 激励电压下，三个位移曲线均显示出初始上升，然后相对稳定，最后衰减的变化趋势。产生这一变化趋势的原因是：在开始阶段，IPMC 母体膜内部的微小内管带并未完全打通，故位移输出逐渐增大；随后，在稳定的电解质溶剂作用下，IPMC 输出稳定；最后，随着水的流失，IPMC 由于失水而发生衰退。由于 IPMC 的力输出源自位移输出，因此图 2-21（f）中所示的力输出分布与图 2-21（c）中所示的位移分布具有很好的相关性。2.5V 驱动电压下，厚度为 0.34～0.41mm 的 HSO₃-SiO₂/PFSA 膜 IPMC 的力输出从 26.31mN 增加到 44.45mN，但偏转角从 118° 减小到 89°，显示力输出和位移输出之间存在竞争关系，其中较厚的母体膜产生的变形小，但力输出大。

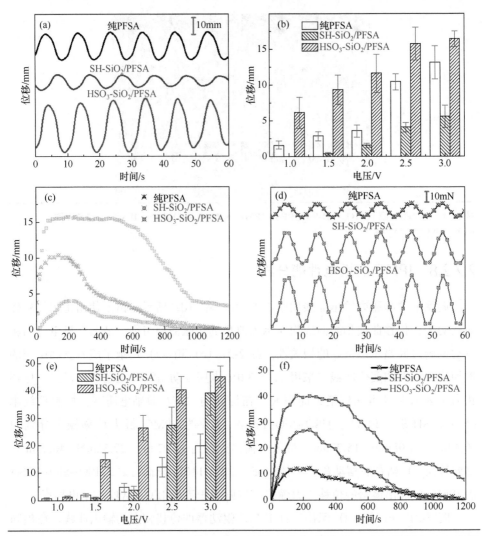

图 2-21 IPMC 机电性能的比较。2.5V 驱动电压下，三种 IPMC 驱动器的典型位移曲线（a）和力曲线（d）；位移（b）和力（e）相对于驱动电压的变化曲线；位移（c）和力（f）随时间的变化曲线 AC 信号采用 0.1Hz 的正弦波

　　与纯 PFSA 相比，HSO₃-SiO₂/PFSA 的工作时间性能得到了明显改善。随着在空气中的连续致动，IPMC 驱动器可能会流失几乎所有水分，最后停止致动[135]。在 2.5V 的驱动电压下，HSO₃-SiO₂/PFSA 膜 IPMC 的弯曲稳定时间在 580s 以上，输出力时间也稳定在 440s 以上，这两个数据均比其他两个 IPMC 更好。总而言之，由于 HSO₃-SiO₂ 的掺杂，杂化膜 IPMC 显示了更好的机电转换性能：位移输出为 1.51

倍，力输出为 3.33 倍，稳定工作时间为 4.46 倍。这是由于 SiO_2 纳米胶体的引入显著扩大母体膜的内部通道，增加了离子交换速率，进而增强了 IPMC 的机电响应。

2.2.3 磺酸化氧化石墨烯杂化 Nafion 的制备与 IPMC 性能

考虑到磺酸化氧化石墨烯（SGO）单分子膜具有优良的水溶性、柔韧性和离子交换性能[136,137]，合成了 SGO 单分子膜，然后按不同质量比掺杂在 Nafion 溶液中，制成了不同力学性能、含水量、离子交换当量的杂化离子交换膜，并以之为基底膜制备了 IPMC 电驱动器。致动性能测试结果表明：相对于掺杂前，杂化膜具有更高的位移输出和更长的非水工作时间。

2.2.3.1 磺酸化氧化石墨烯单分子膜的制备

参考 Hummers 法合成氧化石墨烯单分子膜[137]。具体如下：在 2L 的烧瓶中加入 25mL 98%的浓 H_2SO_4，用冰水浴冷却至 0℃，在搅拌的条件下加入 10g 天然鳞片石墨和 5g $NaNO_3$，然后分批次加入 30g $KMnO_4$（此时温度<10℃）并搅拌反应 48h。反应结束以后缓慢加入 460mL 的蒸馏水，继续搅拌 30min，此时加入 3% H_2O_2 直至没有气泡生成，离心分离直到检验无 SO_4^{2-}，即得到氧化石墨（GO）。0℃下，取 50mg GO 单分子膜的水溶液，加入 200mg 的偶氮苯磺酸，搅拌反应 2h，收集磺酸化氧化石墨烯（SGO）沉淀，备用。

参考文献[137]合成了磺酸化石墨烯单分子膜。具体如下：取 16mL 的 Nafion 溶液于 70℃下加热 6h 以除去大部分的水和低沸点溶剂，分别加入 0mL、15.4mL、39.6mL 磺化石墨烯（浓度：1mg/mL）的分散液，以及少许 N, N-二甲基甲酰胺，超声振荡 1h。然后，将混合液倒入 30mm×40mm×50mm 的硅橡胶小槽内，置于 70℃的真空干燥箱中 48h 成膜。150℃退火 8min，得到 SGO 含量分别为 0、2%、5%的基底膜，厚度分别为 0.22mm、0.23mm、0.25mm。

2.2.3.2 杂化膜成分分析

为了表征 SGO 的合成和其对 Nafion 膜的掺杂，利用傅里叶变换全反射衰减红外（ATR-FTIR）光谱仪（BrukerIFS66/S）来测试 SGO 分子膜和其掺杂膜的相应成分。在 SGO 的红外光谱中，出现了如下特征吸收峰：1022cm⁻¹ 和 1124cm⁻¹

处为 S=O 对称吸收峰，其不对称伸缩振动出现在 1387cm⁻¹ 处，表明磺酸基团已经被偶联在石墨烯膜上；2929cm⁻¹ 和 2885cm⁻¹ 处两个吸收峰为 C—Hₓ 的伸缩振动吸收峰，该处吸收峰可能来自石墨烯骨架上的 C—Hₓ 基团；3432cm⁻¹ 处—OH 的吸收峰和 1732cm⁻¹ 处的 C=O 吸收峰来自氧化石墨烯的边缘骨架，表明石墨烯处于氧化状态；1600cm⁻¹ 处的宽吸收带属于石墨烯分子上 C=CH 吸收峰、苯环的 C=CH 吸收峰和水分子弯曲振动峰的叠加峰。由于—OH 通过氢键缔合了水分子，此处的—OH 吸收带较宽，故—OH 的吸收峰可用来解释水分子的含量。Nafion 聚合物的吸收峰前已描述。在含 2% 和 5% SGO Nafion 杂化膜的红外光谱中，同时出现了 SGO 和 Nafion 的特征吸收峰；随着 SGO 含量的增加，其特征吸收峰如 S=O、C—Hₓ 吸收峰均有所增加，表明 SGO 已经被掺杂在 Nafion 膜的内部。由于在石墨烯分子上引入了磺酸基团，SGO 分子和 Nafion 分子之间的兼容性大大增加，整个杂化膜呈现均匀的灰黑色外貌。更重要的是：随 SGO 含量的增加，—OH 吸收峰明显增加，表明杂化膜的含水量增加。

2.2.3.3　杂化膜的力学性能和离子交换能力

位移和力输出的大小是衡量电驱动器性能优劣的主要标准。对于 IPMC 电驱动器，理论上，位移和力输出与母体膜的力学性能密切相关。大的力输出需要基底膜具有较高的力学性能作为支撑，大的位移输出需要基底膜具有良好的柔韧性，以减少材料发生形变时的阻力，故位移和力输出在一定程度上存在竞争。考虑到 IPMC 是在水存在的前提下工作，离开了水分子，IPMC 就不会发生运动。且大量的水合阳离子泳动必然增加 IPMC 的电致动性能。基于三个目的来制备 SGO 杂化膜：①增加材料的柔韧性，从而提高位移输出；②增加基底膜的含水量，从而延长 IPMC 的工作时间；③提高基底膜的离子交换当量，提高水合阳离子泳动的"堰塞效应"，进而提高 IPMC 的电机械性能。为此，这里对三种离子交换膜进行了力学性能、含水量和离子交换当量的测试。

利用纳米压痕仪（SA2，USA）（灵敏度为 1nN）测试三种膜的力学性能。图 2-22（a）～（c）分别为纯 Nafion 膜、含 SGO 2%（质量分数）的 Nafion 杂化膜、含 SGO 5% 的 Nafion 杂化膜的典型力-位移曲线。从图 2-22 中看出：三种基膜的弹性形变区域的斜率依次降低。利用上述曲线中弹性形变区域的斜率得到了三种基底膜的弹性模量，它们的弹性模量分别为 0.612GPa、0.173GPa、0.153GPa，硬度分别为 49MPa、9.0MPa、5.0MPa。显然，掺杂后，弹性模量约为纯 Nafion

膜的 28%和 25%，硬度约为纯 Nafion 膜的 18%和 10%。上述结果表明：SGO 单分子膜的添加降低了基底膜的弹性模量和硬度，从而提高了薄膜的柔韧性，且柔韧性随着 SGO 含量的增加而增强。接着利用精密分析天平测试了三种基底膜吸水前后的质量变化，计算了薄膜的吸水量。其中，吸水前质量为烤箱中（温度为 100℃）干燥后的稳定质量，吸水后质量为基底膜充分吸水后置于气候箱（温度为 25℃，相对湿度为 60%）中长时间稳定的质量。结果显示：三种基底膜的含水量分别为 6.00%、9.53%、12.53%。这表明随着石墨烯含量的增加，薄膜的吸水能力增强，含水量约增加 59%和 109%。其原因可能是氧化石墨烯表面存在很多极性的 —OH、—COOH、—SO₃H 等官能团，从而携带了大量的水分子。因此，石墨烯掺杂后，基底膜模量和硬度的降低原因不仅仅是 SGO 单分子膜的高度柔软性[138,139]，含水量的增加也相应地增加了基底膜的柔韧性。随后，利用酸碱滴定法测试了三种基底膜的离子交换当量。三种基底膜的离子交换当量分别为 0.774mmol/g、0.957mmol/g、0.982mmol/g。这表明随着石墨烯含量的增加，薄膜的离子交换能力增强，分别增加了 24%和 27%。其原因是 SGO 单分子膜上携带了大量的磺酸、

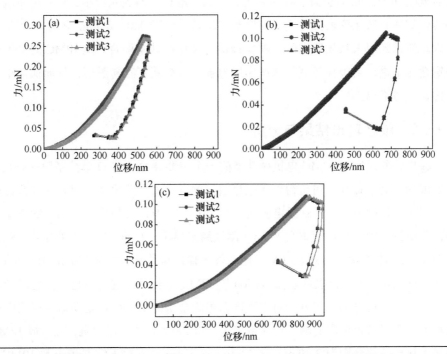

图 2-22　三种薄膜的力-位移曲线。纯 Nafion 膜（a）；含 SGO 2%的 Nafion 杂化膜（b）；含 SGO 5% 的 Nafion 杂化膜（c）

羧酸、羟基基团，而这部分基团同样具有离子交换性能。因此，由于石墨烯的掺杂，离子交换薄膜的柔韧性、含水量、离子交换能力增加，从而为 IPMC 电致动性能的提升提供了物质基础。

2.2.3.4　电极表面形貌观测

依据工作机理，金属纳米电极颗粒越均匀、致密，金属块间隙越少、越小，"堰塞效应"就越强，IPMC 电驱动器的致动性能就越强。因此，电极的结构形貌与 IPMC 的致动性能密切相关。这里采用化学还原沉积法将金属 Pt 的纳米颗粒沉积在三种离子交换膜的两侧，并用 SEM 观察 Pt 颗粒的结构与形貌。含 5%（质量分数）SGO 单分子膜 IPMC 的电极形貌如下：整个表面基本平整，存在少量微小凸起；整个电极表面由无数的团聚块构成，团聚块之间存在少量的裂纹；电极团聚块是由直径 20～50nm 的无定形纳米颗粒构成，纳米颗粒之间结合紧密。显然，这种致密的电极有利于提高 IPMC 的"堰塞效应"，且有利于减少基底膜内水分子的流失。利用阻抗仪测试了 IPMC 电极的表面电阻，结果表明：整个电极表面的面电阻<0.5Ω/cm²。因此，在引入电信号后，电极表面的能耗小，从而提高电能的转化效率。杂化膜表面电极的厚度基本均匀，处于 8.0～8.5μm 之间；金属 Pt 纳米颗粒已经嵌入杂化膜内部，Pt 电极层与杂化膜基本融合。从 IPMC 的电致动稳定性能上讲：电极与基底膜之间作用力强，电极就不容易脱落，从而保证稳定的位移和力输出。

2.2.3.5　位移输出结果与分析

输出位移是衡量 IPMC 电机械性能的一个重要参数。SGO 单分子膜掺杂后，基底膜的柔韧性提高，可望得到大位移输出的 IPMC。这里首先用激光位移传感器测试了三种膜 IPMC 悬臂梁电驱动器在 2.0V、2.5V、3.0V 电压驱动下的末端位移，测试过程中激光点距末端 8mm。测试结果显示：以含 5%（质量分数）SGO 的 IPMC 为例，2.0V、2.5V、3.0V 电压下最大输出位移分别为 8.23mm、16.82mm、24.49mm。这表明：石墨烯杂化 Nafion 膜 IPMC 电驱动器的位移输出随电压升高而增大，具有良好的可控性。对于不同石墨烯含量的 IPMC 电驱动器，相同电压驱动下，石墨烯含量高的输出位移输出大。以 2.0V 驱动电压为例：三种膜 IPMC 的最大输出位移分别为 3.20mm、6.72mm、8.63mm。相对于纯 Nafion 膜 IPMC，杂化后，位移输出分别增加 1.10 和 1.69 倍。同理，2.5V 电压下，位移输出分别增加 1.30 和 2.38 倍；3.0V 电压下，位移输出分别增加 1.12 和 2.14 倍。依据前述，位移增加的原因是：①杂化膜的柔韧性增加，克服应变阻力减小。②杂化膜的离子交换能力增加，离子交换膜内用于水合阳离子定向迁移的内管道增多；同时，参与电场迁移的水合阳离子数目增加。随着石墨烯含量的增加，IPMC 电驱动器的稳定工作时间渐次增加。以 2.5V 电压为例，三种膜 IPMC 电驱动器的稳定工作时间分别为 4.2min、8.9min、11.2min。显然，相对于空白膜，石墨烯杂化后 IPMC 电驱动器的稳定工作时间分别增加了 1.12 和 1.67 倍，稳定致动时间的延长源于基底膜含水量的增加。

2.2.3.6　力输出结果与分析

力输出是衡量 IPMC 电致动性能的另一个重要参数。二维小量程传感器可同时测试 IPMC 末端的切向和法向输出力。测试时以 0.1Hz 的正弦波为输入电信号，输入电压为 2.0V、2.5V、3.0V，致动时间处于 10～30min。以切向力数值为参考，取正弦波形法向力峰值为该时间点的输出力，得到输出力-位移曲线，见图 2-23。测试过程中，由于 IPMC 表面电阻不完全相同（电场不完全均匀），且 IPMC 的受力点（传感器阻挡点）变化，条形的 IPMC 常常会发生扭曲，导致测试结果的规律性表现并不十分明显。从图 2-23 可看出，三种 IPMC 的输出力变化趋势基本相同，均为先增加后缓慢减小。其原因可能是：在初始驱动阶段，IPMC 的水合阳离子迁移内管道尚未完全打通，水合阳离子运动阻力较大，故输出力较小；随着水合阳离子持续在两个电极间来回泳动，内管道逐渐联结在一起，输出力逐渐增加；接着，由于 IPMC 内部的水溶剂的持续损失，水合阳离子数目减少，IMPC 的力输出就逐渐减少；最后，当 IPMC 内部的水溶剂损失殆尽，IPMC 就停止了摆动，力输出为 0。

将图 2-23 中每一条力-位移曲线的峰值取出，作为该实验条件下 IPMC 的最大力输出。随着驱动电压的升高，三种膜 IPMC 的最大输出力均增加。以含 SGO 5%（质量分数）的 IPMC 为例，2.0V、2.5V、3.0V 电压下最大输出力分别为 8.97mN、9.57mN、11.01mN。这表明：SGO 杂化 Nafion 膜 IPMC 电驱动器的输出力具有良好的可控性。随着 SGO 含量的增加，输出力有所减小。以 3.0V 驱动电压为例：三种膜 IPMC 的最大输出力分别为 21.49mN、14.09mN、11.01mN。力输出的减少来自两方面因素：一方面，薄膜力学性能降低，不能支撑起大的力输出；另一方面，薄膜离子交换当量增加，必然增加输出力。由于前一个因素起主要作用，故输出力总体表现为减小。

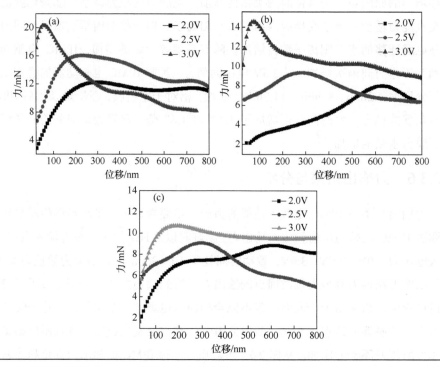

图 2-23　不同电压下三种 IPMC 的输出力-位移曲线。纯 Nafion 膜（a）；含 SGO 2%的 Nafion 杂化膜（b）；含 SGO 5%的 Nafion 杂化膜（c）

2.3　Nafion 膜 IPMC 的应用[138-164]

2.3.1　水下机构

美国 DARPA、NASA、JPL（美国喷气与推进实验室）等机构相继斥巨资，用于 IPMC 的商业化研制。水特别是海水作为电解质有益于提升 IPMC 的致动性能，因此 IPMC 多用于构建多种水下使用的柔性机构与器件。现有的 IPMC 水下机构较多。如图 2-24：日本 EAMEX 公司的商业人工鱼可在鱼缸里自由游动半年；韩国研制的 2×8 条悬臂梁 IPMC 组成水下驱动器，可前后自由运动；国内哈尔滨工程大学、东北大学、北京航空航天大学等先后进行了水下机器鱼的研制。

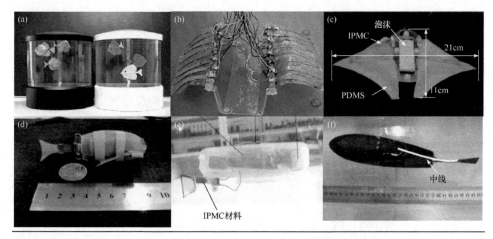

图 2-24　EAMEX 的人工鱼（a），八脚机器人（b），人工蝠鲼（c）；哈尔滨工程大学（d）、东北大学（e）、北京航空航天大学（f）研制的水下机器鱼

2.3.2　真空下机构

IPMC 的工作不需要空气支撑。因此，IPMC 可以应用在一些尖端科技领域。如在宇宙探索研究中，由于大气层中的尘埃和一些杂质，导致探索设备上面的感光装置无法正常工作，影响了探测器电能及其他化学能之间的转化。科学家们由雨刮器得到启发，结合 IPMC 的各种优点及其左右摆动的特殊致动行为，制备出简单的太空除尘装置（图 2-25）。

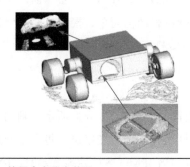

图 2-25　简易太空除尘装置

2.3.3　生物医学领域

由于选用惰性金属作为电极（例如金电极），IPMC 材料具有很好的生物相容性；又因为 IPMC 使用的电压很低（通常小于 3.0V），对生物体没有伤害。因此，IPMC 可以用于生物体内，科学家们把 IPMC 与生物医疗相结合，制作了一系列的医疗器件。如图 2-26 所示，Oguro 等开发出了一种微型医用导管，用于人的血管及其他身体系统的疾病检测。该种导管由四个 Flemion 膜 IPMC 驱动，可在二维平面上任意运动。日本科学家把 IPMC 制作成夹子，可以用来体内手术，例如作为破栓器，将血管内的血栓破碎。

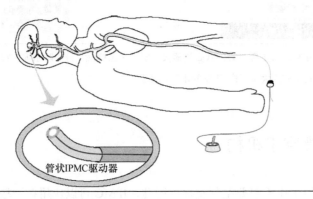

管状IPMC驱动器

图 2-26　血管内管状 IPMC 驱动器的示意图

2.3.3.1　IPMC 基人工手指

科学家们利用 IPMC 制造了灵巧的人工手指。如图 2-27（a）、（b）所示，五个手指和手掌由一个 IPMC 膜组成，电场激励下，IPMC 产生弯曲，可以用来取、放十倍于自身重量的物体。该人工手指具有结构简单、控制方便、轻质等优点。目前，利用 3D 增材技术，已经可以直接打印这类 IPMC 人工手指。

2.3.3.2　盲文识别

Someya 等发明了一种柔性盲文点触装置。如图 2-27（c）所示，利用硅橡胶做了 6 排盲文凸起，每排 24 个小凸起，对应于 24 个英文字母。每个小凸起都固定在一个 4mm 长、1mm 宽的 IPMC 的末端。当 IPMC 选择性地致动时，IPMC 带动一个小凸起运动，相当于一个英文字母显示。通过控制，就可以实现语言文字的交流。这套盲文点触装置总厚 1mm，重 5.3g，非常易于携带。

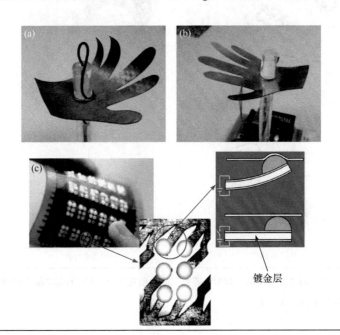

镀金层

图 2-27　灵巧的软仿生手指：(a) Pt 电极, (b) 金电极；(c) IPMC 驱动器盲文点触装置图

2.3.3.3　可穿戴的 IPMC 触觉刺激器

科学家们利用 IPMC 的驱动性能开发了一种可穿戴的触觉刺激器。图 2-28(a) 和 (b) 示出了刺激器及其安装在指尖上的实物图。利用 Au 作电极，Nafion 作为聚合物主体膜，制成长 3mm、宽 2mm 的 IPMC 电驱动器。将许多 IPMC 排成多个阵列，每个 IPMC 倾斜 45°放置在硅橡胶基平面，电源置于硅橡胶内部。整个机构的尺寸为 25mm×25mm×8mm，质量为 8g。将该机构戴在中指上，通电时，每个 IPMC 发生偏转，刺激手指，做出期望的运动。

通过控制电信号，可以给人手指以多个方向的刺激（图 2-28），引导手指向着设定的方向运动。考虑到 IPMC 自身的特点，IPMC 作为触觉刺激器具有许多优点，包括：

① 高空间分辨。用于刺激感觉受体（特别是指尖）所需的空间分辨率小于 2mm。IPMC 膜容易成形，容易实现小型化。

② 宽频范围。触觉显示可以通过改变频率范围选择性地刺激几个触觉受体，因为每个触觉受体对于振动刺激具有不同的时间响应特性。触觉显示所需的频率

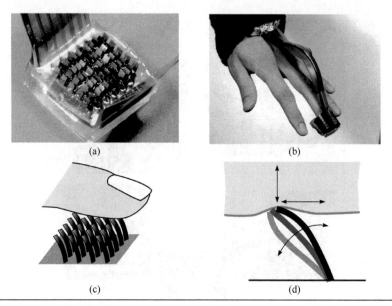

图 2-28　IPMC 驱动的触觉感受器。IPMC 阵列（a）、戴在手上（b）的实物图；IPMC 与手指相对位置（c）；相互作用示意图（d）

范围为 5～200Hz，IPMC 的响应速度刚好处于这个范围，这意味着 IPMC 可以选择性地刺激各个受体。

③ 多个方向上的刺激。每个触觉受体对机械刺激的方向具有选择性。指尖可以检测到朝向皮肤表面的法向和剪切应力，而 IPMC 的弯曲运动可在这两个方向上同时产生应力，满足多方向刺激需要。

④ 可穿戴性。为了产生触觉的虚拟现实，IPMC 与其驱动的人手之间存在力反馈，可给体验者以触角的刺激。结合体验者的其他感觉如视觉、听觉，从而产生更为真实的感觉。

⑤ 安全。低驱动电压（小于 5V），足够安全，可直接与人手指接触。

2.3.4　仿壁虎可逆黏附胶带

受到壁虎控制脚掌的外翻、旋转和内敛等活动，实现可逆黏附的启示，开发了一种能够通过"人工肌肉"——离子交换聚合金属材料（IPMC）调控黏附的人工合成胶带。该胶带是通过黏性聚烯基硅氧烷（PMVS）的前体浇注氩离子深硅阴型模板而成。PMVS 微阵列直径为 3μm，阵列间距 10μm，密度约 $3.8×10^3$ 柱/mm²。为改善传统 Nafion 膜内部载荷的传输能力、储水和离子交换性能，向膜中掺杂了搭载 5～30nm 直径的球状纳米银颗粒（Ag NPs）的氧化石墨烯（GO）分子膜，进一步增强了 IPMC 的电-机响应性能。黏结 PMVS 微阵列后的 IPMC 在输入 1.0V、1.5V 和 2.0V 的方波信号下来回弯曲致动，驱动表面 PMVS 微阵列主动黏附和脱附。黏附测试结果表明：在 1.0V、1.5V 和 2.0V 电压下，合成胶带的法向黏附力分别是脱附力的 5.54、14.20 和 23.13 倍；切向黏附力（摩擦力）分别提高了 98%、219%和 245%。这种人工刚毛微阵列有望在新兴的智能机构如爬壁机器人、蜘蛛人等领域展开应用。

壁虎脚底具有超强的黏附力，这种神奇的运动能力被认为是源于壁虎脚趾上独特的结构，即壁虎的脚趾垫上生长着数以万计的微纳结构——刚毛。这种独特的结构刺激了仿生微/纳阵列制造技术的发展。现有的微/纳阵列表现出了超凡性能，如可控黏附、超高疏水性、自洁净性能等[141-145]。然而，与自然界中壁虎脚趾相比，新一代干黏附胶带的发展存在以下无法突破的困惑：①天然壁虎的刚毛是由自然肌肉驱动，可通过加载支撑肌肉来控制接触面的大小。这是肌肉控制的重要作用，它很好地解释了活壁虎的脚趾黏附力大于被切开的脚趾黏附力，以及为什么清醒状态壁虎刚毛的黏附力与麻醉状态下存在显著不同。②壁虎用多块肌肉驱动脚趾运动，如外翻、旋转和内收等活动以满足身体部件在不同表面的上黏附和脱离[146]。③即使经过长途爬行，壁虎脚趾也能保持非常干净，刚毛柱之间的相互摩擦，可方便地将污垢颗粒移出，这就是所谓的"自清洁效应"[147-150]。④尽管目前的干黏附胶带已经具有很好的黏附能力，但是黏附和脱附之间的转换还存在大的挑战。

人工肌肉的控制有利于模仿壁虎调节黏附胶带的可逆黏附性能。Campo 和 Grein 课题组分别通过改变温度场和磁场，进而改变刚毛微阵列的黏附性能。在此，我们从壁虎脚趾上受到了启发，研制出一种聚合物微/纳阵列，利用电活性聚合物 IPMC 控制其黏附性能（图 2-29）。为产生强的范德华黏附力，课题设计通过 Ar^+ 等离子体刻蚀产生的阴型模板浇注黏性前体 PMVS。考虑到 IPMC 为一类柔性聚合物驱动器，而 PMVS 微阵列又具备高度柔韧性，因此，IPMC 能够驱动 PMVS 刚毛阵列与接触面完美黏合。

作为一种新型的电致动聚合物"人工肌肉"，IPMC 在低的驱动电压（0.5～5V）下可产生大的位移输出[154,155]，因此它具有广泛的应用前景。为提高电极的

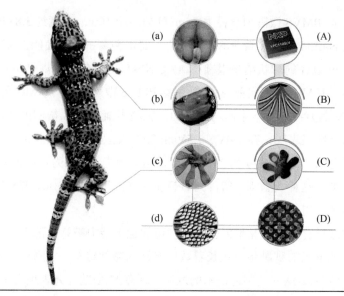

图 2-29 仿壁虎脚趾的多级结构示意图。自然壁虎大脑产生、传递生物信号给肌肉（a）；腿部肌肉控制脚趾外翻、旋转和内敛（b）；脚趾上长着数以百万计的刚毛（c）；刚毛的扫描电子显微镜图片（d）。（A）～（D）表示的是仿生机构中分别对应着（a）～（d）的部分。信号产生单元芯片产生电信号，控制 IPMC 的来回致动（A）；IPMC 驱动聚合物膜摆动高速录像截图，黏附着聚二甲基硅氧烷（PDMS）的 IPMC，PDMS 厚约 2mm，IPMC 膜的驱动电压为 3.0V，频率为 0.1Hz 的正弦波（B）；由 PMVS 微阵列黏附 IPMC 制备仿壁虎干黏附胶带（C）；PMVS 微阵列的电子扫描显微（SEM）图（D）

载体转移、膜储水和离子交换能力，这里向常规 Nafion 中引入了掺杂纳米银颗粒的氧化石墨烯单分子膜（GO/Ag NPs），其目的是达到增强 IPMC 的电-机响应性能的效果。PMVS 微阵列被转移到 IPMC 表面后，IPMC 通过交流电驱动 PMVS 微阵列发生弯曲摆动。因此，IPMC 产生的致动力可以等效于人工肌肉，驱动 PMVS 刚毛微阵列吸附、脱附。正压驱动微阵列进入接触面，达到类似于壁虎刚毛阵列的内敛，增加黏附；负压将微阵列推离接触面，类似于壁虎刚毛阵列的外翻，减少黏附。

2.3.4.1 真空中成型 PMVS 刚毛微阵列

以（100）取向单面抛光的 p 型 Si 晶片作为模型，进行 Ar⁺ 蚀刻（Alcatel 601E，法国）制备刚毛微阵列模板，在 Si 模板上刻蚀了直径 3μm、深度 10μm 的微孔。如图 2-30 所示，将 Si 模板与 PMVS 胶体一起放入容器中，然后将集装箱置于真空干燥器内[图 2-30（a）]。真空 10min（Edwards RV5，英国），将 Si 模板滑入 PMVS 胶体内部。随后放气至常压，大气压力驱使 PMVS 胶体进入 Si 模板[图 2-30（b）]。硫化后，过量的 PMVS 弹性体被等离子体蚀刻除去[图 2-30（c）、（d）]。将样品放置在一个薄的 PMHS（1:5）膜中，80℃硫化 0.5h，由此将 PMVS 共价键合到 PMHS 膜[图 2-30（e）、（f）]。晶体硅模板蚀刻后，产生大量的以 PMVS 为基体的刚毛微阵列[图 2-30（g）、（h）]。最后，Pt 颗粒（约 5nm）沉积。利用 SEM（JSM-7001F）观察到 Si-负模板和制备的 PMVS 刚毛微阵列。

2.3.4.2　制备黏附大量 PMVS 微阵列的 IPMC 复合膜

复合膜包括四层：PMVS 微阵列层，PMHS 黏合剂层，PMVS 偶联剂层以及 IPMC 基底层。通过 PMHS 预聚物中的 Si—H 键和 PMVS 预聚物中的 C＝C 双键进行硅烷化加成反应，使得三层聚合物膜发生共价交联。对金属来说，PDMS 是高黏合性的，最终结果是 Pt 纳米电极与 IPMC 基底膜被紧紧黏结到一起。硫化过程中，PDMS 胶体容易扩散进入 IPMC 内部并阻塞 Nafion 膜里面的微通道。为了避免这种情况，IPMC 膜应该置于上层，且硫化在定位好 IMPC 膜后立即进行。由于 PDMS 复合膜的上面 3 层膜透明、超薄（≤150μm），难以光学成像，采用厚度约为 2mm 的彩色 PDMS 膜附加到 IPMC 表面，以观察 IPMC 驱动 PMVS 的运动可行性。

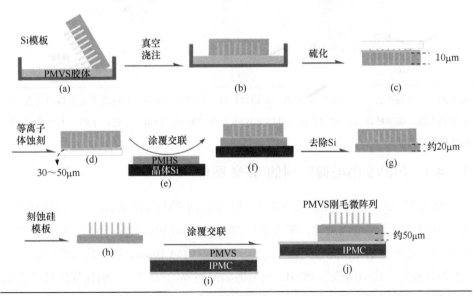

图 2-30　IPMC 基底膜黏结 PMVS 刚毛微阵列的工艺流程。（a）～（g）示意了 PMVS 的脱模过程，（h）～（j）示意了 PMVS 和 IPMC 的黏附过程

2.3.4.3　IMPC 驱动的 PMVS 微阵列的黏附性能测试

法向黏附力和切向黏附力（摩擦力）的测量包含四个步骤。预压步骤，刚性蓝宝石球以 50μm/s 的速度接触样品，当测试预加载荷达到 0.01mN 时停止移动。IPMC 在电流作用下致动10s,蓝宝石球电极侧设定为阳极。IPMC膜带动PMVS 微阵列向阳极弯曲，将致动力充当预载荷。在卸载过程，IPMC 停止致动 5s，并且将样品通过黏附力附加到蓝宝石球上。为保证正常黏附[图 2-31（a）]，蓝宝石球以 2.5mm/s 的速度连续抬起。同时，IPMC 分别在 1.0V、1.5V 和 2.0V 的电压驱动下致动。依次将蓝宝石球侧的电极设定为阳极或阴极，从而使 IPMC 分别弯向或远离蓝宝石球。对于测定切向黏附力[图 2-31（b）]，在下面的滑动步骤中，将蓝宝石球沿 PMVS 微阵列的 x 轴滑动，25μm/s 恒速下滑动10s。同时，IPMC 在 1.0V、1.5V 和 2.0V 电压下恒电流致动。蓝宝石球侧的电极设置为阳极。静态黏附（IPMC 停止工作）作为对比，收集法向黏附力和切向黏附力的值。在卸载负荷步骤，蓝宝石球以 2.5mm/s 的固定速率从有微阵列的 IPMC 表面离开。

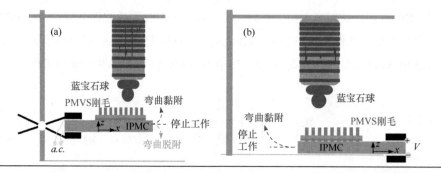

图 2-31　法向黏附力（a）和切向黏附力（摩擦力）（b）的测试示意图。将刚性蓝宝石球固定在力传感器的末端，被测样品就是 IPMC 膜携带的 PMVS 刚毛微阵列，IPMC 分别在 1.0V、1.5V 和 2.0V 的低电压下致动

2.3.4.4　PMVS 刚毛微阵列的 SEM 图像

图 2-32（a）表示了密度约 3.8×10^3 根/mm^2 的 PMVS 刚毛微阵列的三维形貌。每个阵列显示了光滑端尖端，平均直径为 3μm 的柱状结构[图 2-32（b）]。对比其模板，孔径为 3μm，间距约为 1.2μm，孔厚度约为 10μm，浇注的微阵列应有约 3.3 的长径比，该值稍低于 PDMS 刚毛坍塌的临界比（3.5），确保阵列具备直立的前体。文献研究已经表明：高密度和高长径比的微阵列易坍塌，因而会造成黏附力减弱的现象。经过多次黏附力测试，微阵列可能会严重变形，集聚在一起使

黏附力减小。因此，微阵列设计要优化成本，并且实现黏附性能的可靠性、可重复性，确保黏附力准确调控。SEM 图像显示出刚毛微阵列和阴型母板之间的形貌完美匹配，证明了浇注成功。

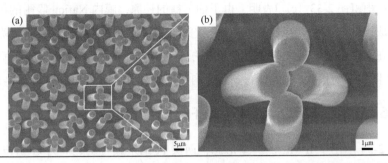

图 2-32　SEM 图像。（a）为 PMVS 刚毛微阵列的 SEM 图，（b）为一簇刚毛微阵列的放大图像

2.3.4.5　GO 和 GO/Ag NPs 的高分辨透射电子显微分析

图 2-33（a）显示了石墨烯分子膜的典型片状、褶皱结构。由于含有大量的

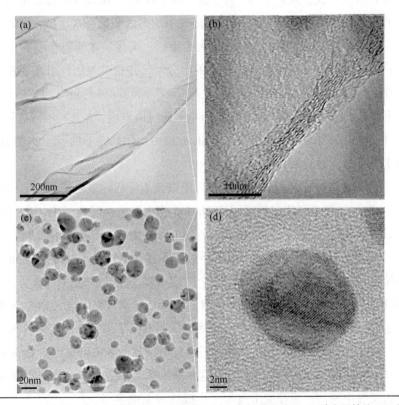

图 2-33　HrTEM 图片。（a）、（b）为 GO 分子膜；（c）、（d）为搭载了 Ag 纳米颗粒的 GO 分子膜

含氧极性基团，GO 分子膜显示了高亲水性和强极性，从而确保其与极性 Nafion 溶液的高兼容性。其高分辨透射电子显微（HrTEM）图像显示，由于高度的柔韧性，在 GO 大尺寸膜的边缘存在 8～13 层的分子膜重叠区域[图 2-33（b）]。GO/Ag NPs 的 TEM 图像[图 2-33（c）]表明，由于葡萄糖的还原，膜内 Nafion 吸附的抗衡 Ag$^+$ 被还原成银纳米颗粒（Ag NPs），大多数的 Ag NPs 为直径从 5～30nm 变动的球形颗粒。在 GO 单层小褶皱中分散着大量的 Ag NPs，附着到 GO 单层的表面上。其 HrTEM 图像说明了 Ag NPs 具有多晶结构，其晶格间距大约为 0.22nm[图 2-33（d）]。

2.3.4.6 IPMC 与 GO/Ag NPs 的 FESEM 分析

图 2-34 示出了 IPMC 的典型形态，两层 Pt 纳米颗粒层之间为 GO/Ag 纳米颗粒杂化的 Nafion 膜。该杂化膜和电极层的厚度分别约为 216μm 和 5.0μm。由于它们导电性能存在差异，SEM 图片中层与层之间出现了明显的界面。低温断开后，剖面下部呈现了典型的塑性断裂形貌，而上部呈现了韧性断裂形貌，其可能原因是薄膜断裂时上下底面应力不同。为了进一步表征 GO/Ag NPs 的掺杂形貌，这里提供了断裂面高倍图像。图 2-34（a）中出现了均匀的明暗交替区域，表明 GO 分子膜均匀分散在 Nafion 膜中。提高放大倍率后，无数的微通道和小孔呈现出来[图 2-34（b）]，这些通道可以容纳很多的水分子，并且可为水合阳离子的电迁移提供路径，从而增强 IPMC 的电机响应性能。随着 Nafion 膜的浇注，大部分 GO/Ag NPs 以无定形形态存在；同时，由图 2-34（c）还可以看出，大量的不同直径（10～50nm）的孤立 Ag NPs 均匀地分散在 Nafion 膜中。GO/Ag NPs 和分离的 Ag NPs 都有助于提升杂化膜的载荷传导。

图 2-34（d）～（f）显示出 Pt 纳米层电极夹心电活性聚合物的剖面形貌，这些 Pt 纳米颗粒主要来源于主镀过程中 Nafion 膜内部抗衡阳离子[Pt（II）离子]的还原。图 2-34（d）显示：平均厚度为 4.8μm 的 Pt 纳米层紧密地与聚合物膜结合。图 2-34（e）进一步表明，Pt 纳米层主要由许多具有不同直径（10～80nm）的 Pt 纳米晶粒组成。沿剖面方向，Pt 存在一个浓度梯度，顶层是纯 Pt 纳米晶粒，随后是 Pt 纳米晶粒和 Nafion 聚合物的混合物。在 Nafion 聚合物中嵌入 Pt 纳米晶粒可有效阻止 Pt 纳米颗粒从 Nafion 表面脱落，从而确保了 IPMC 稳定的电机响应。图 2-34（f）示出了 Pt 纳米晶粒的俯视图，其中包括许多平均直径约 8nm 和不同长度（30～120nm）的层状纳米微晶。这些纳米微晶来源于次镀过程，填充在 Pt 电极块的裂缝中间，一定程度上改善了电极的表面电导率。

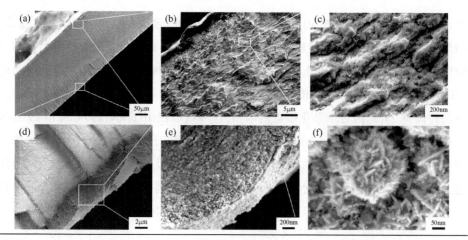

图 2-34　IPMC 的 SEM 图片。液氮冷断，表面沉积 Pt 颗粒。(a) 为 200 倍横断面，Pt 纳米颗粒层夹 Nafion 结构；(b)、(c) 分别是复合膜 3000 倍和 5000 倍的放大图片；(d)、(e) 分别为纳米 Pt 层的 5000 倍和 5 万倍的放大图片；(f) 是 20 万倍的 Pt 纳米颗粒的俯视图

2.3.4.7　电机械转化性能测试

对于电活性聚合物驱动器来说，电信号是影响致动性能的一个重要参数。图 2-35 (a) 展示了通入电流后，氢离子在两个电极之间的迁移，IPMC 的弯曲现象。显然在双向方波驱动下，当电极的极性反转时，电流会快速达到一个最大值，随后突然下降，然后慢慢减小。在 1.0V、1.5V 和 2.0V 的电压驱动下，对于杂化膜峰值电流分别为 91mA、81mA 和 72mA，对自浇注的 Nafion 膜分别是 61mA、54mA 和 47mA。由于 IPMC 的摆动源于 Pt 纳米电极的"堰塞效应"，在其中 Pt 纳米晶粒阻碍内部的水合阳离子的迁移，因此预测更高载流子传输能力的杂化膜可能具备更为优良的电机响应性能。

另一重要参数是由 IPMC 弯曲产生的致动力，该致动力由二维微牛 (mN) 级力传感器进行评估。对于杂化 Nafion 基 IPMC 和自浇注 Nafion 基 IPMC，它们各自的致动力在 1.0V 下分别是 10.6mN 和 7.2mN，在 2.0V 下分别是 29.3mN 和 15.9mN[图 2-35 (b)]。因此，可以得出结论：①与纯 Nafion IPMC 相比，杂化 Nafion IPMC 产生较大的力输出，这与电流测试结果一致；②致动力和驱动电压存在直接的关系，这表明控制电压可以调控致动力。因为最大的致动力是由全部的水合阳离子的迁移提供的，故致动力的峰值滞后于电流的峰值。

性能优化的另一证据是通过测试 IPMC 在空气中的稳定驱动时间体现。在连续驱动下，因为水分子流失，IPMC 的致动力减弱。因此，为了恢复电机响应需

要经常补充水分。图 2-35（c）中四个曲线显示 IPMC 致动力随致动时间变化规律，结果表明：在致动的最初阶段，致动力上升，随后出现了一个相对稳定的力输出阶段，然后衰减。对纯 Nafion 驱动器，在 1.0V、7.20mN 力下的稳定驱动时间是 450s，在 1.5V、9.50mN 力的稳定驱动时间是 395s，在 2.0V、15.9mN 力的稳定驱动时间是 270s。而对于杂化膜电驱动器，这些数据在 10.6mN、15.6mN 和 29.3mN 的稳定力下稳定驱动时间分别增加至 840s、620s 和 710s。因此，GO/Ag NPs 掺杂的驱动器的稳定驱动时间增加了，该结果与 GO 分子膜表面上存在的大量含氧基团有关，因为含氧基团高度亲水且具有离子交换能力。因此，GO/Ag NPs 掺杂膜储存了更多的水分子，可以保证有足够的水合阳离子进行电迁移。

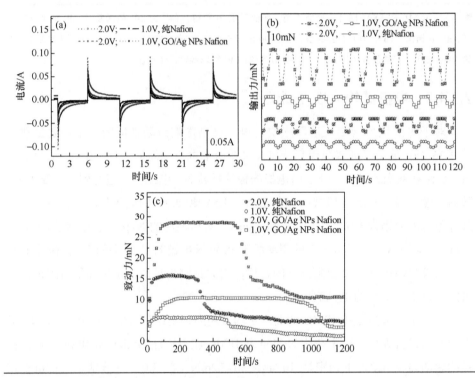

图 2-35　IPMC 电驱动器电机械性能的代表性测试曲线。（a）霍尔电流传感器采集的电信号；（b）力传感器收集的黏附力曲线；（c）致动力和致动时间之间的关系

IPMC 是在频率 0.1Hz，平均电压 1.0～2.0V 的方波电压下进行致动的

2.3.4.8　IMPC 驱动 PMVS 刚毛微阵列的可行性分析

为了说明 IPMC 驱动 PMVS 微阵列的可行性，将厚度为 2mm 的 PDMS 彩色

膜附着到 IPMC 的一侧表面（图 2-36）。在 2.0V 的交流电信号驱动下，搭载 PDMS 膜的 IPMC 显示了稳定的电驱动响应，以±20°的摆动角度从一边摇摆到另一边。由于左右两侧所受的负载不对称，IPMC 的左右偏转存在略微差异。上述图像清楚地表明了 IPMC 具备驱动 PMVS 微阵列向两个方向弯曲的能力。

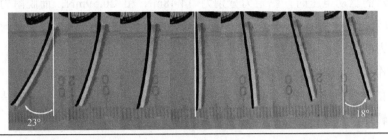

图 2-36　IPMC 驱动 PDMS 膜运动一个周期的录像截图，IPMC 驱动信号为 0.2Hz、2.0V 电压的方波信号

2.3.4.9　黏附力测试分析

为评估 IPMC 如何在垂直和倒立的表面驱动 PMVS 微阵列，这里通过自制的 2D 小量程力传感器系统测量法向和切向上的黏附力。刚性球面蓝宝石球代替了扁平的顶端，固定在力传感器的末端作为对应试样。球形末端可有效防止干扰，确保检测力完全来自黏附力。尤其是当测量切向方向黏附力时，微阵列可能会阻止扁平尖端的运动，此时检测的力来源于切向黏附力（摩擦）和阻力。由于刚毛微阵列的模量、球形探头压入深度存在变化，从而影响绝对接触面积的变化，因此，这里采用黏附力而不是黏附强度评估其黏附性能。

图 2-37（a）展示了获取法向黏附力的过程。在预压步骤中，IPMC 驱动的 PMVS 微阵列弯向蓝宝石球，连续的致动力（约 8.0mN）用作预压载荷，以确保充分接触。在卸载步骤中，IPMC 停止致动并且悬浮在蓝宝石球的下部位置，检测黏附力用来平衡 IPMC 的重力。在黏附步骤中，IPMC 由黏附力缓慢拉起。由于 IPMC 膜的高柔软性，为了平衡 IPMC 的变形，所检测到的黏附力会略有增加。随着不断提升，蓝宝石球逐步从微阵列图案的 IPMC 表面离开，并且黏附力也达到最大值，此时检测的黏附力相当于点 C 和 D 之间的差距。图 2-37（a）表明，稳定的黏附力约 2.66mN。对于 BD 阶段来说，IPMC 致动弯向蓝宝石球。因为 IPMC 的尖端的速度比蓝宝石球的速度快，检测出的黏附力几乎等于 IPMC 的致动力。后来，IPMC 的摆动角度达到最大，并且蓝宝石从微阵列型 IPMC 的表面上分离，

被检测的黏附力提高到 6.76mN，并且离开时间增加到 7.8s。当 IPMC 被驱动离开蓝宝石球时，蓝宝石球与 IPMC 的运动相反，并且蓝宝石球很快从微阵列型 IPMC 的表面离开，历时 0.4s。所检测到的黏附力，也称为脱附力，降低到约 1.22mN。IPMC 的致动力随着致动电压的增大而增大，类似于预压和正常压力。施加 1.5V 和 2.0V 的驱动电压时，黏附力分别为 14.48mN 和 20.59mN，而脱附力分别为 1.02mN 和 0.89mN[图 2-37（c）]。在电压为 1.0V、1.5V 和 2.0V 时，黏附力分别是脱附力的 5.54、14.20 和 23.13 倍。这些结果表明：①IPMC 致动力充当实际正压力的作用，PMVS 微阵列充当了压敏胶带，输入电压增加导致了 IPMC 致动力、PMVS 的黏附性能增加；②IPMC 的致动力实现了在微阵列与接触面间法向黏附的可逆转换。

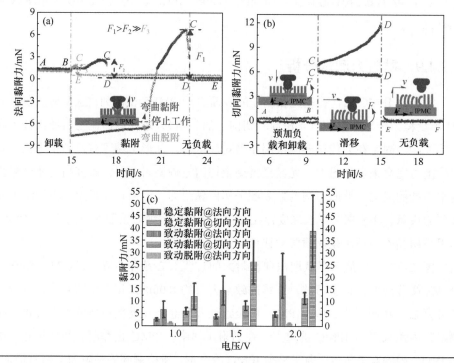

图 2-37 IPMC 驱动器由 1.0V 的电压驱动时法向黏附力（a）和切向黏附力（b）的测试曲线图，在不同电压下的法向黏附力和切向黏附力（c）

切向黏附力（摩擦力）是沿着 IPMC 表面上的 PMVS 微阵列拖动蓝宝石球产生的。摩擦力相当于 E 和 F [图 2-37（b）]之间的差距。曲线显示检测到静态切向黏附力，因为 PMVS 是高度柔韧性的聚合物微阵列，容易朝滑动方向弯曲，故检测的黏附力开始下降然后趋于稳定，最终检测到切向黏附力约为6.06mN。当IPMC朝向蓝宝石球弯曲，所检测的切向黏附力增加至12.01mN，此时IPMC的致动力等于正压力，黏附强度几乎为静态数值的2倍。

图2-37（a）中，随着时间的变化，力的变化按字母顺序A～E来标记，测量步骤包括卸载（A～B），黏附（B～C，C～D）和无负载（D～E）。图2-37（b）和（a）类似，从A～F有6个变化点和3个测量步骤，包括预加负载和卸载（A～B），滑移部分（C～D）和无负载（E～F）。图2-37（c）中呈现了电压分别为1.0V、1.5V和2.0V时的法向黏附力和摩擦力。静态黏附力作为对比，每个条件下测得6个不同值取平均值。

随着驱动电压的增大，切向黏附力进一步增加。当预加1.5V和2.0V电压时，静态黏附力为8.23mN和11.25mN[图2-37（c）]，而IPMC致动的切向黏附力分别增加至26.27mN和38.83mN。上述结果显示：切向黏附力在1.0V、1.5V和2.0V的电压驱动下，分别增加了0.98、2.19和2.45倍。这表明：IPMC的致动显著增加了微阵列与接触面之间的切向黏附性能。

黏附性能测试存在两个因素制约：有效接触产生的范德华力黏附力和PDMS弹性体的弹力。通常，纯粹的黏附力是难于检测的，常规检测的黏附力为包含多种力制约因素的表观黏附力。实验中，在法向方向上，弹力与黏附力方向相反，因而弹力部分削弱了黏附力；而在切向方向，黏附力和弹力相互耦合，增加弹力等效于增加了正压力，因此，测试的切向黏附力均较法向黏附力的数值高[图2-37（c）]。

2.4　IPMC 扑翼仿生结构设计与数值模拟

在经历长期的进化过程之后，自然界的各种鸟类和昆虫普遍具有扑翼这种优异的飞行结构。IPMC在正弦电源的激励之下呈现出往复弯曲的运动，与自然界中昆虫翅翼的扑动具有高度的相似性，且IPMC材料在低频驱动状态下具有良好的致动位移。自然界昆虫的扑翼频率分布在较大的区间之内，其中蝴蝶具有较低的扑翼频率和灵活的避障能力。从对昆虫与鸟类解剖发现，鸟类与昆虫扑翼运动的奥秘在于成组的肌肉之间相互配合驱动翅翼产生上下运动。因此本书使用具有人工肌肉之称的IPMC代替自然肌肉并以蝴蝶为仿生对象进行扑翼机构研究。

在昆虫的领域里，存在着巨大的多样性。巨豆娘以 5Hz 的超低频率扇动翅膀，而蠓则以令人难以置信的 1000Hz 的频率扇动翅膀[165]。尽管扇动的频率不同，但所有昆虫都利用了非定常流动。总的趋势是昆虫越大，扇动的速度越慢，气流越稳定[166]。

为了量化运动物体周围流动的稳定性，我们使用雷诺数。雷诺数是表征流动状态的无量纲参数。

雷诺数：

$$Re = \frac{\rho V L}{\mu} \tag{2-1}$$

式中，ρ 为流体密度；V 为流体速度；L 为特征长度；μ 为动力黏性系数。

雷诺数是流体力学中的无量纲数，英国科学家雷诺实验揭露了雷诺数是决定流动为层流还是湍流的参数。雷诺数的意义是流体的惯性力与黏性力之比，雷诺数其实代表了流动时黏性力的大小，雷诺数从小到大的过程就是黏性力逐渐减弱的过程。

2.4.1 昆虫的飞行机理

Clap-Fling 机制最早是由 Weis-Fogh（1973 年）提出的，用以解释在丽蚜小蜂昆虫中产生的升力，有时也被称为 Weis-Fogh 机制[167]。在某些昆虫中，翅翼在它们开始扑打之前会背向接触，翅翼运动的这个阶段称为"拍手"，在拍手过程中，翅翼的前缘在后缘之前彼此接触，从而逐渐缩小了它们之间的间隙。当翅翼紧紧地压在一起时，每个翅翼的相反循环彼此抵消。这确保了在随后的冲程中每个翅翼所散发的后缘涡流大大减弱或消失。由于脱落的后缘涡旋通过瓦格纳效应延迟了环流的增长，它的缺失或衰减将使翅翼更快地建立环流，从而扩大环流的效益，在随后的行程中随着时间的推移而提升。除了上述效果外，从拍手的翅翼中排除的流体射流还可以为昆虫提供额外的推力。

在拍手结束时，翅翼继续保持倾斜状态，使后缘保持静止，而前缘"飘移"开。这个过程在它们之间产生了一个低压区域，周围的流体涌入并且占据了该区域，从而为循环的建立或涡旋的形成提供了初始动力。然后，两个翅翼以相反方向的约束循环彼此平移。总体而言，Clap-Fling 机制可能会导致适度但显著的提升力。

随着翅翼增加其迎角，流过翅翼的流体越过前缘时会分离，但在到达后缘之前会重新附着。在这种情况下，前缘涡旋占据翅翼上方的分离区。由于流体重新附着，所以流体继续从后缘平滑流动，并保持了 Kutta 状态。在这种情况下，因为翅翼以大攻角平移，所以流体具有更大的向下动量，从而导致升力大大提高。过去的实验证据和计算研究已将前缘涡旋确定为昆虫翅翼所产生的气流及其所产生的力的一个最重要特征[168]。

在拍打运动中，昆虫的翅膀通常以大攻角移动，大约 35°。对于以恒定速度运动的飞机机翼，当其迎角增加到如此大的值时，其在机翼上表面的流动将分离并且在前缘附近形成涡流。涡旋会产生很大的升力，但是涡旋在短时间内从机翼上脱落，升力将丢失，并且机翼失速了。对于昆虫的翅翼，还形成了前缘涡流（LEV），但该涡流在整个下冲程或上冲程中均不会从翅翼上脱离。因此，可以维持由涡流产生的大升力。由于失速是永久延迟的，因此此机制称为延迟失速机制[169]。

翻转效应机制（rotational effect）：翅膀在平动时还可以绕翼展方向的轴线旋转，即翻转效应。翻转效应发生在上扑和下扑运动的转换阶段，而且旋转方向及旋转轴位置不同，都会对升力产生影响[170]。

昆虫翅膀运动的往复运动模式表明，它们的翅膀可能与先前脱落涡相互作用。这种相互作用会导致很大的力，首先是在倾斜板上的二维运动过程中观察到的，而且在果蝇的 3D 力学模型上通过力测量和流动可视化也观察到了类似的现象。当翅翼反转冲程时，它会同时掉落前涡旋和后涡旋。这些脱落的涡流引起强烈的涡流速度场，其速度和方向由两个涡流的强度和位置决定。当翅翼反转方向时，它会遇到增强的速度场和加速度场，从而在冲程反转后立即产生更高的空气动力，这种现象也被称为"尾迹捕获"，或更准确地说，是翅翼-尾波相互作用[171]。脱落涡旋的强度和相对强度以及因此的尾迹捕获在很大程度上取决于在冲程反转之前和之后的翅翼运动学。

2.4.2　IPMC 驱动扑翼机构的设计

蝴蝶在自由前飞的过程中翅膀没有明显的翻转运动，但是却通过尾巴调节身体的重心具有明显的俯仰运动。相较于其他昆虫，蝴蝶的扑翼频率较低，只有10Hz左右，而且Dudley对十几种蝴蝶自由飞行情况进行反复的观察实验发现：蝴蝶在前飞过程中，它的前翅与后翅重叠为一个整体，很少分开，因此控制相对简约，易于仿生。根据蝴蝶的飞行过程中前后翅几乎不分开的特点，我们将蝴蝶的翅膀设计为一个整体。蝴蝶参与飞行运动的翅翼和尾巴由能够产生往复弯曲运动的IPMC材料制备而成。

蝴蝶的整体结构设计如图2-38所示，由IPMC材料驱动的仿蝴蝶扑翼机构由翅翼、尾巴、固定压板和控制板组成。翅翼和尾巴均由IPMC材料制备而成，固定压板起到固定控制板、翅翼和身体的作用，控制板上有电极涂层与IPMC材料的电极紧密接触，起到传导电信号的作用。制作了IPMC驱动的仿生蝴蝶在一个运动周期的示意图（图2-38），通过施加交流电源使IPMC材料制作的蝴蝶翅翼能够像真实蝴蝶那样实现上下扑动克服空气阻力产生升力，IPMC材料制作的尾巴可通过电信号控制姿态进而控制整个仿生蝴蝶身体重心的位置，起到调节攻角的作用。为了减轻重量，采用外接电源和控制模块的方式。

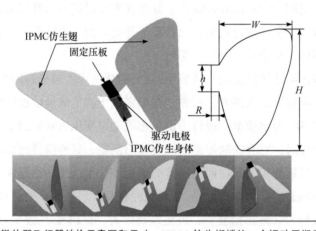

图2-38　仿蝴蝶微扑翼飞行器结构示意图和尺寸，IPMC仿生蝴蝶的一个运动周期示意图

翅翼翼型的选择对提高扑翼机构的飞行性能至关重要。根据查阅的资料，Bai团队[174]研究了不同弯度翼型对仿生果蝇扑翼气动性能的影响，指出正向弯度翼型能有效提高扑翼升力和升阻比。宋笔锋小组[173]通过求解三维非定常雷诺平均方程研究了不同翼型厚度和弯度对扑打-俯仰复合运动中微型扑翼气动特性的影响，指出翼型厚度对扑翼升力影响很小，具有适当弯度的翼型可以改善扑翼的气动性能。Abduljaleel等分析比较了在低雷诺数条件下有高升力特性的NACA0012翼型及伊利诺伊大学厄巴纳分校设计的 S1223 翼型，得出 S1223 优于 NACA0012。因此，我们采用 S1223 翼型来提高飞行性能[174]。

IPMC 仿生蝴蝶尺寸是由对真实蝴蝶的测量决定的。有趣的是，许多昆虫通过在胸腔结构的共振处拍动翅膀来最大化效率，而且人们也意识到通过在共振状态下驱动原型机，可以提高升力，达到降低功率需求，因此通过翅翼的共振实现更大的扑动角度。此外，每个原型最重要的特征是它的固有频率。我们对蝴蝶的翅膀进行模态分析并对蝴蝶翅翼的几何参数进行微小改动，最终使得蝴蝶翅翼的一阶固有频率在 12.725Hz,接近于蝴蝶的扑翼频率（10Hz），因此能够产生共振效应以增大扑翼角度。最终翅翼的几何参数如图 2-38 和表 2-1 所示。

表 2-1　蝴蝶翅翼几何参数

项目	翅根宽度/mm	翅根长度/mm	单翅展长度/mm	翅翼厚度/mm	最大弦长/mm
字母	D	H	W	D_M	H
数值	4	18	55	0.4	48

2.4.3　有限元模型的建立与前处理

2.4.3.1　有限元模型的建立

使用 ANSYS 有限元仿真软件中的 Fluent 模块对 IPMC 驱动的仿蝴蝶微扑翼飞行器进行气动特性数值模拟。利用 Fluent 进行工程问题求解，一般采用以下工作流程：①物理问题抽象；②计算域确定；③划分计算网格；④选择物理模型；⑤确定边界条件；⑥设置求解参数；⑦初始化并迭代计算；⑧计算后处理；⑨模型的校核与修正。

将蝴蝶翅翼的模型导入有限元仿真软件中，翅翼处于 XY 平面，其中翅翼的展向为 Y 轴方向。首先在翅翼的周围建立包围域，其中包围域为+X600mm、+Y600mm、+Z600mm、−X100mm、−Y600mm、−Z600mm 的一个长方体，翅根的中心位于原点位置。

2.4.3.2 不同扑翼频率下的升推力系数

在来流速度 1m/s、扑翼幅值 90°、攻角 30°的条件下进行不同扑翼频率对扑翼机构的升推力系数影响分析。不同扑翼频率下的升力系数曲线如图 2-39 (a) 所示，从图中可以看出，随着扑翼频率的增加，升力系数的峰值快速增加，谷值快速减小，原因是当扑翼幅值相同的时候，随着扑翼频率的增加，翅翼经过水平面时速度也随之增加，而且不同频率的升力系数曲线具有相同的变化趋势。翅翼在一个运动周期内，由于攻角的改变，升力系数呈现先增大后稍微减小然后继续增大的一个过程，当翅膀下扑到中心位置时升力系数达到最大值；翅翼上扑至平衡位置时，此时升力系数达到最小值。将不同扑翼频率下的升力系数曲线经过积分运算得到平均升力系数曲线[图 2-39 (b)]。随着扑翼频率的增加，平均升力系数逐渐增加，最大升力系数在扑翼频率为 20Hz 的条件下取得，最大升力系数为 0.01302。进一步分析可得，扑翼频率从 5Hz 增加到 10Hz 时升力系数增加的速率小于从 10Hz 增加到 16Hz 的速率，而扑翼频率从 16~20Hz 升力系数的增加速率更快。由以上分析得出结论：扑翼频率的增加能够有效提高升力。

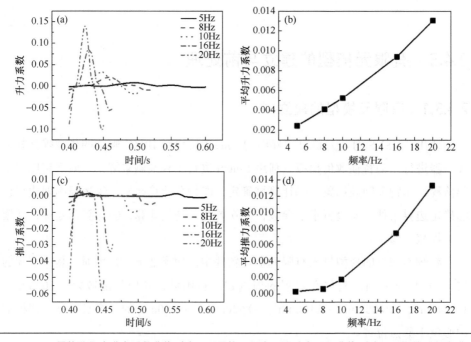

图 2-39 不同扑翼频率升力系数曲线 (a)，不同扑翼频率平均升力系数曲线 (b)，不同扑翼频率推力系数曲线 (c)，不同扑翼频率平均推力系数曲线 (d)

翅翼从水平面向上拍动一个周期的时间内，由于翅翼攻角的改变，推力系数会出现先增大后稍微减小而后轻微增大再减小的变化，这导致推力系数曲线出现一高一低两个波峰。图 2-39（c）为不同扑翼频率下的推力系数曲线，从图中可以看出，随着扑翼频率的增加，升力系数曲线的波峰值增加，波谷值减小，但是波谷值的变化比波峰值变化更为显著。经过积分得到平均推力系数曲线图 2-39（d），总体表现为随着扑翼频率的增加，平均推力系数增加。最大平均推力系数在扑翼频率为 20Hz 的条件下取得，最大平均推力系数为 0.01331。平均推力系数的增加趋势具体表现为：当扑翼频率从 5Hz 增加到 8Hz、10Hz、16Hz、20Hz 时，平均推力系数增大的速率越来越快。扑翼频率的提升能够有效增加平均推力系数。

2.4.3.3 翅翼运动方程

在 Fluent 中指定边界的运动主要有两种方式，使用瞬态 Profile 文件或者 UDF。对于一些简单的运动形式可以使用 Profile 文件指定，而对于较复杂的函数形运动，则需要使用 UDF 进行描述。

为了描述翅翼的运动，需要对翅翼的运动方程进行描述，由于蝴蝶在自由前飞的过程中翅膀没有明显的翻转运动，但是却通过尾巴调节身体的重心具有明显的俯仰运动。蝴蝶翅翼的运动通过翅翼的上下扑动和身体的俯仰运动复合而成。在空间中建立惯性坐标系 $OXYZ$，蝴蝶扑翼飞行时，在其翅翼上建立随体坐标系 $Oxyz$，将蝴蝶翅翼的展向定义为 y 轴，沿身体方向定义为 x 轴。惯性坐标系静止不动，而随体坐标系随着蝴蝶的翅翼运动而运动，在初始时刻惯性坐标系与随体坐标系重合。蝴蝶翅翼在绕惯性坐标系上下扑动的同时，身体也在绕 x 轴进行俯仰运动，图 2-40 中扑动角度 θ 为拍动平面的轴线与水平面的夹角。

图 2-40　蝴蝶翅翼运动坐标系

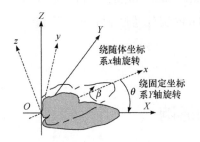

在扑翼飞行器方面，研究学者通常将翅膀的上下扑动用正弦函数表示，本书中蝴蝶翅翼的扑动方程为正弦函数，身体的俯仰运动使用分段函数表示，蝴蝶的运动函数如下：

扑动运动:

$$\theta(t)=\theta_0 \sin(2\pi f t) \tag{2-2}$$

分段函数模型攻角变化:

$$\beta(t)=\begin{cases} \beta_0 & 0<t\leqslant 15T/100 \\ 0.5\beta_0 \sin\left[5\pi f\left(t-\dfrac{5}{100}T\right)\right]+\dfrac{\beta_0}{2} & 15T/100+nT<t\leqslant 35T/100+nT \\ 0 & 35T/100+nT<t\leqslant 65T/100+nT \\ 0.5\beta_0 \sin\left[5\pi f\left(t-\dfrac{35}{100}T\right)\right]+\dfrac{\beta_0}{2} & 65T/100+nT<t\leqslant 85T/100+nT \\ \beta_0 & 85T/100+nT<t\leqslant 115T/100+nT \end{cases} \tag{2-3}$$

式中, θ_0 为最大扑动角度, 其值为 45°; β_0 为最大攻角, 其值为 25°; f 为扑翼频率, 其值为 10Hz; T 为扑翼周期, 其值为 0.1s。

在不考虑翅膀柔性变形的情况下,可以使用 UDF 中的 DEFINE_CG_MOTION 宏对翅翼的运动进行编译。

该宏形式为: DEFINE_CG_MOTION (name, dt, vel, omega, time, dtime)

参数含义:

name: UDF 名称。

Dynamic_Thread*dt:存储用户所定义的动网格参数指针。

real vel[ ]:线速度。

real Omega[ ]:角速度。

real time: 当前时间。

real dtime: 时间步长。

该宏无返回值。宏名称 name 由用户指定。dt、time、dtime 为 Fluent 自动获取, vel 与 omega 由用户指定并传递给 Fluent。UDF 文件通过 Fluent 软件编译之后加载到软件当中, 控制动网格的变化。

2.4.4 不同俯仰函数对气动性能的影响

人们可通过高速摄像机观察昆虫与鸟类的扑翼情况。观察结果显示, 昆虫和鸟类翅翼的运动可以看作翅翼的上下扑动和扭转的复合运动的形式, 扭转体现为攻角的改变。研究人员对翅膀的上下扑动大多采取的是简谐函数的数学模型。对于翅翼的扭转运动，现在人们很广泛采用的主要有 Wang 等[175]提出的简谐函数模型以及 Dickinson 等[176]提出的梯形函数模型。本书通过对翅翼攻角的改变采取简谐函数模型和分段函数模型的形式进行仿真分析，并比较两种攻角改变数学模型对气动性能的影响。

在分段函数模型与简谐函数模型下，仿生蝴蝶的翅翼运动函数如式（2-2）～式（2-4）所示。

简谐函数模型攻角变化：

$$\beta(t) = \beta_0[1 + \cos(2\pi f t)] \tag{2-4}$$

分段函数模型和简谐函数模型条件下的翅翼运动如图 2-41（a）、（b）所示。

通过控制相同大小的翅翼的来流速度、扑动频率、最大俯仰角等条件，比较简谐函数与梯形函数对气动性能的影响。根据不同蝴蝶翅翼攻角变化的数学模型编译对应数学模型下运动的 UDF 对蝴蝶翅翼网格进行驱动。因此在扑翼频率10Hz、扑动幅值 100°、来流速度 0.5m/s、最大攻角 25°的条件下，以不同函数模型分析攻角对升力的影响。编辑简谐函数模型和分段函数模型下的 UDF 翅翼运动，并进行仿真分析。

简谐函数模型和分段函数模型攻角变化下的升力系数曲线如图 2-41（c）所示，翅翼以不同的数学模型进行攻角变化的升力系数曲线保持相同的变化趋势并具有高度重合性。仿真蝴蝶的攻角以简谐函数模型变化得到的升力系数曲线相较于分段函数模型，在翅翼攻角变化的时间段曲线更光滑。攻角的变化采用简谐函数模型或者分段函数模型对升力的影响很小。

图 2-41（d）为简谐函数模型和分段函数模型攻角变化的推力系数曲线，可以看到蝴蝶翅翼的攻角以简谐函数模型或者分段函数模型变化条件下的推力系数曲线保持相同的变化趋势，但具有较为明显差别。攻角在简谐函数模型条件下的推力系数曲线的波峰与波谷位置相较于分段函数模型条件下稍稍向上移动。最大的区别在于简谐函数模型下的推力系数的波峰较高，而且出现两个比较显著的一高一低两个波峰。而分段函数模型具有一个较为明显的峰和一个微小的峰。此外，简谐函数模型的两个峰由于攻角持续的变化是连续的，而分段函数模型翅翼两次攻角的改变之间有一段无攻角变化的时期，因此较为明显的峰和微小的峰之间是一小段近似的直线连接。经过积分计算发现：翅翼攻角以分段函数模型运动下推力系数相较于简谐函数模型运动下推力系数增加 118%左右，攻角以分段函数模型变化能够产生更大的推力。

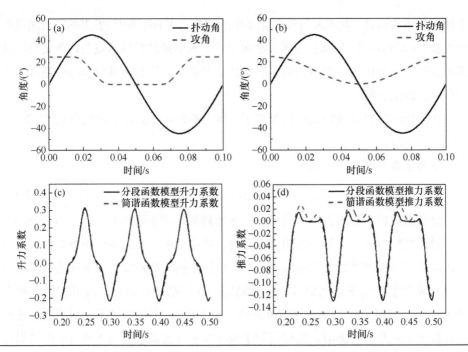

图 2-41 分段函数运动模型（a），简谐函数运动模型（b），简谐函数模型和分段函数模型攻角变化的升力（c）和推力（d）系数曲线

2.4.5 不同飞行参数对升阻力的影响

影响扑翼升力系数和推力系数的外界因素有：攻角、扑翼幅值、来流速度、扑翼频率等。为了得出单个因素的变化对升力系数和推力系数的影响趋势，通过单一变量实验得出单因素对最终结果的影响趋势。最终能够根据单一变量的影响趋势对各变量做出优化组合，得到在某一恒定外界环境下的最佳的气动条件。

2.4.5.1 不同攻角下的升力系数与推力系数

设置扑翼频率为 10Hz、扑动幅值 90°、来流速度 1m/s 的条件下，改变其翅翼最大攻角的值，进行五组仿真实验，得到不同攻角下的升力系数曲线和推力系数曲线，对升力系数和推力系数曲线进行积分得到不同攻角下的平均升力系数和平均推力系数（图 2-42）。

刚性翅翼在不同攻角下的升力系数曲线如图 2-42（a）所示。当攻角以 10°为初始角度，间隔为 5°增加到 30°时，升力系数曲线呈扁平化变化，具体表现为峰值的下移和谷值的上移。不同最大攻角升力系数曲线在一个周期内两次开始翻转的时刻重叠。当翅翼由中心位置向上扑动时，此时的上扑速度值达到最大，且此时的攻角为最大攻角。攻角越大，翅翼在 Z 轴的投影面积越小，因此在此时刻升力系数越大。在扑翅到中心位置的时刻，越小攻角产生的升力也越大。但是此时刻的不同最大攻角的升力系数变化没有上挥至中心点处明显。将周期内的升力系数曲线进行积分运算得到平均升力系数[图 2-42（b）]，随着攻角的不断增加，平均升力系数逐渐增大，并在 30°攻角时升力系数取得最大值（0.00523）。

图 2-42（c）所示的是刚性翅翼在不同攻角下的推力系数曲线。随着最大攻角的增加，推力系数波峰值微小增加，波谷值逐渐减小，但是 25°攻角下的谷值位于 30°攻角谷值的上方。图 2-42（d）展示的是不同攻角下的平均推力系数，当攻角从 10°增加到 25°的过程中，推力系数逐渐增加，但是从 25°攻角增加到 30°攻角的时推力系数呈现出减小的现象。在最大攻角 10°~30°的变化过程中，推力系数在 25°攻角时达到最大，为 0.00195。这与图 2-42（c）中 25°攻角的波谷值在 30°攻角波谷值的上方吻合。

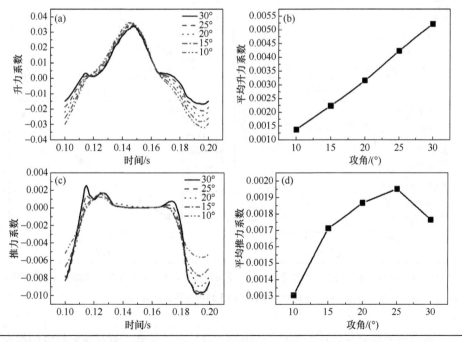

图 2-42 不同攻角下的升力系数曲线（a），平均升力系数曲线（b），不同攻角下的推力系数曲线（c），平均推力系数曲线（d）

2.4.5.2 不同扑翼幅值下的升力系数与推力系数

使用单一因素变量的方法在扑翼频率 10Hz、来流速度 1m/s、最大攻角 30°的条件下，通过改变扑翼幅值研究扑翼幅值对升推力系数的影响。当扑翼频率为一定值时，随着扑翼幅值的逐渐增加，翅翼经过水平面处时的速度也越来越大，而且上挥的过程中产生负升力，下扑的过程中产生正升力，翅翼在一个周期内的净升力为正升力与负升力之和。由于攻角的变化，一个周期内的净升力为正值。从不同扑翼幅值下升力系数曲线[图 2-43（a）]可以看出，随着扑翼幅值的增加，峰值逐渐增大，谷值逐渐减小，但是不同扑翼幅值下的升力系数曲线在攻角变化的阶段是重合的。通过积分运算得到一个周期内的平均升力系数如图 2-43（b）所示。随着扑翼幅值的增加，平均升力系数逐渐增加，而且增加速度接近于线性，当扑翼幅值为 140°时平均升力系数取得最大值（0.0087）。

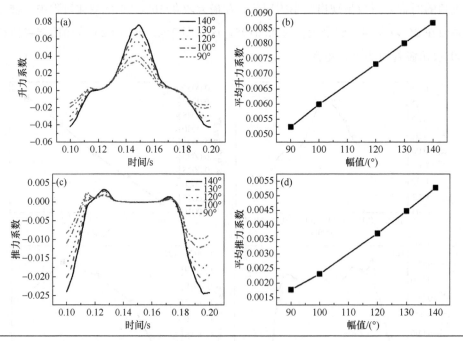

图 2-43 不同扑翼幅值下的升力系数曲线（a），不同扑翼幅值下的平均升力系数曲线（b），不同扑翼幅值下的推力系数曲线（c），不同扑翼幅值下的平均推力系数曲线（d）

不同扑翼幅值下的推力系数曲线如图 2-43（c）所示。随着扑翼幅值的增加，推力系数曲线的波谷越来越低，这与不同扑翼幅值下的升力系数曲线具有相同的规律，但是峰值的变化范围很小，而且在翅翼下扑且攻角不发生改变的这段时间内，推力系数几乎不发生变化。积分得到平均推力系数曲线[图 2-43（d）]。总体来看，推力系数随着扑翼幅值的增加而增加，但是 90°~100°推力系数的增加速率小于 120°~140°，这说明了在扑翼幅值较大的情况下，增加扑翼角度能够快速增加推力系数。最大推力系数在扑翼幅值为 140°的条件下取得，其值为 0.00528。

2.4.5.3　不同来流速度下的升力系数与推力系数

在扑翼频率10Hz、扑翼幅值90°、攻角30°的条件下进行不同来流速度对扑翼机构升推力系数影响分析。图 2-44（a）为不同来流速度下的升力系数曲线，从图中看出来流速度对升力系数曲线的影响十分显著。当来流速度为 0.5m/s 的条件下升力系数曲线具有明显的峰值与谷值，但是当速度以 0.5m/s 间隔增加到 2.5m/s 的过程中升力系数呈现扁平状变化，即峰值与谷值越来越不明显，特别是在 2.5m/s 的来流速度下，升力系数曲线几乎呈直线状态。升力

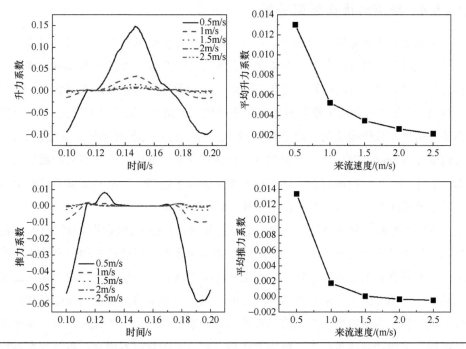

图 2-44　不同来流速度下的升力系数曲线（a），不同来流速度下的平均升力系数曲线（b），不同来流速度下的推力系数曲线（c），不同来流速度下的平均推力系数曲线（d）

系数曲线变化的原因是随着来流速度的变化雷诺数也随之改变。积分得到平均升力系数曲线[图 2-44（b）]，当来流速度从 0.5m/s 增加到 1.0m/s 的时候，平均升力系数急剧减小。当来流速度从 1.0m/s 增加到 2.0m/s 的过程中，升力系数减小的速度大大变缓，即当来流速度达到一定值的时候，升力系数的改变不再显著。就本实验仿真而言，最大升力系数是在来流速度为 0.5m/s 的时候，此时的升力系数为 0.01301。

不同来流速度下的推力系数曲线如图 2-44（c）所示，与不同来流速度下的升力系数曲线具有相同的变化规律。在来流速度为 0.5m/s 的时候推力系数曲线具有明显的波峰与波谷，但是随着来流速度的增加，波峰与波谷的数值不断减小，因此推力系数曲线趋近于直线。经积分运算得出不同来流速度下的平均推力系数曲线[图 2-44（d）]，与平均升力系数曲线一样，当来流速度从 0.5m/s 增加到 1.0m/s 的时候，平均推力系数急剧降低。当来流速度继续增加时，平均推力系数减小的速度变缓。平均推力系在来流速度 0.5m/s 的条件下取得最大值（0.01342）。

2.4.5.4　单因素优化结果分析

由以上对来流速度、最大攻角、扑翼频率、扑翼幅值等飞行参数采取单一变量的方式进行仿真分析，并对结果进行分析可得：当来流速度在 0.5m/s、攻角在 30°、扑翼频率在 20Hz、扑翼幅值在 140°的飞行参数下升力系数取得最大值。IPMC 材料自身的特性：致动位移随着驱动频率的增加而减小。综合以上情况，将 IPMC 驱动的仿生蝴蝶的运动条件设定为：扑翼频率 10Hz、最大攻角 30°、扑翼幅值 140°、来流速度 0.5m/s，并在此飞行参数下进行仿真分析。选取一个周期内翅翼从水平面向上运动、运动到最高点、翅翼从水平位置向下运动、运动到最低点的四个时间节点分析压力云图与速度云图的变化，如图 2-45。

在距离翅根 2.5cm 处建立平行于身体的截面以观察云图。由图 2-45 分析可得：当蝴蝶翅翼从水平位置向上运动的时候，翅翼上表面的气流绕过翅翼到达翅翼的下方，在速度云图上表现为翅翼下方空气的流速远远大于翅翼上方的流速。由于翅膀向上挥动受到空气阻力及前飞气流的作用，在翅翼的上表面的前端存在压力较大的区域，由于翅翼下方高速气流的作用，翅翼下方形成了低压区域。蝴蝶翅翼继续向上运动到达最高点，此时的翅翼与所设定的截面不相交，因此观察不到翅翼。当翅翼从最高点向下运动的时候，在翅翼上方的前沿形成前缘涡，涡流的

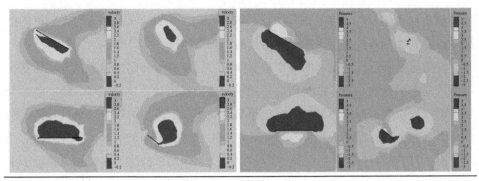

图 2-45　弦向速度云图（左），弦向压力云图（右）

存在使得翅翼上方形成低压区域。但翅翼从最高点向下扑动到达中间位置的时候，此时翅翼与水平面平行，而且此时翅翼下扑的速度达到最大值，此外在翅翼向下运动的过程中，前缘涡不断增大并向翅翼后缘进行移动，且在水平位置时前缘涡发展到最大值。与向上扑动的情况刚好相反，翅翼的上方是由前缘涡的作用而形成的低压区域，翅翼的下方气流阻力的作用形成了高压区域，翅翼的上下表面形成了压力差，从而为翅翼提供升力。翅翼继续向下运动至最低点的时候，前缘涡出现了脱离翅翼表面的现象。

2.4.6　滑翔状态气动力分析

蝴蝶的自由飞行是采用扑动和滑翔相结合的方式，因此，对滑翔状态进行气动分析也是十分必要的。

2.4.6.1　不同攻角状态下的气动分析

在来流速度为 1m/s，攻角分别为 5°、10°、15°、20°、25°、30°、35°条件下对仿蝴蝶机构的翅膀进行数值模拟仿真，得出不同攻角状态下的升力系数和阻力系数，并对蝴蝶翅膀周围流场进行分析。

不同攻角滑翔状态下的升力系数与阻力系数曲线如图 2-46（a）所示。随着滑翔攻角的不断增加，升力系数与阻力系数均出现增加的情况。此外我们可以看出，滑翔攻角从 5°增加到 25°过程中升力系数近似呈线性增加。而且攻角从 5°增加到 25°时升力系数增加的速率大于从 25°增加到 35°时升力系数增加的速率。阻力系数在攻角从 25°～35°的过程中近乎线性变化，而且攻角从 5°增加到 30°的过程中，随着攻角的变化，阻力系数增长速率越来越快。

升阻比是表示气动效率的一个重要参数，通常希望升阻比越大越好。翅翼在不同攻角下滑翔的升力系数与阻力系数的比值为升阻比。从图 2-46（b）整体分析可得，随着滑翔攻角的增大，升阻比呈现先增大后减小的趋势，而且升阻比在攻角为 10°的时候达到最大值。当滑翔攻角从 5°增加到 10°的时候，升力系数由 2.1 快速增加到 3.0，此外升阻比在滑翔攻角从 10°～15°的区间内减小速率远小于滑翔攻角从 15°～35°的区间内减小的速率。在滑翔攻角为 35°的时候，其升阻比为 1.4 左右，表明在大攻角的状态下，升力与阻力相差不大。我们可以将滑翔状态的攻角设定为 10°以获得最大的升阻比。

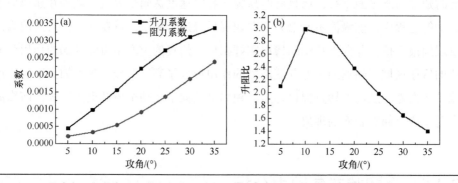

图 2-46　不同攻角滑翔状态下的升阻力系数（a），不同攻角下的升阻比（b）

对来流速度 1m/s，翅翼滑翔攻角 10°、20°、30°状态下使用 ANSYS 软件中的 Fluent 模块进行仿真分析，对距离翅根 2.5cm 处的展长位置截取平行于来流速度方向的截面进行速度云图并分析。将速度云图[图 2-47（a）]进行分析比较可以看出，在翅膀前端的上表面出现了一个高速流动区域，形成涡流，翅膀的下方流动速度与来流速度比较接近。而且随着滑翔攻角的不断增加，高速流动区域的面积不断增加，也因此导致了翅膀上下面之间压力差值逐渐增大，这点与不同攻角状态下的升力系数的变化十分吻合。阻力系数的变化也能够从图 2-47（a）中得到解释，随着滑翔攻角的增加，相对于来流方向的横截面积随之增加，因此阻力系数也相应变化。

对 10°、20°、30°攻角时翅翼的流场进行速度云图分析之后，紧接着对压力场进行分析。同样对距离翅根 2.5cm 展长位置截取平行于来流速度方向的截面进行压力云图分析[图 2-47（b）]。随着蝴蝶翅翼滑翔攻角的增大，翅翼下表面处的高压范围越来越广阔，翅翼上表面由于高速流动区域面积的增加，压力值越来越低，因此造成了翅翼上下两表面的压力差越来越大，最终导致升力的提高，与图 2-45 曲线趋势相吻合。

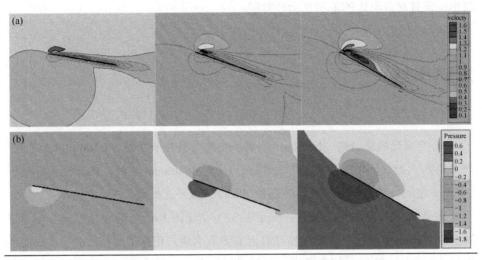

图 2-47　10°、20°、30°攻角滑翔速度云图（a），10°、20°、30°攻角滑翔压力云图（b）

2.4.6.2　不同来流速度下的气动分析

对攻角为 25°，来流速度分别为 0.5m/s、1.0m/s、1.5m/s、2.0m/s、2.5m/s 条件进行仿真分析，得出在不同来流速度下的滑翔的升阻力系数，如图 2-48（a）所示。由图像可以看出，翅翼滑翔的升力系数在来流速度从 0.5m/s 增加到 1.0m/s 有微小的提升，而后几乎保持不变，总的来说变化范围非常小。翅翼滑翔阻力系

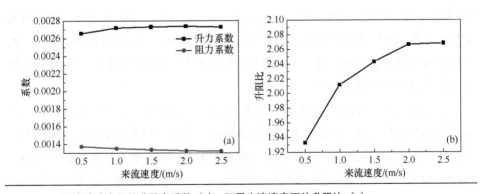

图 2-48　不同来流速度下的升阻力系数（a），不同来流速度下的升阻比（b）

数随着来流速度的增加不断减小，但是减小的速度十分平缓。由于升力系数先增加而后保持不变，阻力系数一直缓慢减小，因此造成了升阻比的缓慢增加并最终保持平稳状态[图 2-48（b）]。来流速度的增加对升力系数和阻力系数的影响都比较小，而且对升阻比的影响也十分有限。

本章小结

① 全氟磺酸聚合物（Nafion）的离子交换当量处于 $0.93\sim1.10$ mmol/g 之间，含水量处于 $25\%\sim40\%$ 之间，电导率处于 $0.05\sim0.20$ S/cm 之间，内管道直径处于 $1\sim5$ nm 之间，是目前最为成熟的制备 IPMC 的离子交换膜。

② 制备了一种新型的高孔、无定形 SiO_2 杂化的 Nafion 离子交换膜。与普通的空白 Nafion 膜相比，该杂化膜具有更高的节水能力和离子交换能力，含有更多的尺寸为 $300\sim700$ nm 的内通道，有利于制备廉价、高性能 IPMC 电驱动器。与空白 Nafion 膜制成的驱动器相比，杂化膜电驱动器具有更好的机电性能，稳定力输出、最大位移输出和稳定工作时间均有显著提高。

③ 制备了磺酸 SiO_2 纳米胶体（HSO_3-SiO_2）杂化的 Nafion 离子交换膜。HSO_3-SiO_2 纳米胶体的平均直径约为 14nm，呈现出无定形的胶囊结构。与纯 Nafion 薄膜 IPMC 驱动器相比，混合 HSO_3-SiO_2 的 IPMC 驱动器具有更好的机电性能：位移输出为 1.51 倍，力输出为 3.33 倍，稳定工作时间为 4.46 倍。

④ 制备了一系列磺酸石墨烯（HSO_3-GO）杂化的 Nafion 离子交换膜。HSO_3-GO 的含量处于 $2\%\sim5\%$（质量分数）之间。HSO_3-GO 掺杂后，杂化膜的柔韧性、含水量和离子交换能力均得到了提升。其中，含水量可增加 109%，离子交换当量可增加 27%。电致动性能测试结果表明：石墨烯掺杂后，位移输出增加明显，最高可增加 2.38 倍。

⑤ 制备了氧化石墨烯搭载球状纳米银颗粒（Ag NPs）的杂化 Nafion 离子交换膜 IPMC 电驱动器，优化了离子交换膜的载体传递、储水以及离子交换能力。杂化后，在 1.0V、1.5V 和 2.0V 的致动电压下 IPMC 的致动力分别增加了 47%、64%和 84%，且稳定工作时间较之前分别增加了 86、57%和 163%。以之驱动聚合物微/纳阵列，得到黏附性能可调的干黏附胶带。该技术利用 IPMC 的驱动效

果实现干黏附胶带黏附力和摩擦力的可逆调控。IPMC 与 PMVS 微阵列结合后，测试的吸附力均显著高于脱附力。

⑥ 使用 Fluent 软件结合动网格技术对仿蝴蝶扑翼机构的气动特性进行分析。首先对攻角在不同函数模型下的升阻力特性进行仿真分析，经对比发现攻角在简谐函数模型与分段函数模型条件下升力系数几乎无差别，但是分段函数模型条件下的平均推力系数相对于简谐函数模型下提升 118%。紧接着分析各因素对升阻力系数的影响，经过以上分析得到最优组合：扑翼频率 10Hz、最大攻角 30°、扑翼幅值 140°、来流速度 0.5m/s。对最优组合下的飞行状态进行飞行特性分析，结果显示：IPMC 驱动的仿生蝴蝶在滑翔攻角为 10°、来流速度 0.5m/s 的时候可获得适当的升阻比。

3

聚偏二氟乙烯膜
IPMC电驱动器

3.1 聚偏二氟乙烯的物理、化学性能

3.1.1 聚偏二氟乙烯概述

聚偏二氟乙烯（polyvinylidene fluoride，PVDF）是一种热塑性氟聚合物，由偏二氟乙烯单体聚合制得。PVDF 热稳定性高，它可以 150℃下稳定存在 10 年以上，并不发生热、氧化分解，甚至在 375℃下也能稳定存在。普通 PVDF 塑料中含有 50%～60% 的晶体成分，玻璃化转变温度（T_g）约为-35℃，熔点（T_m）为 170℃左右。PVDF 具有良好的力学性能、耐化学腐蚀性、介电性，且易溶于极性有机溶剂，常用于制备高性能过滤膜。PVDF 膜的制备方法较多，可以流延成膜、相转移成膜、涂膜、甩膜等，在水处理、锂电池等领域应用广泛。

由于不含有离子交换基团，PVDF 与前述的 PFSA（如 Nafion）相比，在亲水性、极性、力学性能及离子交换性能等方面差异很大。PVDF 本身并不亲水，使之在 IPMC 应用方面严重受到限制。但由于主链上亚甲基（—CH$_2$）受相邻的高亲电基团氟的诱导作用，表现出与聚四氟乙烯（PTFE）、Nafion 更为复杂的物理性质（表 3-1）。在一定的制备工艺条件下，由于碳和氟原子之间巨大的电负性差异，通过构象变化，PVDF 膜可以表现出很强的极性，使之能够亲和于一些有机离子盐，从而在 IPMC 领域展开应用。

表 3-1　几种氟聚合物的物理性质

项目	单体	密度/ （g/cm^3）	熔点/℃	稳定使用温度 /℃	拉伸强度 /MPa	相对介电常数
PTFE	C$_2$F$_4$	2.16	327	260	20～35	2.1
Nafion	C$_7$HF$_{13}$O$_5$S · C$_2$F$_4$	1.93	190	120	25～40	3.8
PVDF	C$_2$H$_2$F$_2$	2.15	170	170	30～70	8.4

纯 PVDF 的极性与其结晶形态紧密相关。因此，稳定的 IPMC 驱动性能输出对 PVDF 母体膜的制备条件要求严格。PVDF 常态下为半结晶高聚物，由于氢、氟原子在碳主链上有多种空间排布，存在α、β、γ、δ及ε等 5 种晶型，在一定外场条件（热、电场、机械及辐射能的作用）下可以相互转化[177,178]。其中，α、β、γ晶型研究较多。通常，使用红外光谱、XRD 衍射谱、热差分析等鉴定各种晶型。

例如，在红外光谱波数 400～1400cm⁻¹ 的区域内，α型 PVDF 在 408cm⁻¹、532cm⁻¹、614cm⁻¹、764cm⁻¹、796cm⁻¹、855cm⁻¹ 和 976cm⁻¹ 的位置上出现吸收峰；β型 PVDF 在 445cm⁻¹、512cm⁻¹、810cm⁻¹、840cm⁻¹、1160cm⁻¹、1270cm⁻¹、1420cm⁻¹ 的位置上出现吸收峰；γ型 PVDF 在 431cm⁻¹、512cm⁻¹、776cm⁻¹、812cm⁻¹、833cm⁻¹、840cm⁻¹、955cm⁻¹、1120cm⁻¹ 的位置上出现吸收峰。在 XRD 谱图中，α型 PVDF 在 17.66°、18.30°、19.90°和 26.56°的 2θ 位置上出现衍射峰；β型 PVDF 在 20.26° 的 2θ 位置上出现衍射峰；γ型 PVDF 在 17.66°、18.30°、20.04°和 26.56°的 2θ 位置上出现衍射峰。通常，PVDF 膜为由多种晶型组成的复合物，其各晶型的含量与制备条件相关。

3.1.1.1　α晶型

采用溶液挥发结晶、熔体降温等方法可得到α相 PVDF 薄膜。现有文献报道，使用溶剂如 DMF、DMSO、环己酮、氯苯等结晶均可以获得α相 PVDF。其晶型是反式-偏转（trans-gauche）交替的 TGTG′（T 为反式，G 和 G′为左右式）构型。由于α晶型晶格单元中两个反平行链之间的偶极矩自行消除，α晶型在宏观上是非极性的，分子总偶极矩为零。晶胞参数为 $a = 0.966$nm，$b = 0.496$nm，$c = 0.464$nm，$\alpha = \beta = \gamma = 90°$（图 3-1）。

3.1.1.2　β晶型

通过溶液结晶、高压熔融、取向拉伸、共聚结晶和共混等方法可获得β相 PVDF。另外，通过高温牵伸、强电场中极化、强极性物质诱导可以实现α型晶体到β型晶体的转变。β晶型为全反式构象（TTT 构象），是一种平面锯齿状构型，晶胞参数为 $a = 0.847$nm，$b = 0.490$nm，$c = 0.256$nm（图 3-1）。由于β晶型的氟原子位于碳主链同一侧垂直于链轴，展现出了最高的极性，其单位偶极矩达到 8×10^{-30}C·m。由于具有良好的铁电、压电、热释电等性能，在这 5 种晶型中，β晶型最为重要，有关β-PVDF 薄膜在热、位移、力传感器中的应用较多[179]。在 IPMC 中，基底膜多是使用β晶型 PVDF 的薄膜。

3.1.1.3　γ晶型

γ-PVDF 晶体产生于极性诱导下的高温结晶。晶体内的分子链构象为 T T TGT T TG′。由于含有扭转构象，γ-PVDF 分子链的极性、压电和铁电性能不及β-PVDF 的分子。

其晶胞参数为 $a = 0.1866$nm，$b = 0.1493$nm，$c = 0.1258$nm（图 3-1，表 3-2）。

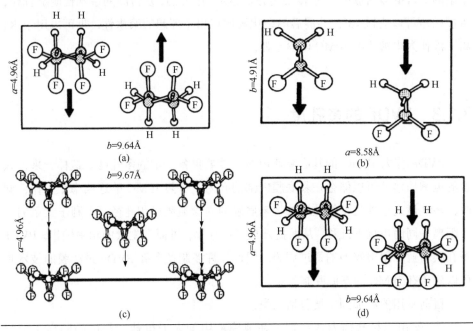

图 3-1　PVDF 的 α（a）、β（b）、γ（c）、δ（d）的晶胞参数对比

表 3-2　PVDF 各种晶型的参数对比

晶型	晶系	熔点/℃	密度/（g/cm³）	构型	晶胞尺寸/Å	极性
α	单斜	165	1.92	TGTG′	$a = 9.66$，$b = 4.96$，$c = 4.64$	无
β	正交	165	1.98	TTT	$a = 8.47$，$b = 4.90$，$c = 2.56$	有
γ	单斜	175	—	TTTGTTTG′	$a = 1.866$，$b = 1.493$，$c = 1.258$	有

3.1.2　PVDF 的亲水性

　　纯的 PVDF 薄膜存在亲水性较差、不储水等问题，不能制备水驱动的 IPMC 驱动器。对于这个问题，一般的解决方法是引入亲水性共聚物。工业上利用共混法将亲水性的聚乙烯醇（PVA）、聚丙烯腈（PAN）、聚乙二醇（PEG）、聚甲基丙烯酸甲酯（PMMA）、聚乙烯吡咯烷酮（PVP）等聚合物与 PVDF 杂化成复

合膜。例如：Cui 等通过非溶剂诱导相分离工艺制备了 PEG、PMMA、PEG 和 PMMA 掺杂的 PVDF 复合膜[180]。水接触角分析显示：改性后，复合膜的亲水性明显优化，水接触角可以达到 58°。共混后的杂化膜展现出了理想的亲水性，也可以用于水、离子液作为电解质的 IPMC 电驱动器。

3.1.3　PVDF 的多孔度

PVDF 作为 IPMC 的基底膜使用时，需要具备一定的多孔度。这样一来，大量的电解质溶液可以储存在基底膜内部的孔内，保障 IPMC 的连续稳定工作；同时，多孔度的增加也变相地增加了基底膜的内管道数量和孔径，有利于大量的水合阳离子同时电场下迁移，从而提升离子电导率，进而产生大的功率输出。PVDF 多孔膜商业中用得较多的是过滤膜。因此，许多制备多孔 PVDF 过滤膜的技术也可以应用在 IPMC 的基底膜制备中。

目前常用的添加剂主要包括三类：

① 使用无机盐作为成孔剂。在成膜液中加入无机盐，盐中的阳离子能与 PVDF 发生偶极相互作用，使得 PVDF 球状微胞带电。结晶过程中，带电的球状微胞相互排斥，阻止微胞相互靠拢，有利于生成尺寸均匀的微胞。另外，在相转移法制备 PVDF 膜的过程中，由于无机盐具有强的亲水效应，复合膜中的溶剂与沉淀剂交换速率加快，有利于指状孔的产生。

② 使用低沸点有机添加剂（如乙醇、丙醇、乙酸、四氢呋喃）作为成孔剂。在膜成型过程中，随着有机溶剂的蒸发，溶剂的组成发生变化，各种溶质发生相分离，渐渐地从溶液中结晶，形成复合膜。由于有机溶剂的快速蒸发，PVDF 复合膜的平均孔径减小，孔的结构更加均一，孔的选择性得到提升。

③ 使用高分子低聚物作为成孔剂。在成膜溶液中添加 PEG、PMMA、PEG 和 PMMA 等造孔剂，对 PVDF 膜的孔径影响较大。一方面，成孔剂的添加增加了 PVDF 的溶解度，大大地改变了成膜液的化学组成；另一方面，成膜剂往往与 PVDF 存在偶极相互作用，影响着 PVDF 的相分离析出。各种高分子低聚物对复合膜的孔结构影响不一，产品的性能也随之变化。例如在 PVDF 中仅添加 PEG 和在 PVDF 中添加 PMMA 可增加膜的孔隙率、孔径和亲水性[180]。而将 PEG（2%）和 PMMA（1%）混入 PVDF 中可以进一步提高膜的亲水性（接触角 60°）和孔隙率（90%）。

3.1.3.1 PVP/NaClO₂ 造孔的 PVDF 多孔膜的制备

我们分别通过流延成膜、相转化得到 PVDF/PVP 的复合膜，然后利用次氯酸钠去除浇注膜中的成孔剂（PVP），得到多孔的 PVDF 膜。具体制备过程如下：

① PVDF/PVP 相转化膜。取一定量的 PVDF 和 PVP 加入 DMF 溶剂里，放入磁力搅拌上匀速搅拌 12h 搅拌均匀，然后置于真空干燥器内除气泡。接着，将膜溶液倒至玻璃片上，在匀胶机以 40r/s 的速度转 18s，80r/s 转 10s，获得厚度均匀的膜溶液，静置片刻，放入 20% 的乙醇溶液内快速成膜，得到相转化膜。

② 制备 PVDF/PVP 的流延复合膜。将一定量的 PVDF 和 PVP 加入一定量的 DMF 溶剂里，搅拌均匀，放入磁力搅拌上匀速搅拌 12h，静置，放入抽气泵内去除膜溶液中的气泡。将膜溶液倒入模具内，放入 70℃ 的烘箱内，干燥 6h，成型后取出。

③ 次氯酸钠去除浇注膜中的 PVP 的平行实验。选取次氯酸钠溶液来除去 PVDF 膜中的成孔剂 PVP，做随时间变化的浸泡实验。浸泡后烘干做红外对比，以评价 PVP 去除效果。改变次氯酸钠的浓度和浸泡时间实施平行实验，红外处理对比结果。

3.1.3.2 PVDF 多孔膜的红外分析

图 3-2（a）中，$3024cm^{-1}$、$2989cm^{-1}$、$2916cm^{-1}$、$2849cm^{-1}$ 的峰来源于不对称和对称的 C—H 伸缩振动，而 $1400cm^{-1}$、$1166cm^{-1}$、$870cm^{-1}$ 的峰分别属于 C—H 弯曲、C—F 伸缩、C—C 骨架伸展振动。$840cm^{-1}$ 的峰由 β 结晶相的振动吸收产生，而 $766cm^{-1}$ 和 $615cm^{-1}$ 的峰来自 α 结晶相的振动吸收。PVP 引入后，C=O 的强吸光度出现在 $1669cm^{-1}$ 处，这是由 PVP 的内酰胺基团引起的。从图中可以看出，在 $1669cm^{-1}$ 处的峰值大大降低。图 3-2（b）中流延成膜处理前后，也得到了相似的结果。说明次氯酸钠溶液可以明显去除 PVDF 膜中的 PVP，PVP 充当了 PVDF 膜的造孔剂。

为了衡量 PVP 的去除比例，我们利用红外光谱中 C=O 峰的相对面积，衡量次氯酸钠对 PVP 的去除效果。考虑材质的物理性能、实验时的操作可能影响吸收峰的吸光度，我们选择波数在 $1400cm^{-1}$ 左右的 C—H 峰为基准峰，$1600cm^{-1}$ 的羰基特征峰作为对比对象，利用两个峰的峰面积比判断膜中 PVP 的含量。结果显示：次氯酸钠溶液浓度增加、腐蚀时间的延长均有利于去除 PVP 成分；与流延膜相比，相转化膜的 PVP 成分更容易被去除，故相转化膜的多孔度高，有利于用作母体膜制备 IPMC 电驱动器。

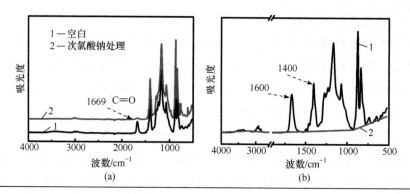

图 3-2 红外光谱图。（a）次氯酸钠处理前后的 **PVDF/PVP** 流延膜；（b）**PVDF/PVP** 相转移膜的红外光谱。曲线 **1** 为处理前、曲线 **2** 为处理后

3.1.3.3 PVDF 多孔膜的形貌分析

图 3-3 显示了次氯酸钠溶液处理的 PVDF 多孔膜的 SEM 图片。从图 3-3（a）和（b）中可以看出，膜截面一侧存在着孔，但另一侧没有，可能的原因是次氯酸

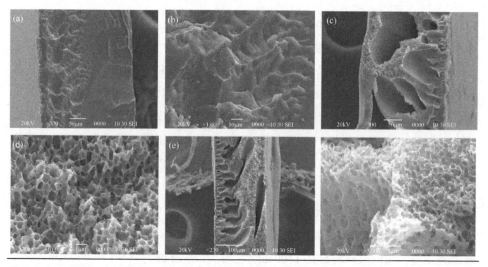

图 3-3 SEM 图片。（a）、（b）**PVDF** 流延多孔膜的低倍、高倍 SEM 图片，**30%PVP** 含量；（c）、（d）**30%PVP** 含量的 **PVDF** 相转化膜低倍、高倍 SEM 图片；（e）、（f）**20%PVP** 含量的 **PVDF** 相转化膜低倍、高倍 SEM 图片

钠溶液仅除去 PVDF 流延膜中的部分 PVP，或者是 PVP 在 PVDF 内部的分布不均匀。图 3-3（c）和（d）是 30% PVP 含量的 PVDF 相转化膜的截面图，可以看出膜的内部孔有海绵一样的细小孔，也存在指状般的通孔，可以说明相转化法可以扩大膜的孔径和孔容，得到通孔结构的多孔膜。从放大图中看出，海绵孔内存在的都是细小的通孔，而且小孔和小孔之间互相连通，存在着通孔。随着 PVP 含量的增加，指状孔越来越多。图 3-3（e）的截面图中，孔细小而且密实，既符合了指状通孔的要求，又保持了其力学性能。所以 20% PVP 含量的 PVDF 多孔膜既能够储存较多的水，又可以提供较多的内管道，同时还具有理想的力学性能，适合用来制作 IPMC 电驱动器。

3.1.3.4　PVDF 多孔膜的力学性能分析

为了衡量多孔膜的力学性能，使用万能试验机测试了相转化法制得的不同比例 PVP 含量膜的力学性能（图 3-4）。样品均采用哑铃型制样。测试结果显示：15%～17% PVP 用量制备的多孔膜具有理想的力学性能，其弹性模量数据较其他比例更适合 IPMC。

图 3-4　PVDF 多孔膜的拉力实验实物图。1，2，3，4 显示了 PVDF 膜的断裂过程

3.1.3.5　PVDF 多孔膜的孔隙率计算

利用称重法计算 PVDF 多孔膜的孔隙率。方法如下：量取一定规则的浇注膜，剪切成一定形状的试样条，放入去离子水中浸泡 12h，取出擦干称量湿重，放入烘箱中干燥 12h，取出称重。计算的孔隙率列于表 3-3。结果表明：成孔剂用量高的孔隙率高；利用相转移得到的多孔膜的孔隙率高于流延成膜。需要说明的是：称重法的误差较大，需要大量的平行实验，方可缩小误差。

表 3-3　PVDF 多孔膜的孔隙率　　　　　　　　　　　　　　　　　　　　单位：%

样品	PVP/PVDF（质量分数）/%	1	2	3	4	5	均值
流延膜 1	30	7.56	2.98	2.80	5.63	5.21	4.43
相转化膜 1	30	33.81	15.60	15.05	14.32	26.21	20.98
相转化膜 2	25	16.85	6.87	8.50	7.58	6.39	9.22

3.1.3.6　利用氮吸附法测试膜的孔径和孔容

称量法适用于大孔膜的孔径测试。但对于 PVDF 膜中细小的孔，难以表征，需要借助一定的仪器来测定其比表面积。测定比表面积应用最广泛的是 BET（氮气吸附）法，孔径孔容测试则多应用 BJH 公式。其原理是当固体表面暴露在外界气体中时，其接触气体的界面会吸附所接触的气体分子，并且这种吸附是可逆的。通常，人们利用这种气体吸附法来测定超细粉体材料的比表面积和孔径分布情况。因为常温下固体吸附气体的量极其微小难以检测，因此多通过降低外界温度增加其气体吸附量（一般是 -192℃，液氮温度），同时氮气因为其价廉易得，不具有任何腐蚀性，不会对固体结构产生任何影响所以常被用作吸附质。因此这种方法也常被称为氮气吸附法。图 3-5 是对照组三个试样的氮吸附曲线和平均孔径、总孔容数据。结果显示：三个样品均呈现通孔结构；相转化膜 1 具有最大的孔径（2500nm）和最大的孔容（0.4092cm³/g），流延膜 1 的孔径和孔容较小，分别为86.67nm 和 0.0369cm³/g。表明：利用相转化得到的多孔膜的多孔度高；次氯酸钠溶液的处理能够有效增大膜的孔径和孔容。

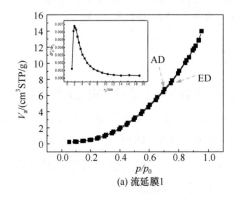

(a) 流延膜1

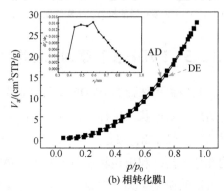

(b) 相转化膜1

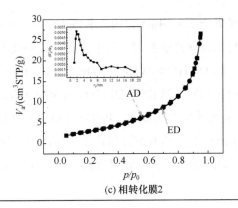

(c) 相转化膜2

图 3-5　PVDF 多孔膜的吸附-脱附曲线

3.1.3.7　利用压汞仪测试 PVDF 膜的孔径和孔容

利用 BET 来测定超细粉体材料的比表面积和孔径分布情况。对于开孔的聚合物膜，BET 方法也适合。但对于开口孔径小，或者闭孔的聚合物膜的多孔度，需要使用压汞仪（MIP）来测试。

3.1.4　PVDF 共聚物

纯 PVDF 并不适合制备 IPMC，通常采用嵌段、接枝、共混来改变其物性，如极性、压电性能、结晶度、含水量、离子导电性能之后，再用作 IPMC 的基底膜。商业的 PVDF 共聚物多是 PVDF 与其他含氟聚物的嵌段共聚物。对于嵌段共聚物，由于引入了不同于 PVDF 的其他成分，PVDF 的含量降低了，共聚物膜内部的晶体结构与组成发生了变化，导致复合膜力学、电学性能等物性发生改变，一些共聚物表现出了更适合于 IPMC 的性能。例如，1994 年，美国 Bellcore 公司研制出一种新型的 PVDF 基二元共聚物多孔薄膜，它是用聚偏氟乙烯-六氟丙烯（PVDF-HFP）的共聚物制成，具有极性高，易吸附电解液，电导率和力学性能好的优点，已经在 IPMC 领域中展开了应用。涉及 EAP 的 PVDF 二元共聚物还有聚偏二氟乙烯-三氟乙烯（PVDF-TrFE）、聚偏二氟乙烯-氯三氟乙烯（PVDF-CTFE）等。

Kundu 等[181]详细研究了 PVDF、PVDF-TrFE、PVDF-HFP、PVDF-CTFE 聚合物的相关性能。测试结果显示：所有的膜都具有海绵状的多孔微结构，具有微米大小的相互连接的孔；PVDF、PVDF-HFP、PVDF-CTFE 膜的平均孔径约 1μm，而 PVDF-TrFE 的孔径处于 2.5～4μm 之间，平均孔径为 2.9μm，孔径更大。表 3-4 对比了 PVDF 共聚物的物理性能参数。其中，利用红外技术测试的β相含量的排列顺序：PVDF-TrFE>PVDF-HFP>PVDF>PVDF-CTFE；利用比重法测试的含水量和多孔度的排列顺序：PVDF-CTFE>PVDF-TrFE>PVDF>PVDF-HFP；利用交流阻抗谱技术测试的离子电导率的排列顺序：PVDF>PVDF-CTFE>PVDF-HFP>PVDF-TrFE；利用 DSC 技术测试的结晶度的排列顺序：PVDF>PVDF-HFP>PVDF-TrFE>PVDF-CTFE。其中，结晶度（χ_c）的计算时间是在热分析（熔变，ΔH_f）基础上，计算公式如下：

$$\chi_c = \frac{\Delta H_f}{x\Delta H_\alpha + y\Delta H_\beta}$$

式中，x 为α相的质量分数；y 为β相的质量分数。x，y 数值可以从 FTIR 测量中获得。ΔH_α、ΔH_β 分别是纯结晶α、β相 PVDF 的熔化焓，分别为 3.04J/g 和 103.4J/g。

表 3-4　商业 PVDF 膜的物理性能参数对比

项目	β 相含量/%	结晶度/%	多孔度/%	含水量/%	电导率/（mS/cm）
PVDF	60	55	66	66	1.5
PVDF-TrFE	100	28	72	84	1.1
PVDF-HFP	75	33	56	19	1.3
PVDF-CTFE	32	22	84	80	1.5

3.2　PVDF 基底膜的 IPMC 电驱动器

纯 Nafion 基 IPMC 存在几个缺点阻止了广泛应用，如力输出小，成本高，工作寿命短和明显的反向松弛[182]。增加力输出的常用策略是增加电解质膜的尺寸和刚度[183-186]。例如：Jho 和 Park 等将 5～7 层 Nafion 薄膜叠加，得到厚度为 1～1.4mm 的厚电解质膜，可以支撑 124g 的硬币。陈等制备三层厚度约 7mm 的 Nafion 电解质膜，得到了牛顿级输出力。我们课题组与其他课题组分别制备的 SiO$_2$ 颗粒或蒙脱石片掺杂 Nafion 薄膜，均提高了电解质膜的硬度，均产生了大的输出力。但这些驱动器表现出了相对低的位移输出，难以同时兼顾人工肌肉的力和位移需求。

因此，寻找 Nafion 的替代物有重要的意义。

考虑到聚偏氟乙烯（PVDF）具有优异的热稳定性、耐化学性和机械强度，有望取代 Nafion。现有文献报道的 PVDF 基底膜 IPMC 电驱动器可以分为 3 类：离子液（IL）驱动的纯 PVDF 膜 IPMC；离子液驱动的 PVDF 膜共聚物 IPMC；水驱动的 PVDF 杂化膜 IPMC。

3.2.1　离子液驱动的纯 PVDF 膜 IPMC

即使 β-PVDF 具有很高的极性，但纯 β-PVDF 还是表现出高的疏水性；且其侧链没有磺酸基或羧基等离子交换基团，不具有离子交换能力。因此，纯 PVDF 基底膜不能作为水驱动的 IPMC 驱动器使用。但是，PVDF 能吸收一些有机盐，如 IL，这为制备由 IL 驱动的 IPMC 驱动器提供了契机[187-191]。IL 引入 PVDF 基体后，PVDF 偶极矩与 IL 之间存在强的静电相互作用，促使 IL 牢固地固定在 PVDF 内部。此时 IL 形成连续的离子相，充当阴、阳离子迁移的内管道。而 PVDF 聚合物则结晶形成非离子相，起到支撑作用。电场下，IL 的阳离子和阴离子被重新分配，从而导致体积变化。前期文献报道：阳离子如甲基咪唑、乙基咪唑等，阴离子如三氟甲烷磺酸盐、四氟硼酸盐等已经组合出了多种 IL，它们被用于制造 PVDF 基 IPMC 驱动器[187-192]；阳离子和阴离子的体积差产生的尺寸效应，以及它们的浓度和黏度效应[192]，对 IPMC 的驱动性能均能产生影响。多方面综合结果显示：与水驱动 IPMC 相比，IL 驱动 IPMC 具有更好的稳定性，但响应更慢，这是由于大多数 IL 属于高黏性的物质，在狭窄的内部通道中迁移缓慢[188]。

Dias 等[187]通过溶剂浇注的方法制备了不同厚度及不同比例的 IL 和 PVDF 复合薄膜，通过磁控溅射喷金的方式在薄膜上下表面包裹一层金电极，制成 IPMC。基底膜的具体制备过程如下：将 PVDF 与 DMF 以 15∶85 的比例在磁力搅拌下溶解，然后将不同量的离子液体（$[C_2mim]\cdot[NTf_2]$）添加至溶液中，其相对聚合物的比例变动为 0～40%（质量分数）。最后在室温下将溶液铺展在干净的玻璃板上获得不同离子液含量的 PVDF 膜。交流电场下，PVDF/IL 复合膜发生左右摆动。由于离子液体的引入会降低 PVDF 的结晶度和力学性能，聚合物的可塑性大大提高，当离子液体含量升高时，聚合物的弹性模量随之降低。

3.2.2 离子液驱动的 PVDF 膜共聚物 IPMC

PVDF 共聚物具有可调的极性、结晶度、力学性能和电导率，可用作制备 IPMC 电驱动器。使用较多的是 PVDF-HFP 共聚物。2005 年，Fukushima 等[74]利用 PVDF-HFP 作为聚合物基底膜，BMIBF$_4$ 作为电解质，巴基凝胶作为电极，制备了全塑材质的 IPMC 电驱动器。当施加 0.01Hz 频率、3.5V 电压时，最大偏转位移为 5mm。由于使用了离子液体作为电解质溶液，这种电驱动器在空气中能够运行很长时间。Lu 等[193]利用 PVDF-HFP 作为聚合物基底膜，离子液[（Bmim）BF$_4$]为电解质，Ag 纳米颗粒稳定的还原氧化石墨烯（rGO/Ag NPs）为电极，制备了可以高频长时间致动的 IPMC 驱动器。结果表明：rGO 的引入能够明显增加 IPMC 的致动位移，在 8.33Hz 频率下，rGO/Ag NPs 电极 IPMC 的驱动位移有明显的增加，最大达到 2.7mm。并且在低频率电流（0.05Hz，±1V）驱动下具有更好的致动性。

3.2.3 水驱动的 PVDF 杂化膜 IPMC

由于纯的 PVDF 及 PVDF 共聚物的含水量均较低，难以支撑以水为电解质的 IPMC。研究人员在 PVDF 基体中引入了磺酸基和羧基等亲水性添加剂，以降低其疏水性[194-197]。Park 课题组和 Joh 课题组分别制备了聚苯乙烯磺酸（PSSA）和磺化聚乙醚酮（SPEEK）掺杂 PVDF 复合薄膜[198,199]。由于在 PVDF 侧链上接枝磺酸基和羧基，这些基团提供了自由的载体，即水合 H 离子，从而提高复合膜的离子电导率。该复合膜具有较高的吸水率和 IEC，有利于离子相的形成。而且，在离子交换过程中，这些基团与 Pt（0）电极的前体[Pt（NH$_3$）$_4$]$^{2+}$存在静电作用，有利于 Pt 纳米电极的稳定沉积。因此，PVDF 复合膜含有更多的极性基团如磺酸基，将会增加水合阳离子的数量，增加内管道的尺寸和密度，进而进一步提高 IPMC 的性能。故基于 PVDF 的、水驱动的 IPMC 驱动器比基于 Nafion 的 IPMC 驱动器表现出更大的驱动速度和更快的响应速度。

Park 等[199]的研究成果揭示，PVDF/PSSA/PVP 复合膜的含水量、IEC 分别为 Nafion 膜的 2.17～2.71 倍和 1.2～1.4 倍，因而可以用水作为电解质、金属 Pt 纳米颗粒为电极，制作 IPMC 电驱动器。其金属电极的制备方法采用化学镀铂方法。需要说明的是，这类复合膜 IPMC 不产生反向松弛，在低压直流电场下产生的力输出也非常令人满意。由于含水量高，在空气中可以工作 1h 以上。

研究人员报道了一种基于聚苯乙烯-马来酰亚胺（PSMI）/PVDF 离子网络膜的 IPMC[200]。这种离子互穿网络聚合物膜的制备过程分为两步：第一步将聚丙烯酸（PAA）、2,2-联苯胺二磺酸三乙胺（BDSATEA）盐、苯乙烯-马来酸酐交替共聚物（PSMA$_n$）/PVDF 的混合物制膜。第二步将该膜浸入 1mol/L 的硫酸溶液中，使 BDSATEA 由盐转化为酸的形式，在去离子水中反复清洗几次直至 pH 变为中性，最终获得具有硫酸根基团和亚酰胺链段的 PSMI/PVDF 薄膜。通过在 PSMI/PVDF 膜的两面化学镀 Pt 电极制备 IPMC。测试结果显示：PSMI/PVDF 复合膜的含水量、IEC 可达到 Nafion 膜的 2.36 倍和 1.67 倍，质子电导率也非常接近 Nafion 膜。

3.3 水和离子液驱动的 PVDF 多孔膜 IPMC 电驱动器

为了引入尽可能多的水合阳离子参与迁移，进一步提升 PVDF 膜 IPMC 的力和位移输出性能，我们提出了一种制备高多孔、亲水的 PVDF 复合膜的有效方法（图 3-6）。通过在 PVDF 基体中引入一种碱性亲水性聚吡咯烷酮（PVP），提高

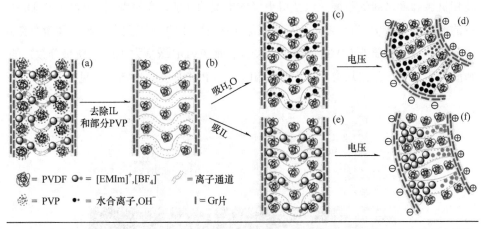

图 3-6　水和 IL 驱动 IPMC 的驱动原理示意图。(a) 表示 PVDF/PVP/IL 复合膜；(b) 表示内管道增强的 PVDF/PVP 复合膜，去除了 PVDF/PVP/IL 膜中的 IL 和部分 PVP；(c)、(e) 分别是吸收水和 IL 的 PVDF/PVP 膜；(d)、(f) 分别为水和 IL 驱动 IPMC 电场下致动示意图

了 PVDF 与 IL（[EMIm]$^+$·[BF$_4$]$^-$）之间的化学相容性。[EMIm]$^+$[BF$_4$]$^-$和部分 PVP 因具有水溶解性而被去除，从而形成一种具有高度多孔结构的极性 PVDF/PVP 复合膜，增强了内部离子运动通道[201]。值得注意的是，由于引入了 PVP，所制备的复合膜既能吸附极性水，又能吸附 IL，从而得到了水或 IL 驱动的 IPMC 驱动器。

3.3.1 实验部分

3.3.1.1 PVDF 相关膜的制备

PVDF（2.50g，M_w 为 900,000，Sigma-Aldrich）粉末在室温磁力搅拌下溶解于 20.0mL N, N-二甲基甲酰胺（DMF）中。将初产物倒入尺寸为 100mm×30mm×2.0mm 的自制玻璃模型中，在 70℃下反应 6h，得到纯 PVDF 薄膜，薄膜呈浅棕色。按 PVDF/IL=3：1 的质量比铸造 PVDF/IL（[EMIm]$^+$[BF$_4$]$^-$，Sigma-Aldrich）薄膜。由于不相容性，制备的复合膜不透明，呈白色。按 PVDF/PVP/IL=2：1：1 的质量比，制备了 PVDF/PVP/IL 薄膜。将 PVDF/PVP/IL 膜浸入 70℃的热水中，搅拌 2h，去除 IL 和部分 PVP，形成 PVDF/PVP 多孔膜。将 PVDF/PVP 多孔膜在 120℃退火 5min 后，分别放入 LiCl 溶液（0.1mol/L）和[EMIm]$^+$[BF$_4$]$^-$的 IL 中备用。值得注意的是，选择 PVDF 浓度为 12%（质量分数）是为了保持柔韧性和机械强度之间的平衡，以获得更好的电致动性能。在室温下，PVDF 在 DMF 中的溶解度在 7%～21% 之间[204]。根据我们经验，PVDF 浓度为 14%（质量分数）的薄膜非常硬，随着 IPMC 的弯曲而变差，而 PVDF 浓度为 10%（质量分数）的薄膜过于柔软，无法从容器表面处理和剥离。PVDF 膜的光学图片见图 3-7。

图 3-7　PVDF 膜的光学图片。（a）纯 PVDF 膜；（b）PVDF/IL 复合膜；（c）纯 PVDF/PVP 复合膜（d）PVDF/PVP 多孔膜；（e）吸水后的 PVDF/PVP 膜；（f）吸 IL 的 PVDF/PVP 膜

3.3.1.2 PVDF 相关膜的组成和力学性能测试

用 Bruker d8 X 射线衍射仪获得了 PVDF 相关膜的 X 射线衍射图。用日本岛津公司生产的 AG-10KNIS MO 型电子精密万能试验机测试拉伸力学性能。样品尺寸为 1.5cm×5.0cm，拉伸速度为 10mm/min。为了进行对比，同时采用纳米压痕法（FT-S，瑞士）测定了薄膜的力学性能。用 BrukerIFS 66 红外衰减全反射光谱仪（ATR-FTIR）对相关膜的化学组成和聚合物晶相进行表征。用下式计算β相含量。

$$F_\beta = \frac{A_\beta}{(K_\beta / K_\alpha)A_\alpha + A_\beta}$$

式中，A_α，A_β 为 766cm^{-1} 和 840cm^{-1} 的吸收强度；K_α，K_β 为 766cm^{-1} 和 840cm^{-1} 的吸收系数，分别取 6.1×10^{4}cm^2/mol、7.7×10^{4}cm^2/mol。

3.3.1.3 PVDF 电极膜的制备与测试

将多巴胺（Sigma-Aldrich）预处理后的导电石墨（Gr，2000 目，Alfa Aesar）分散到 PVDF 溶液中，形成 Gr 电极浆料[202,203]。分别用 0.24g，0.36g，0.48g，0.60g，0.72g，0.84g，0.96g 导电石墨（Gr，约 2000 目，Alfa Aesar）倒入含有 0.6g PVDF 的 DMF 溶液中，搅拌均匀，制成石墨含量（Gr/PVDF）为 40%，60%，80%，100%，120%，140%，160%的电极浆。旋涂于制备的 PVDF 基底膜两表面，置于 70℃下固化 6h，利用四探针测试仪（FT-300D）测试电极的导电性能。

3.3.1.4 PVDF 相关膜 IPMC 的制备和性能测试

将干的 PVDF/PVP 多孔膜夹在 Gr/PVDF 质量比为 140%的电极浆料中，制备了基于 PVDF/PVP 多孔膜的 IPMC。在 70℃固化 6h 后，将制备的 IPMC 切成 30mm×5mm 的条状，分别浸泡在[Emim]·[BF₄]的 LiCl 溶液（0.1mol/L）和纯 IL 中，制成水合锂离子驱动的 IPMC（Li-IPMC）驱动器和 IL 驱动的 IPMC（IL-IPMC）驱动器。作为对比，PVDF/IL 复合膜也被制成 IPMC。上述 IPMC 在液态 N₂ 下裂开后，用场发射扫描电镜（FESEM，LEO 1530 VP）观察它们的形貌。利用电化学工作站 CH660e 对 IPMC 的电化学性能进行了测试，并从电化学阻抗谱（EIS）中获得了 IPMC 的离子电导率。

3.3.1.5 IPMC 性能评估平台设置

利用带有多功能数据采集卡（NI，6024E）和信号放大器（TI，OPA 548）的信号发生器（SP1651，南京），产生 5.0～15.0V 电压、0.1～5Hz 频率的正弦波信号，用于驱动 IPMC。为了便于对力和位移输出的检测，所有 IPMC 驱动器都在空气中驱动。一个摄像头（Apple Ⅷ）被用来捕捉 IPMC 的驱动图像。采用灵敏度为 0.1μm 的激光位移传感器采集变形数据。激光束聚焦于悬臂式 IPMC 带（30mm×5mm），检测到的最大位移为峰值与底部差的一半。通过将 IPMC 的末端对准力传感器（CETR-UMT）的尖端，在平衡位置下灵敏度为 0.01mN，检测力输出。

3.3.2 结果和讨论

3.3.2.1 PVDF 相关膜的化学成分和热性能

图 3-8（a）显示了 PVDF 相关薄膜的红外光谱。对于 PVDF 粉末或薄膜，3024cm^{-1}、2989cm^{-1}、2916cm^{-1} 和 2849cm^{-1} 的峰来自非对称和对称的 C—H 拉伸振动，而 1400cm^{-1}、1166cm^{-1} 和 870cm^{-1} 的峰分别为 C—H 弯曲、C—F 拉伸和 C—C 拉伸振动。840cm^{-1} 的峰是由 β 晶相的振动吸收引起的，而 766cm^{-1} 和 615cm^{-1} 的峰是由 α 晶相的振动吸收引起的[204]。引入 IL 后，IL 的特征峰出现在 PVDF/IL 复合膜的光谱中：B—F 拉伸带在 1050～1037cm^{-1} 之间；与咪唑环相连的 C—H 键的拉伸振动分别为 3122cm^{-1} 和 3166cm^{-1}，C—H 弯曲振动为 1573cm^{-1}。PVP 的引入在 1669cm^{-1} 处产生了较强的 C≖O 吸光度[205]。正如预期，纯 PVDF/PVP 膜的光谱显示了 PVDF、PVP 和 IL 的所有特征吸收带。浸泡在热水中去除 IL 和部分 PVP 后，吸水后的 PVDF/PVP 膜的光谱显示出 PVDF 和 PVP 的特征吸收峰。与纯 PVDF/PVP 复合膜的初产物相比，吸水后的 PVDF/PVP 膜的光谱有两个明显的变化：①B—F 带和咪唑环的吸收峰完全消失，表明 IL 的去除；②C—O 峰仍存在于 1669cm^{-1}，但其强度明显减弱，这可能与 IL 的去除和部分 PVP 的去除有关。大多数 IL 由于在水中溶解度高，与 PVDF 的相互作用较弱而被去除。利用 OPUS 软件进行红外光谱分析得出，PVP 的残留率约为 51.2%。PVP 由于与 PVDF 上活性氢基的强静电相互作用而被部分去除，因此剩余的 PVP 能使复合膜保持亲水性。

另一个形成极性 PVDF 复合膜的证据来自 PVDF 的晶相转变。一般情况下，PVDF 会根据不同的加工条件以多种晶相存在。由于具有压电响应[206]，极性β相 PVDF 是传感器和驱动器应用中比较有用的晶相。图 3-8（b）、（c）显示了基于公式计算β相浓度分析，假设示例只包含α和β两个形式。计算结果表明：在 PVDF 粉末中溶解后，纯 PVDF 膜的β相含量从 1.2% 提高到 45.3%，PVDF/IL 复合膜、纯 PVDF/PVP 复合膜和 PVDF/PVP 多孔膜的β相浓度分别为 66.5%、76.0% 和 83.1%。这些结果表明：PVDF 基体中引入 DMF、PVP、IL 和水等极性物质会促使聚合物从非极性α相进入压电极性β相。PVDF 膜极性的增加促进了一些极性物质的进一步吸收，如水和 IL。

X 射线衍射图为β相变提供了进一步的证据[图 3-8（d）]。$2\theta = 18.36°$、$19.91°$ 和 $26.67°$ 的衍射峰分别为α相的（020）和（110）晶面，而 $2\theta = 20.60°$ 和 $36.54°$ 的衍射峰是由β相的（110）和（200）晶面引起的。α相的峰强度随 DMF，IL 和

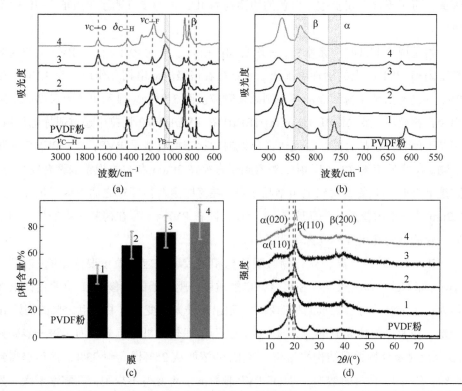

图 3-8　化学成分表征。PVDF 膜的吸收红外光谱（a），晶相演变（b），β 相浓度的演变柱形图（c），PVDF 的 XRD 图（d）

1—纯 PVDF 膜；2—PVDF/IL 复合膜；3—纯 PVDF/PVP 复合膜；4—PVDF/PVP 多孔膜

PVP 的引入而降低，而β相的峰强度增加。氟聚合物骨架的熔点和分解温度均向较低温度偏移：前者从纯 PVDF 的 162℃移至 PVDF/IL 复合膜、纯 PVDF/PVP 复合膜和 PVDF/PVP 多孔膜的 157℃、142℃和 159℃；后者从纯 PVDF 的 410.9℃移至 395.6℃、395.6℃和 371.4℃，表明 PVP、IL 和 PVDF 之间存在很强的静电相互作用。

3.3.2.2　PVDF 相关膜的形貌及亲水性表征

SEM 观察表明：纯 PVDF 高分子具有典型的塑性断口，内部没有明显内管道[图 3-9（a）]。显然，图 3-8 中薄膜 1 不可能吸附大量的水来支持 IPMC 驱动。根据 Flory-Huggins 理论，对于 PVDF/IL 复合膜 2，DMF、PVDF 和 IL 的混合物在 DMF 蒸发后发生明显的相分离，PVDF 大分子结晶成许多不规则的聚合物颗粒，表明[EMIm]·[BF$_4$]的 IL 与 PVDF 不相容。在颗粒与颗粒之间，存在 600nm 的管道，可用于离子团扩散。白色的团聚物为 IL，进一步证明了 PVDF 和 IL 的不兼容。

为了调节 PVDF 的亲水性，在聚合物中引入了极性 PVP。由于 PVP 上的内酰胺基团和 PVDF 上的活性氢基团之间存在着很强的静电相互作用[207]，PVDF 和 PVP 共结晶形成了薄膜 3 的不规则杂化颗粒。图 3-9（c）显示出了大尺度的不规则聚合物粒晶。亲水性 IL（[Emim]·[BF$_4$]）在 PVDF/PVP 颗粒中通过弱静电作用，存在于聚合物粒晶之间。因此，晶界处的片状结构可能是 PVP、IL、PVDF 的共混物。在薄膜 4[图 3-9（d）]中，观察到了直径在 20μm 左右的规整的聚合物晶粒，这是 PVDF/PVP 复合材料的再结晶所致。在这些聚合物颗粒之间形成了尺寸约为 2.2μm 的三维内管道。与薄膜 1～3 相比，随着 PVP 和 IL 在薄膜 4 中的加入和去除，检测到的孔半径和孔隙率明显增大。

IL 浓度对相分离、聚合物微观结构和电致动响应有着重要的影响[208-212]。Kwon 和 Ng[192]研究表明：在聚合物电解质中，驱动器的位移随 IL 含量的降低而增大，而在含量约为 23%的驱动器中，则出现最大应变。本书采用 25%的初始 IL 含量，在避免基体膜泄漏 IL 的同时，获得了理想的机电响应。为了进一步研究 IL 含量对聚合物微观结构的影响，将 IL 的浓度从 25%提高到 33%，然后提高到 50%。随着 IL 含量的增加，PVDF/PVP 颗粒的形貌变得不规则，孔隙率增大，晶粒间出现更多的缺陷。

水接触角（CA）的演变表明：纯 PVDF 具有高疏水性，其水接触角约为 112.6°，而薄膜 2～4 由于添加了 PVP 和 IL 而变得亲水。另外，薄膜 4 具有很高的孔隙率，因此水或 IL 很容易进入膜中。相对于纯 Nafion 的 19.6%[213]，吸水后的 PVDF/PVP 膜（5）表现出了一个高的含水量（44.2%），吸 IL 的 PVDF/PVP 膜（6）也有 38.1% 的高吸收率。值得注意的是，IPMC 驱动器的机电响应是由离子运动产生的"堰塞效应"[214]决定，而增强的内部通道有利于离子在电场作用下同时迁移，从而产生很强的力和功率输出。此外，水在两种电极之间快速移动时，由于大量蒸发和电解，往往出现缺水的问题[44]。因此，高容量的水的存在对于保证其驱动稳定性是非常重要的。

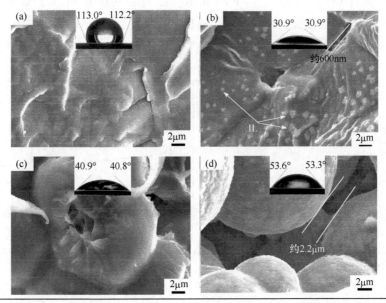

图 3-9　膜 1～4 的剖面 SEM 图片。（a）～（d）分别对应膜 1～4，嵌入的图对应各自的接触角的光学图片

3.3.2.3　PVDF 相关膜的热性能分析

膜 1～4 被切割成小碎片，研磨后进行热重分析（TG，SDTQ600）和差热分析（Q100）。样品置于氮气下，以 10℃/min 的升温速率从室温升到 800℃。在图 3-10（a）中，纯 PVDF 在 100.8℃和 410.9℃存在两个失重阶段，分别对应于物理吸收水的损失和氟聚合物骨架的分解。PVDF/IL 膜和 PVDF/PVP/IL 膜均存在两个阶段的失重：发生在 306.5℃的失重是由于 IL 或 PVP 的分解，而在 395.6℃

是由于氟聚合物骨架的分解。与纯 PVDF 相比，由于 PVP 和 IL 的加入，氟聚合物骨架的分解向较低的温度移动，表明 PVP、IL 和 PVDF 之间存在较强的静电相互作用。PVDF/PVP 多孔膜表现出三个阶段的失重：100.8℃的水损失，274.1℃的 PVP 热分解，371.4℃的氟聚合物骨架分解。值得注意的是，PVP 的强亲水性导致了 100.8℃的失重表现更为明显。

在图 3-10（b）中，四条 DSC 曲线均显示出了单个吸热峰，对应于 PVDF 聚合物的熔点。纯 PVDF 聚合物基本上由α相组成，熔化温度为 170℃。引入 PVP 后，β相含量为 45.3%，熔点降至 162℃。引入 IL 后，由于 IL 的塑化作用，熔点进一步降低到 157℃。同时引入 PVP 和 IL 后，熔点转移到 142℃，表明 PVP 和 IL 与 PVDF 之间存在强的协同作用，诱导 PVDF 发生相变（α相 → β相）。由于 IL 和部分 PVP 的损失，PVDF/PVP 多孔膜的熔点增加到 159℃。

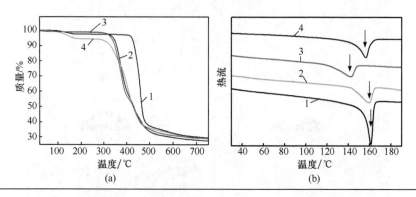

图 3-10　PVDF 膜 1～4 的热性能。（a）TG；（b）DSC

3.3.2.4　PVDF 相关膜的多孔度测试

利用压汞仪（MIP，IV9500）测试了 PVDF 相关膜的多孔度。图 3-11 记录了上述 5 个薄膜（20mm×20mm）的孔径分布（PSD）曲线。对于膜 1，在其 PSD 曲线中没有看到明显的孔隙。对于膜 2 和 3，在 2547～255nm 区域出现了不同半径的孔，膜 2 的平均孔径为 109.6nm，膜 3 的平均孔径为 88.9nm，膜 2 的主孔半径为 1084nm，膜 3 的主孔半径为 895nm。对于膜 4，在 7165～255nm 区域出现了不同半径的孔隙，峰值孔隙半径出现在 4398nm。它们的多孔度从膜 1 的 0.2%增加到膜 4 的 15.8%，表明由于 PVP/IL 的加入和去除，形成了增强的内通道。

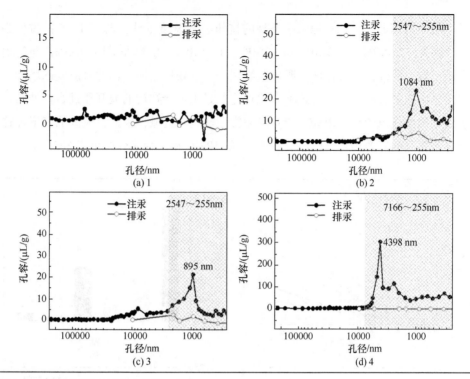

图 3-11　PVDF 膜的孔径分布曲线

3.3.2.5　PVDF 相关膜的力学性能

PVDF 被认为是一种半晶体聚合物，其中结晶相支撑机械强度和抗冲击能力，由此产生较强的阻挡力，而非晶相提供了柔性，有利于 IPMC 产生大的形变[215]。图 3-12 显示了 PVDF 相关膜的力学性能。所有薄膜均先出现了线性弹性区，然后是非线性变形。根据公式计算了弹性模量，纯 PVDF 薄膜（1）的压缩弹性模量最高（1.12GPa），拉伸强度最高（32.6MPa），展现了最强的机械强度。PVP 或 IL 的引入降低了 PVDF 基体的结晶度，降低了机械强度。薄膜 2 和 3 的弹性模量比薄膜 1 大幅度下降 60% 和 77%，这是由 IL 的增塑作用所致[216]。

由于 IL 的去除，PVP 与 PVDF 之间良好的化学相容性，薄膜 4 的弹性模量提高到 525MPa。但由于多孔结构的形成，其弹性模量仍低于纯 PVDF 薄膜。由于 PVP 组分属于亲水性聚合物，多孔膜 4 可以吸附大量的极性物质，如水或 IL。薄膜 5 和 6 的弹性模量分别显著降低了 61.3MPa 和 87.5MPa，与商用 Nafion 薄膜相似。与薄膜 4 比较，薄膜 5 和 6 具有更高的柔韧性，在电场作用下可能会产生较大的变形。

图 3-12（c）、（d）记录了典型的拉伸应力-应变曲线。薄膜 1~6 的拉伸强度分别为 32.6MPa、16.3MPa、15.2MPa、19.4MPa、4.1MPa 和 6.2MPa，与压缩模量一致。此外，在线性区域明显观察到一个非线性区域，即随着应变的增加，弹性体的模量急剧上升[217]。这种非线性可能是由聚合物链的展开和键合拉伸结合所致。值得注意的是，IPMC 的变形通常在非线性区域；因此，较大的变形往往会导致更强的应力和功率输出。膜 1~6 的 IPMC 相关性能分析见表 3-5。

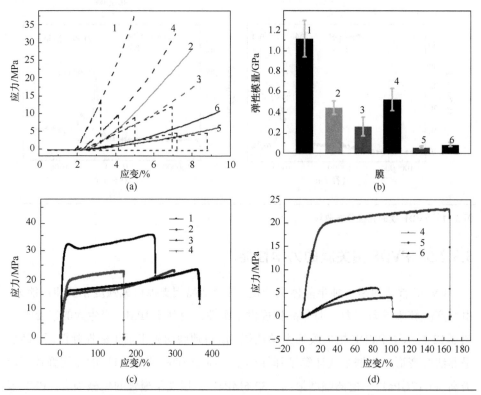

图 3-12 PVDF 相关膜的力学性能。(a) 膜 1~6 的典型应力-应变曲线，虚线代表了线性区域的斜率；(b) 相关的弹性模量；(c)、(d) 膜 1~6 的典型拉伸应力-应变曲线

表 3-5 膜 1~6 的 IPMC 相关性能分析

膜	厚度 /μm	PVDF 含量（质量分数）[①]/%	PVP 含量（质量分数）[①]/%	吸液量 /%	β 相含量/%	熔点 /℃	压模量[②] /MPa	拉伸强度[②] /MPa	多孔度/%
1	211	100	—	—	45±1	162	1120	32.6	0.22
2	286	75	—	33.3	67±7	157	447	16.3	5.33

膜	厚度/μm	PVDF 含量（质量分数）[1]/%	PVP 含量（质量分数）[1]/%	吸液量/%	β 相含量/%	熔点/℃	压模量[2]/MPa	拉伸强度[3]/MPa	多孔度/%
3	253	50	25	33.3	76±10	142	263	15.2	3.68
4	251	77.2	22.8		83±12	159	525	19.4	15.8
5	323	53.5	8.9	44.2	74±8	—	61.3	4.1	—
6	312	55.8	9.7	38.1	71±8	—	87.5	6.2	—

① 利用 OPUS 软件进行红外光谱分析得出，PVP 的残留率约为 51.2%；

② 来源于纳米压痕实验；

③ 来源于拉伸实验。

3.3.2.6 PVDF 电极膜的电学性能

图 3-13 记录 PVDF 电极的形态。这里的 Gr 是一种导电填料，而 PVDF 作为黏合剂将 Gr 片粘在一起。图 3-13（a）显示：许多微尺度 Gr 片被 PVDF 胶黏剂包裹，从而形成一个复合电极膜。在其横截面图像[图 3-13（b）]中，高强度 Gr 晶体重叠在一起，形成了有效的电荷传递通道。

图 3-13（c）列出了不同 Gr 浓度（W_{Gr}/W_{PVDF}）的 Gr/PVDF 电极薄膜在玻璃片表面的面电阻变化。显然，随着 Gr 浓度的增加，电极的电导率增加。当 Gr 浓度低于 40% 时，电极膜在 MΩ 水平上，几乎不导电。当 Gr 浓度达到 120% 时，电极膜变得导电，电阻在 2.5kΩ 左右。当 Gr 浓度提高到 140%、160% 时，电极膜表现出良好的导电性，电阻仅为 109Ω 和 83Ω。因此，浓度为 140% 可看作是一个临界点，此时 Gr 浓度足以形成有效的导电路径。同时，高 Gr 浓度（160% 以上）总是导致柔性衰减，阻碍了 IPMC 的变形。因此，考虑到良好的导电性和柔韧性，采用 140% 的电极浆料涂覆在电解质膜表面。值得一提的是，电极通常比电解质基体膜更硬，会阻碍电解质基体膜的摆动，降低机电响应。提高电极的柔韧性和减小电极的厚度是两种常用的降低浆料的方法，采用 140% 的浆料使相对柔性电极的厚度仅约为 16μm，因为 Gr 片含量越高，电极的硬度越大。

图 3-13（d）对比了膜 1～6 的表面电极的导电数据。当电极浆涂在 PVDF 膜表面之后，电极浆中的 DMF 可以在基体膜内扩散，从而使基体膜膨胀，基底膜中链与链之间的距离增大，导致电极浆中的部分 PVDF 会随着 DMF 的渗透而进入基体膜中，而 Gr 片尺寸相对较大，不能进入基体膜内，这样一来 PVDF 表面

的实际 Gr 浓度增加。因此，Gr/PVDF 电极膜在原始 PVDF 薄膜上的面电阻约为 38Ω，低于玻璃表面的 109Ω。膜 2 的面电阻在 23Ω左右，表现出较好的导电性，可能是由于部分 IL 迁移到电极膜中，提高了其导电性。由于 IL 的损失，膜 4 的面电阻约为 85Ω，高于膜 2。它们在水和 IL 中浸泡后的片状电阻分别为 88.6Ω和 36.8Ω，暗示由此技术制备的 PVDF 膜 IPMC 的电极具有较高的导电性。

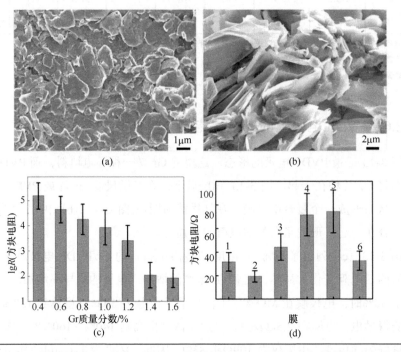

图 3-13　PVDF 电极性能表征。（a）Gr/PVDF 电极的正面 SEM 图片；（b）横截面 SEM 图片；（c）玻璃片表面，Gr/PVDF 电极的面电阻与 W_{Gr}/W_{PVDF} 的关系；（d）膜 1~6 表面涂敷 W_{Gr}/W_{PVDF} 为 140% 电极浆的导电性能对比

3.3.2.7　PVDF 基 IPMC 的形态表征

用 SEM 观察了 PVDF/PVP 基 IPMC 驱动器的典型三明治结构［图 3-14（a）～（d）］。基体层和电极片的总厚度约为 313μm。厚度约为 280μm 的基体层由平均粒径为 20μm 的高密度填充聚合物颗粒组成，厚度约为 16μm 的电极片由许多重叠的 Gr 片组成。通过对基体电极界面的仔细观察，发现掺 Gr 的 PVDF 电极与 PVDF/PVP 基体[图 3-14（b）]之间具有很强的黏附性，这对于防止电极与母体分离和保证稳定的机电响应至关重要。有趣的是，对母体精细结构的观察表明：每

一个聚合物颗粒都是由直径 390nm 左右的紧密排列的纳米粒子组成的。在这些纳米粒子之间形成许多纳米尺度的内部通道[图 3-14（d）]。值得注意的是，纳米尺度内管道的宽度（约 23nm）比纯 Nafion 薄膜中的内管道大得多。因此，这种分层结构提供了互连的 3D 微/纳米尺度内管道，以促进 IPMC 驱动过程中的离子迁移。

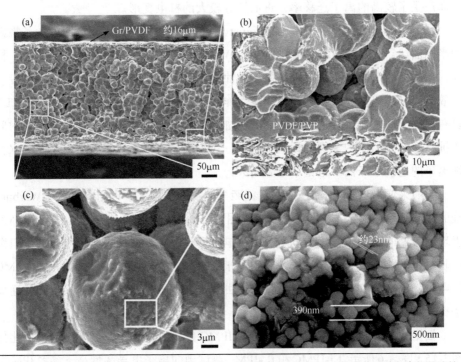

图 3-14　PVDF/PVP 基 IPMC 的剖面 SEM 图片。典型的夹心结构（a）；聚合物母体与电极的连接（b）；聚合物颗粒的 3000 倍（c）和 20000 倍（d）放大图片

3.3.2.8　IPMC 的电化学性能分析

电解质离子的迁移是驱动 IPMC 驱动器的机电响应的关键[218-220]，电化学行为将影响其机电性能。为了分析其电化学行为，测定了 PVDF 相关膜 IPMC 在水和 IL 环境中的交流阻抗（EIS）谱（图 3-15）。在 IL 环境下[图 3-15（a）和（c）]，基于 PVDF/IL 的 IPMC（对照组）和 IL-IPMC 显示出相似的轮廓：在高频范围内出现一条相当平坦的半圆曲线，并随着时间的增加而出现一条低频的正常 Warburg 线。两条 EIS 曲线基本一致，180min 内无明显变化。这种高稳定性是 IL

的非挥发性和电化学稳定性的结果[221]，表明 IL 驱动的 IPMC 驱动器寿命长。与基于 PVDF/IL 的 IPMC 相比，IL-IPMC 具有更强的离子扩散能力，这是由于 PVP 与 IL 之间的强相互作用和高孔结构，Warburg 线的斜率明显高于参考 IPMC。值得一提的是，在研究中采用[EMIm]·[Bf$_4$]的 IL 作为电解质，因为它的阴离子体积较小，范德华体积为 49Å^3，小于其他常见阴离子（如 TfO$^-$ 为 80Å^3，ClO$_4^-$ 为 54Å^3），从而产生了较高的离子迁移率，进而诱导较大的机电变形。

Li-IPMC 显示了一个典型的 Nyquist 图[图 3-15（b）]，即高频时的一条规则的半圆曲线，然后是一条低频的规则的 Warburg 线，表明 Li 离子的有效迁移。相反，薄膜 1 的 EIS 在高频范围内呈半圆曲线，没有明显的 Warburg 线，表明没有有效的离子迁移，因此，该薄膜不能用作 IPMC 的电解质膜，这是由于纯 PVDF 具有极高的疏水性。而由于极性 PVP 的加入，PVDF/PVP 膜变得亲水。随着时间的推移，Li-IPMC 的半圆曲线直径增大，Warburg 线斜率减小。结果表明，水合锂离子的迁移率降低，电化学电阻增大。

一般来说，x 轴半圆曲线的两次截距与其欧姆和电化学电阻有关，而 Warburg 线的斜率表示它们的离子迁移能力。如图 3-15（a）～（c）和表 3-6 所示，Li-IPMC 表现出最低的欧姆和电化学电阻。欧姆电阻反映电极表面的电阻，电化学电阻则反映电极内部的电子和离子传输。因此，离子在表面的存在，使控制层和 IL-IPMC 的电阻降低。Li-IPMC 的低欧姆电阻是由其亲水性和高孔结构在电极内的快速离子交换和迁移所致。

根据前述公式计算了 PVDF 相关膜 IPMC 的离子电导率，其随时间的变化如图 3-15 和表 3-6 所示。Li-IPMC 和 IL-IPMC 测试到的离子电导率均高于参考 IPMC。聚偏氟乙烯（PVDF）膜 IPMC 的离子电导率远低于 Nafion 膜（70～180mS/cm）和磺化氟封聚砜膜（20.59mS/cm）[222,223]，这是因为 PVDF 电解质膜不含支持水合阳离子（即水化阳离子）运动的离子交换基团，如磺酸基。

此外，在 180min 内，Li-IPMC 的离子电导率由于失水而不断下降，从 1.54mS/cm 下降到 0.06mS/cm，这也是大多数水驱动 IPMC 在空气中只能维持几分钟稳定驱动的原因。参考 IPMC 和 IL-IPMC 的离子电导率基本不变，分别在 0.80mS/cm 和 1.10mS/cm 范围内保持稳定。与传统的基于 IPMC 的 PVDF/IL 相比，基于 IPMC 的 PVDF/PVP 在水环境或 IL 环境中具有更强的离子迁移能力。水驱动 IPMC 表现出较高的离子迁移水平，而 IL 驱动 IPMC 表现出更稳定的性能。

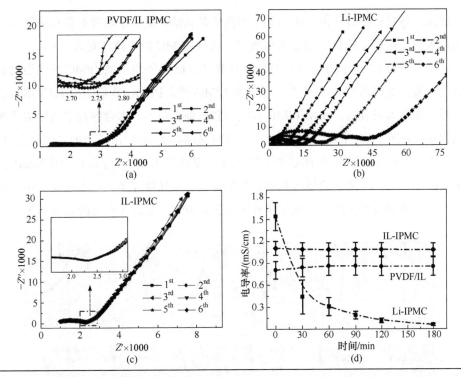

图 3-15 PVDF 相关膜的电化学性能分析。PVDF/IL 基 IPMC（a）、Li-IPMC（b）和 IL-IPMC（c）的 EIS 谱随时间的演变；电导率随时间变化（d）

表 3-6 水与离子液驱动 IPMC 的导电性能对比

IPMC	厚度/μm	电解质	面电阻/Ω	欧姆电阻/kΩ	电化学电阻/kΩ	面积/cm²	电导率/（mS/cm）
参考样品	338	IL	23.03	1.28	2.89	0.16	0.80
Li-IPMC	343	Li⁺/H₂O	88.62	0.47	1.68	0.16	1.54
IL-IPMC	334	IL	38.86	0.66	2.35	0.16	1.10

3.3.2.9 IPMC 电机械响应的可能性

图 3-16 为 IPMC 驱动器的驱动录像截图。在交流电场作用下，IL-IPMC 产生连续的电致动弯曲，弯曲范围分别为±36.5°和±75.4°。对于 IL-IPMC，致动机理是：阳离子[EMIm]⁺和[BF₄]⁻阴离子在电场下被重新分配，[BF₄]⁻迁移到阳极，而[EMIm]⁺则迁移到阴极。由于[EMIm]⁺的体积比[BF₄]⁻大得多，当阳极收缩时，阴

极膨胀，导致向阳极弯曲。IL-IPMC 的高度多孔结构提供了增强的微小内管道，使得膜内迁移离子的数量和速率都增加，故 IL-IPMC 的弯曲角变大。

由于水合 Li 离子的体积大于水合 H 离子，Li 离子驱动的 IPMC 产生更高的浓度梯度，故输出力大于 H 离子驱动的 IPMC[224]。因此，我们采用 LiCl 水溶液代替纯水作为电解质，驱动 IPMC 运动。在电场作用下，水合锂离子从阳极迁移到阴极，如图 3-16 所示，Li-IPMC 弯曲范围为 ±81.1°，表现出了大的电致动行为。原因如下：PVDF/PVP 母体膜的柔软性高；相对于 IL 的离子基团（[EMIm]⁺，[BF₄]⁻），水合 Li 离子的体积更小，黏度更低，故迁移速率大。上述实验结果表明，提高电解质基体的亲水性和多孔度是提高 IPMC 电致动形变的有效措施。

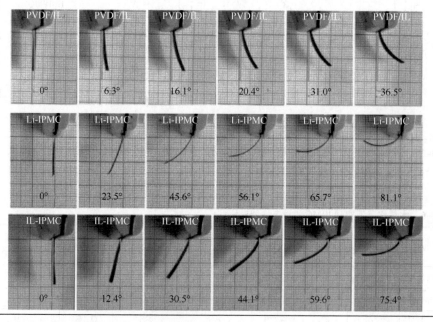

图 3-16　水和离子液驱动的 IPMC 的偏转录像截图

3.3.2.10　IPMC 的电机械数据分析

位移输出是评估 IPMC 机电响应的一个重要参数。依据文献[192,193]，直流电驱动下，由于内部水分子向阳极侧扩散，造成 IPMC 向相反方向（阴极）移动，就产生了反向松弛。Nafion 母体 IPMC 总是存在反向松弛。图 3-17（a）记录了直流电压 9.0V 驱动下的 IPMC 尖端位移曲线，Li-IPMC 在施加电场后 10s 后位移达到最大，稳定位移为 9.6mm；而 IL 驱动的 IPMC 需要更长的时间才能分别达到，参考 IPMC 驱动器和 IL-IPMC 驱动器的稳定位移 6.2mm 和 7.3mm。在这里，制备的 PVDF 膜 IPMC 表现出了非常稳定的机电响应，而没有表现出反向松弛，表明 PVDF 母体 IPMC 的驱动性能优于 Nafion 母体 IPMC。

图 3-17（b）和（c）记录了典型的位移曲线和量化数据。因为所有的内管道在开始工作时并未完全连通，三种 IPMC 的初始位移输出都不大，随着水合锂离子（或[EMIm]$^+$和[BF$_4$]$^-$）的迁移，离子通道被逐渐打开，位移输出逐渐达到最大。Li-IPMC 的最大位移维持在最大水平 6min，然后由于失水而迅速下降。相反，IL 驱动的 IPMC 的位移输出在到达平台后，可以保持 10min 以上不变。上述 IPMC 表现出的高稳定性和可靠性来源于三方面：母体具有高的多孔度，因而储存了较多的电解质支持 IPMC 工作；母体膜与电极存在强的化学亲和力，电极没有从母体膜表面剥离；IL 具有高的电化学稳定性和非挥发性，故维持了长的稳定工作时间。在 10.0V、0.1Hz 电信号作用下，参考 IPMC、Li-IPMC 和 IL-IPMC 的最大摆角分别为 16.4°、46.3°和 32.1°。这表明：由于低的黏度和体积，水驱动 IPMC 的电致动响应比 IL 驱动的 IPMC 强；由于具有增强的内管道，膜 4IPMC 的机电响应强于膜 2IPMC（对照），故增加内部通道的密度或者尺寸是提高 IPMC 驱动频率的有效策略。弯曲角与驱动电压之间存在着明显的相关关系：当驱动电压增加到 15.0V 时，参考 IPMC、Li-IPMC 和 IL-IPMC 的最大摆角分别为 36.5°、81.1°和 75.4°，表明了上述 IPMC 的驱动性能易于被外加电压控制。

不同驱动频率下的电致动数据表明：随着频率的增加，IL 驱动 IPMC 的位移输出不断减小[图 3-17（d）]。位移衰减来自离子迁移的速率滞后于电场变化速率，故通常 IPMC 的形变幅值随着频率增加而减小。当驱动频率从 0.1Hz 提高到 0.5Hz，Li-IPMC 的变形幅值略有增强；当驱动频率大于 0.5Hz 时，变形幅值逐渐减小。力输出是衡量 IPMC 输出功率的另一个重要参数。典型的力曲线和量化数据记录于图 3-17（e）和（f）。10.0V 以下驱动结果表明：Li-IPMC 的最大输出力最大，为 33.3mN，是 IL-IPMC 的 4.37 倍，是参考 IPMC 的 13.4 倍。这种巨大的进步源于水合锂离子的快速迁移，进而产生更大的"堰塞效应"，故产生更强的力输出。与位移数据相似，随驱动电压的增加，三种 IPMC 的力输出均增加。

电致动性能测试结果表明：水驱动 IPMC 表现出了强的位移和力输出，但随着水分的流失，位移和力输出均出现衰减；IL 驱动的 IPMC 保持了长期稳定的机电响应，但产生的位移和力小。与传统的 PVDF/IL 膜相比，本书的 PVDF/PVP 膜具有增强的极性和内部微管道，由其制备的两种 IPMC 驱动器，即 Li-IPMC 和

IL-IPMC，表现出了高的力和位移输出。10.0V 电场下，位移输出增加了 2.2 和 1.9 倍，力输出增加了 13.4 和 3.0 倍。另外，IPMC 的电致动性能与电化学性能表现出了高的吻合性，表明 IPMC 的离子电导率可以作为评价其电致动性能的一个有用的参数。

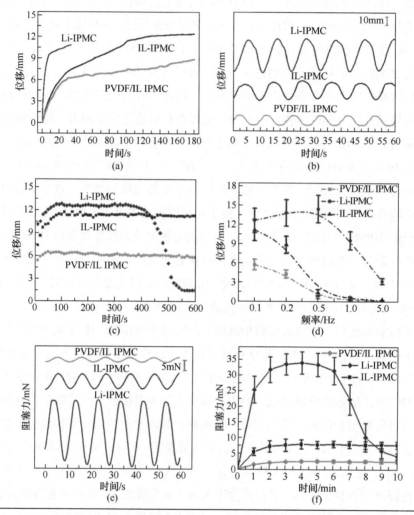

图 3-17　水与离子液驱动 IPMC 的电致动性能对比。9.0V 直流电（a）和 10.0V 交流电（b）激励下末端位移与时间的关系；10.0V 交流电下，典型的位移曲线（c）与位移-频率关系（d）；10.0V 交流电下，典型的力曲线（e）与力-时间关系（f）。平均位移来自波峰位移与波谷位移差的一半；力输出等于一个周期内波峰与波谷之差

3.4 PVDF 衍生物的制备及 IPMC 应用

3.4.1 概述

通过化学或辐射接枝等方式，在 PVDF 分子上进行羧酸或磺酸改性，以制备 IPMC 驱动器。Qiu 等[225]使用溶液接枝技术制备了 PVDF-*g*-SSS 膜，该技术先将苯乙烯接枝到 PVDF 侧链上，然后进行磺化，以赋予其质子传导性能。但该技术中的磺化反应可能会损害膜的物理强度和形貌,且磺化程度难以控制。Nasef 等[226]报道了电子束辐照将 SSS 接枝到 PVDF 上的反应，该技术可以避免有害的磺化反应，简化流延过程并降低成本。然而，这种表面接枝存在产率低、重复性差缺点，其接枝程度也很难被控制，不同批次产品的接枝程度存在大的差异，膜内、外接枝程度也不完全相同。

研究人员开发了一种先修饰 PVDF，后成膜的制备工艺，获得内部、外部均匀的磺酸化 PVDF 离子交换膜，进而制备 PVDF 驱动器（图 3-18）。探究了 PVDF 碱处理的浓度和时间条件，以获得烯基含量最多的活性中间体，从而提升了产物的 SSS 的接枝程度。采用 PVDF/石墨（Gr）预聚体作为聚合物柔性电极，制备了 IPMC 电驱动器。由于 PVDF/Gr 与 PVDF 基底膜成分相似，故有良好的化学兼容性，且聚合物电极具有保水的固有本性，使得制备的 Gr/PVDF 聚合物电极的 PVDF-*g*-SSS 膜 IPMC 驱动器可以在空气下持续工作，其稳定工作时间也较常规 Nafion 膜 IPMC 明显提高。

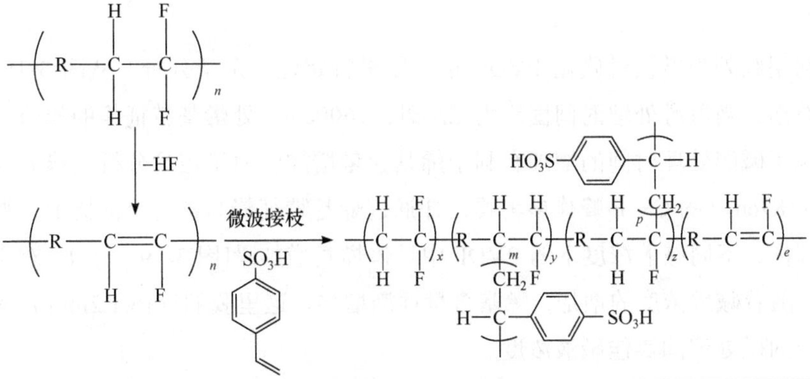

图 3-18 烯基化 PVDF 接枝 SSS 的反应方程式

3.4.2　磺酸化 PVDF 衍生物膜制备与表征

磺化 PVDF 膜的制备由三步组成：制备烯基化 PVDF；接枝磺酸基团；流延成膜。

① 制备烯基化 PVDF。加入 3mg/mL 四丁基溴化铵到 100mL 的 1.2mol/L 氢氧化钠/无水乙醇溶液中，混合均匀，然后加入 8.0g PVDF 粉末，加热到 60℃，反应 2h 后取出粉末分别用乙醇和去离子水洗涤多次，最后放在 65℃烘箱里烘干得到烯基化 PVDF 粉末。

② 接枝磺酸基团。将 5g 烯基化 PVDF 粉末与 20g SSS 粉末，过硫酸铵（单体量的 0.1%），100mL DMF/H_2O（体积比 7∶12）混合均匀，然后用稀盐酸调溶液 pH = 2.0，放置在微波反应器中温度设置 100℃，反应时间为 40min，最后通过抽滤装置将反应液中的粉末过滤出，并用乙醇和去离子水洗涤多次，最终放在 65℃烘箱里烘干得到 SSS 接枝的 PVDF（PVDF-g-SSS）。

③ 流延成膜。60℃下，将 2.2g PVDF 粉末与 2.2g PVDF-g-SSS 粉末溶解在 20mL DMF 溶剂中，再加入 1mL 离子液，混合搅拌均匀，然后浇注在玻璃模具中，在真空烘箱中温度设置 65℃，保温 6h，得 PVDF-g-SSS/IL 多孔膜。为了对比，同时制备纯 PVDF 空白膜。在 20 mL DMF 溶液中加入 4.8g PVDF 粉末，加热 60℃溶解至均匀膜溶液，然后浇注在自制玻璃模具中在 65℃固化 8h，冷却至室温取出，制备成纯 PVDF 浇注膜。

3.4.3　PVDF 粉末中烯基含量的定量分析

利用红外光谱仪对磺化 PVDF 衍生物进行定性、定量分析。从图 3-19（a）可以看出：当碱醇处理时间固定为 2h 时，1600cm^{-1} 处烯基特征峰的峰值不断增加，说明碱醇处理时间的增加有利于烯基含量增加。为了定量分析，选 PVDF 主链中 1187cm^{-1} 的 C—F 峰作参考峰，并通过烯基特征峰与参考峰的比值，得到同样时间内，不同碱醇浓度下的 PVDF 中具体烯基增加量[图 3-19（c）]。对比结果表明，随着碱醇浓度的增加，烯基含量逐渐增加。这里我们选择 1.2mol/L 的碱醇浓度作为碱处理的最佳碱液浓度。

从图 3-19（b）看出，当碱醇浓度为 1.2mol/L 时，随着 PVDF 粉末在碱醇溶液中的反应时间的延长，在 1600cm⁻¹ 的烯基峰值也逐渐增加，即烯基含量逐渐增加，同样我们选中 PVDF 主链中 1187cm⁻¹ 的 C—F 特征峰作为参考峰对 PVDF 量化分析，计算得到同样碱醇浓度下，不同处理时间下的 PVDF 中具体烯基含量的增加量并作出柱状图[图 3-19（d）]进行对比，得到随着碱醇浓度的增加，烯基含量逐渐增加，但 2h 时烯基含量达到最大值 0.139，并在之后随着时间的延长烯基含量出现下降的趋势，这是因为随着时间增加，碱醇溶液的强氧化性使得 PVDF 出现降解的现象，C—F 主链出现部分分解，因此选择 2h 作为碱醇处理的最优时

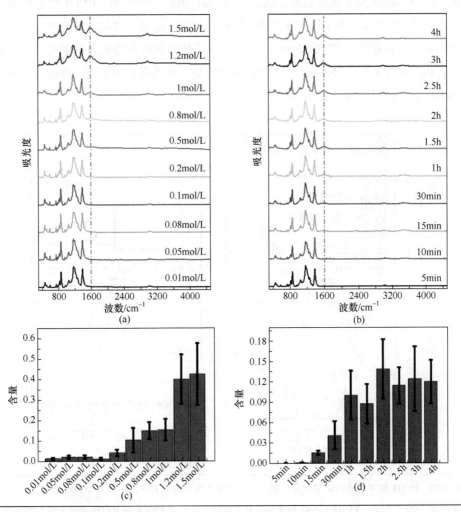

图 3-19　PVDF 粉末的红外分析。（a）、（c）分别是 2h 反应时间，不同碱醇浓度下，PVDF 粉末红外曲线变化图和烯基含量变化图；（b）、（d）分别是在相同 1mol/L 碱醇浓度，不同时间下，PVDF 粉末红外曲线变化图和烯基含量变化图

间。经过对 PVDF 粉末碱处理条件的研究得到碱醇溶液在 1.2mol/L，处理时间为 2h 时 PVDF 上烯基含量可以得到最大值，并以此作为 PVDF 碱醇处理的最优条件。

3.4.4　PVDF 的接枝表征

采用最优条件制备烯基化 PVDF 粉末，并微波接枝 SSS 得到 PVDF-*g*-SSS 粉末，红外光谱跟踪了反应过程。从图 3-20（a）的红外图看出，PVDF 经过碱处理后出现在 1600cm⁻¹ 的烯基特征新峰，微波接枝后，出现了对苯乙烯磺酸上相对应的特征峰。经指认：在 1032cm⁻¹ 和 1352cm⁻¹ 处的新增峰分别为磺酸基的不对称与对称拉伸振动峰，1663cm⁻¹ 和 1553cm⁻¹ 处是苯基的骨架振动峰，因此可以证明 PVDF 上微波接枝对苯乙烯磺酸成功。

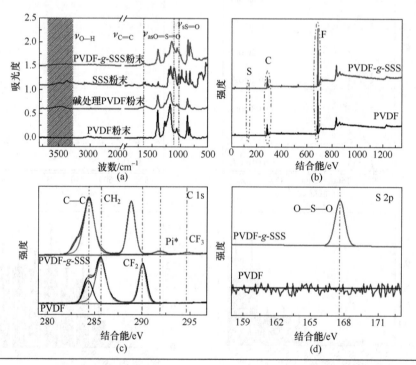

图 3-20　**PVDF** 相关样品的化学成分分析。（a）中依次为 **PVDF** 粉末，碱处理 **PVDF** 粉末，对苯乙烯磺酸（SSS）粉末，**PVDF-*g*-SSS** 粉末的红外光谱图；（b）是 **PVDF** 与 **PVDF-*g*-SSS** 的 XPS 元素全谱对比；（c）是 **PVDF** 与 **PVDF-*g*-SSS** 中 C 元素的 XPS 曲线对比图；（d）是 **PVDF** 与 **PVDF-*g*-SSS** 中 S 元素的 XPS 曲线对比图

图 3-20（b）～（d）是 PVDF 粉末接枝前后的 XPS 全谱图，碳元素的窄谱图和硫元素的窄谱图。可以看出，PVDF 接枝后全谱上出现了 S 元素，在碳元素的窄谱图上 PVDF 主链上的 CH_2 消失，291.9eV 处的峰说明了 PVDF 主链上苯环的接枝变化，同时在硫元素窄谱图上的 176.6eV 处 O—S—O 的生成也进一步证明接枝后磺酸的存在，说明了 SSS 在 PVDF 分子链上的成功接枝。

3.4.5 PVDF 基多孔膜性能表征

从图 3-21（a）可以看出：PVDF 膜平均接触角 120.2°，大于 Nafion 膜的 85.4° 与相转化 PVDF/PVDF-g-SSS/IL 膜的 74.1°。这是因为 PVDF 膜内没有亲水基团，接触角很大，而 Nafion 膜含磺酸亲水基团使其表面能升高，而 PVDF/PVDF-g-SSS/IL 膜接触角小于 Nafion 膜应该是磺酸亲水基团与多孔憎水结构共同作用的结果。PVDF-g-SSS 膜离子交换当量约为 0.65mmol/L，是商用 Nafion117 膜的 72.2%。虽然 PVDF/PVDF-g-SSS/IL 膜的 SSS 接枝率有限，造成磺酸基团含量没有达到商用 Nafion117 膜 IEC，但这部分接枝的磺酸基团改变了聚合物的极性，其多孔的膜结构可以储存较多的水，为高致动性能 IPMC 的连续工作提供基础。

采用纳米压痕仪测定了 PVDF/PVDF-g-SSS/IL 膜的力学性能。图 3-21（b）和（c）显示了典型的应力-应变曲线和计算出的弹性模量。显然，所有 PVDF 膜都显示出线性弹性变化区域，且属于非线性变形。在干燥状态下，纯 PVDF 膜显示出 1560MPa 的压缩弹性模量，而掺杂 PVDF-g-SSS 粉末和 IL（离子液）后的膜，弹性性能得到明显改善，PVDF/PVDF-g-SSS/IL 膜的弹性模量为 610MPa，比纯 PVDF 膜减少 61.9%，表明 PVDF-g-SSS 纳米颗粒的存在与 IL 的加入对于 PVDF 膜的力学性能有很大的影响。在吸水状态下，PVDF 膜的模量未发生明显改变，而 PVDF/PVDF-g-SSS/IL 膜屈服模量 110MPa，吸水前后模量的巨大变化表明了

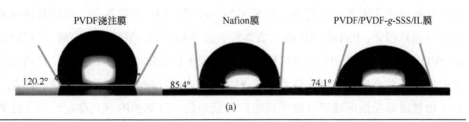

PVDF浇注膜　　　　　Nafion膜　　　　PVDF/PVDF-g-SSS/IL膜

120.2°　　　　　　85.4°　　　　　74.1°

(a)

图 3-21

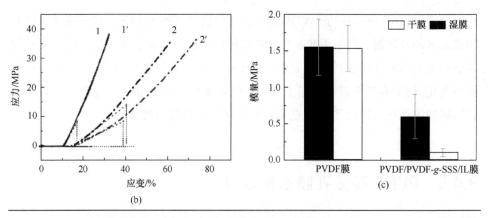

图 3-21　PVDF 膜的物性表征。（a）为 PVDF 浇注膜，Nafion 膜，PVDF/PVDF-*g*-SSS/IL 膜的接触角；纳米压痕仪测得的 PVDF 浇注膜与 PVDF/PVDF-*g*-SSS/IL 膜应力-应变曲线（b）和弹性模量（c）

其具有较好的亲水性，在吸水后具有较高的柔韧性，因此 PVDF/PVDF-*g*-SSS/IL IPMC 有望产生更大的变形。

3.4.6　PVDF 基 IPMC 的制备与形态表征

　　将 PVDF/PVDF-*g*-SSS/IL 多孔膜在 1mol/L 盐酸溶液中酸化处理 30min，用去离子水冲洗多次待用。采用 DMF 作溶剂制备 Gr/PVDF 为 140%（质量分数）的电极浆料，然后将酸化好的多孔膜一侧固定在匀胶机上，并以 1200r/min 的转速将 PVDF 基石墨电极浆均匀涂敷 30s，烘箱 50℃干燥，4h 后取出，然后重复在膜的另一侧同样方式制备 Gr 电极，最后得到 Gr 电极的 PVDF/PVDF-*g*-SSS/IL 膜 IPMC。扫描电镜图显示[图 3-22（a）、（b）]：PVDF 浇注膜致密无空隙，而 PVDF/PVDF-*g*-SSS/IL 相转移膜内部形成类似海绵多孔结构，这是因为在成膜过程中膜内的油相与外界的水气相进行互相交换转移，得到多孔结构，有利于形成离子通道供水和阳离子的迁移。由图 3-22（c）和（d）可以看出，两种膜在微观状态下差异很大，PVDF 浇注膜的表面没有过多的差别，呈现典型的聚合物结构；而 PVDF/PVDF-*g*-SSS/IL 相转移膜的孔内出现大量小球（约 346nm），且结构内也密集排列着小球，推测应该是由于 PVDF 粉末经过碱处理和微波接枝 SSS 后，分子链被破坏无法形成聚合物或只能形成低聚物，以球体的形式存在。前述红外图已经证明了烯基的生成和 SSS 的成功接枝，因此这些磺酸基团的 PVDF 球体呈现出了一定的亲水性能，小球与小球之间形成可以供阴阳离子运动的内管道，为 IPMC 的电致动响应提供基础。为了分析膜的多孔结构，利用压汞仪测试了 PVDF 衍生物膜的多孔度，压力在 0.10～60000Pa 之间变化，样品尺寸为 20mm×20mm，结果显示：PVDF 浇注膜没有明显的孔，而 PVDF/PVDF-g-SSS/IL 相转移膜显示了高的多孔度，孔径处于 7165～255nm 范围变化，最大孔半径 4398nm，高多孔度来源于 PVDF-g-SSS 小球之间存在大量间隙。

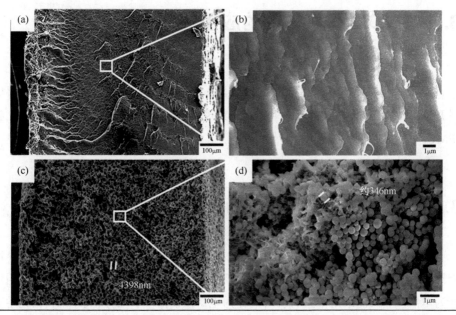

图 3-22　**PVDF 衍生物膜 IPMC 的 SEM 图片。（a）、（b）代表的是 PVDF 浇注膜截面及放大图，（c）、（d）代表的是 PVDF/PVDF-g-SSS/IL 相转移膜截面及放大图**

3.4.7　IPMC 机电响应的研究

常规 Nafion/H$_2$O 与 PVDF/PVDF-g-SSS/IL 膜 IPMC 在 3V，0.1Hz 频率交流电压的驱动下运动，PVDF/PVDF-g-SSS/IL IPMC 单侧弯曲角度最大达到 28.3°，低于常规 Nafion IPMC 的 58.3°；而从位移随时间稳定变化曲线中可以看出，PVDF/PVDF-g-SSS/IL IPMC 的最大位移为 7.03mm，低于常规 Nafion IPMC 的 12.95mm。位移输出小有两个原因：①PVDF-g-SSS 杂化膜的 IEC 低于 Nafion；

②电解质溶剂不同，IL 的黏度远大于 H$_2$O。PVDF/PVDF-*g*-SSS/IL 膜 IPMC 在空气中持续工作 2h，没有发现位移衰减；而 Nafion 膜 IPMC 仅持续工作 803s。因此，相对于常规的 Nafion/H$_2$O 膜 IPMC，PVDF/PVDF-*g*-SSS/IL 膜 IPMC 具有更为稳定的电驱动性能，且价格便宜（电极和基底膜均远低于前者），具有更大的商业应用空间。

3.5 PVDF 膜 IPMC 的应用

PVDF 膜 IPMC 可以在柔性电致动器、应力/应变传感器、电子肌肤等领域展开应用。由于价格远低于 Nafion，其规模化应用的可行性高于 Nafion 膜 IPMC。

3.5.1 PVDF 膜 IPMC 电驱动器

同 Nafion 膜一样，PVDF 膜 IPMC 可以用作柔性电驱动器。但与 Nafion 膜 IPMC 相比，PVDF 膜 IPMC 有着自身的特点。由于纯 PVDF 与水不兼容，它不能用水作为电解质，只能采用一些有机溶剂作为电解质。由于 IL 的蒸气压小，电化学稳定性好，IL 驱动的 PVDF 可以在空气下长时间工作。研究人员用 PVDF/IL 体系的 IPMC 作为聚合物隔膜泵的阀，数码相机内部调节光孔大小的叶片等。前期利用 PVDF/IL 体系的 IPMC 制作了除尘器。如图 3-23 所示，PVDF/IL 体系的 IPMC 偏转，将灰尘颗粒推开。但是，与其他 IL 驱动器一样，由于 IL 可以溶解在水中，PVDF/IL 体系的 IPMC 不能在水下机构应用。

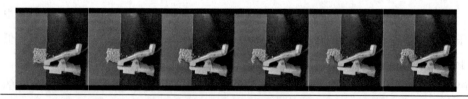

图 3-23 PVDF/IL 体系的 IPMC 除尘器。驱动电信号为电压 12V，0.2Hz 的正弦波

利用前期合成的多孔 PVDF/PVP 膜为基底膜，聚合物/石墨为电极，制作了水作为电解质的 IPMC 电驱动器。由于使用廉价的聚合物 PVDF 代替昂贵的 Nafion，使用石墨代替贵重金属，制备成本远低于常规 IPMC。为了能够稳定 IPMC 内部的溶剂，在聚合物电极两表面覆盖导电聚合物 PEDOT，进一步稳定 IPMC 的致动性能，然后利用 PEDOT 覆盖的 IPMC 制备仿飞蛾扑翼机构。如图 3-24，将制备的膜剪裁成型后，导入电信号。在施加 2.5V 方波信号下，双翅上下扑动的角度达到 90°，这与自然界飞蛾正常飞行时的扑动角度十分接近。

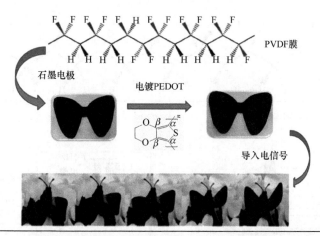

图 3-24　IPMC 人工飞蛾的制备流程图和扑动录像截图。**PVDF** 基底膜；石墨电极 **IPMC** 的电镀 **PEDOT** 前后实物图；人工飞蛾的一个完成致动中周期的录像截图

3.5.2　PVDF 膜应变传感器

无机压电材料具有较高的压电常数，但其制备过程需要很高的处理温度，以获得具有相同偶极取向的膜材料。PVDF 及其共聚物的晶体结构中具有相同的各向同性结构，产生了强的偶极取向，是良好的柔性压电材料。图 3-25 是 PVDF-TrFE 的晶体结构，呈现全反式构象，具有高的偶极矩。与 PVDF 相比，PVDF-TrFE 的结构中出现三氟乙烯结构单元，它的压电系数高于前体 PVDF。

图 3-26 显示了 PVDF-TrFE 传感器的应用[227]。在 PVDF-TrFE 膜两侧物理沉积金属（如金）电极，得到一个具有三层结构的电容器。当复合膜形变时，电容器上积累感应电荷，该电荷由电压或电荷放大器电路采集，经标定就获得了应力/应变传感器。传感机理如下：聚合物链上氢和氟原子的空间排列产生极化，极化的大小与

氢和氟原子之间距离成正比；当聚合物膜形变时，氢和氟原子之间的距离增加或减小，产生变化的偶极矩，对外产生电场。该类传感器可用于监控各种拉伸运动。此外，Razian 等[228]开发了一种带有压电聚合物的鞋内三轴压力传感器，用于诊断脚部疾病。基于 PVDF-TrFE 的传感器可同时测量脚下的垂直和水平剪切力。Kim 等[229]研究了用于微组装和微操纵的基于压电聚合物的敏化微夹持器。结合了 PVDF 的微型夹具在 1Hz 线性负载下具有 39.5mN/V 的分辨率，可提供可靠的力反馈，具有高灵敏度和高信噪比。基于 PVDF 的微抓取器传感器可用于测量微牛顿量级的抓取力。

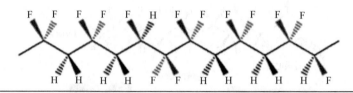

图 3-25 PVDF-TrFE 的晶型

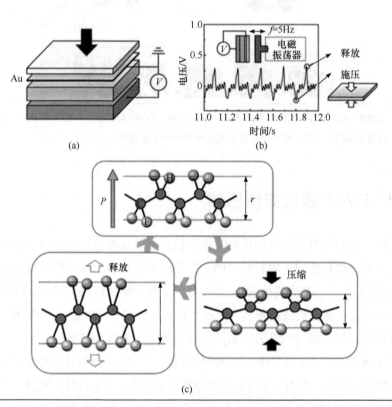

图 3-26 PVDF-TrFE 膜传感器。(a)基于 PVDF-TrFE 触觉传感器的示意图；(b)低频振动下，PVDF-TrFE 产生的电信号；(c) 分子尺度上，压电信号产生的示意图，P 为偶极矩，r 为氢和氟原子之间的距离

3.5.3　Nafion 膜应变传感器

Nafion 膜 IPMC 可以用作应力/应变传感器[227]。在 Nafion 聚合物两端固定电极，就得到了 IPMC 传感器。图 3-27 中，Nafion 的阴离子为磺酸根负离子，固定在 C—F 主链上，作为电平衡的阳离子与水分子形成水合阳离子，分布在负离子周围。在 Nafion 膜内部，由于相分离，存在许多可以供水合阳离子运动的内管道。受到外力发生弯曲时，负离子不能运动，水合阳离子迁移到形变大的电极一侧，从而产生电场，利用外电路把这个感应电场采集出，就得到了形变的感应信号，以此作为传感器使用。

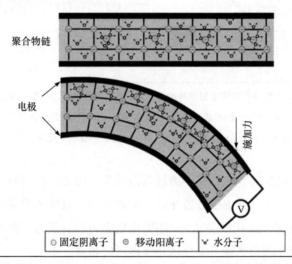

图 3-27　**Nafion 膜传感器的示意图。施加力导致 IPMC 弯曲，顶部会膨胀而底部会收缩，导致流动阳离子向顶部迁移，在电极之间产生电势差**

Mojarrad 等[230]和 Ferrara 等[231]测量了悬臂 IPMC 弯曲时输出电压与施加的尖端位移的关系，发现输出电压的大小和方向取决于强制引起的变形的大小和方向。Flemion 等合成的磺化芳香族离子交换聚合物，也可以用于 IPMC 传感和驱动。多种 Nafion 膜基 IPMC 传感器已经报道出来：触觉传感器，肌肉运动检测器，血压、脉搏和节奏传感器，人脊柱中的压力传感器。例如，Chau 等[232]提出了一种可以在假肢中感受应力/应变的 IPMC 传感器。如图 3-28（a），Nafion 膜 IPMC固定在一个位置上，受到步进电机产生的周期性振动撞击，其产生的感应信号如图 3-28（b）。利用这种方法，可以准确测量 IPMC 传感器的弯曲角和弯曲速率。

该技术的优点是传感器的结构简单，不需要外部电源或辅助设备机制，可以用于假肢控制。

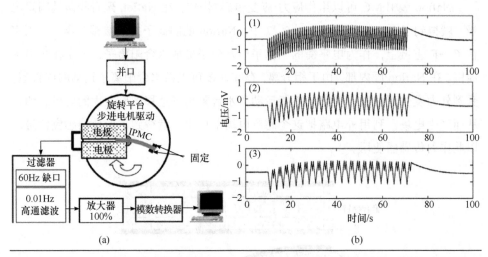

图 3-28　(a) Nafion 膜传感器采集谐振信号的示意图，谐振信号由步进电机提供，感应信号经过滤、放大，转化成数据；(b) IPMC 的感应信号，(1) 1Hz 下，90°角撞击产生的电信号，(2) 0.5Hz 下，90°角撞击产生的电信号，(3) 0.5Hz 下，90°和30°交替撞击产生的电信号

也可以根据电极的导电性变化测试弯曲角度。IPMC 弯曲时，电阻随着电极的膨胀和收缩而变化。当电极被拉伸时，电阻增加，电极压缩电阻减小。在施加力或应变的情况下弯曲 IPMC 时，一侧的电阻会增加，而另一侧的电阻会降低。采用四探针系统来测量电极，就可以计算出弯曲角度。

3.5.4　Nafion/PVDF 耦合应变传感器

Feng 等[233]提出了一种具有接触传感功能的柔性动态曲率传感器，其装置包括以下两个主要部分：①由多电极驱动器组成的 IPMC；②PVDF 集成振动（SAW）传感器，该传感器允许对与装置直接接触的各种弯曲目标进行曲率/接触检测。将 PVDF 黏合在 IPMC 表面，在 IPMC 的运动下，PVDF 传感器还可以待测物体进行扫描检测。当 IPMC 在 x、y、z 方向形变时，传感器就可以采集电压信号，形变的幅值越大，电压信号越高（图 3-29）。

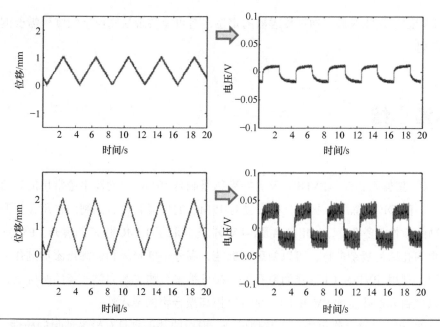

图 3-29　IPMC 的运动与传感器上采集的电压信号

Tan 等提出了一种新的 IPMC 驱动器集成传感器的实验方案，实现了弯曲位移输出和力输出的检测。在设计中将两片 PVDF 薄膜粘贴在 IPMC 梁的两侧以测量弯曲输出，而将两片 PVDF 薄膜夹在被动梁的末端连接在 IPMC 制动器上以测量末端驱动器所受的力[图 3-30（a）]。两种传感器所采用差分结构在消除馈通耦合、抑制由热漂移和电磁干扰引起的传感噪声、补偿非对称压电响应以及保持组合梁的结构稳定等方面都具有重要意义。方波驱动下，PVDF 传感器采集的信号与激光传感器弯曲位移高度一致，显示了一定的可信度[图 3-30（b）]。在 IPMC

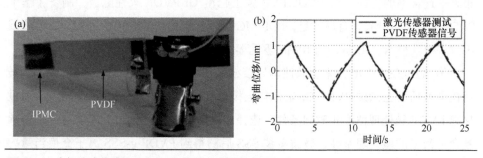

图 3-30　（a）集成传感器的实物图；（b）传感器信号的标定

的末端固定微注射器，通过传感器的定位，有可能实现生物医学领域所需要的精确注射。

本章小结

① 聚偏氟乙烯（PVDF）及其共聚物是制备 IPMC 驱动器中最常用的聚合物之一。PVDF 的晶型、极性、多孔度对 IPMC 的性能有显著的制约作用，提升聚合物的极性、多孔度，使用高含量β-PVDF 均有利于 IPMC 性能的提升。PVDF 多孔膜的孔结构复杂多样，可以使用无机盐、高分子低聚物和低沸点添加剂作为造孔剂。利用 PVP/NaClO$_2$ 作为造孔剂，在维持聚合物主体力学性能的基础上，既可以得到高多孔度的 PVDF 膜，也可以提高聚合物的亲水性。

② PVDF 聚合物链中引入其他成分，形成的共聚物具有较为理想的极性、含水量、离子导电性能，适合于制作 IPMC 电驱动器。通常将离子液体引入 PVDF 及其共聚物中能够极大地改善其驱动性能，同时将 PVDF 与其他聚合物共混来改善其力学性能、离子交换当量以及保水率也是提升 PVDF 基驱动器性能的重要手段。通过尝试 PVDF 与不同的聚合物共混，研究其与不同 PVDF 聚合物之间的相互作用以获得具有更好的驱动性能和更为低廉的驱动器将会是 PVDF 基 IPMC 未来的重要发展方向。

③ 以[EMIm][BF$_4$]为模板，制备了一种内管道增强的 PVDF/PVP 极性电解质复合膜。聚偏氟乙烯从非极性α相向极性β相和 3D 多孔结构的相变促进了内管道和离子迁移率的提高。在 PVDF/PVP 膜上包覆 Gr/PVDF 柔性电极，制备了基于 PVDF/PVP 的 IPMC。有趣的是，该 IPMC 可用于吸附[EMIm][BF$_4$]的 LiCl 溶液或 IL，从而获得水、IL 驱动的 IPMC 驱动器。

④ 通过在 PVDF 粉末上微波诱导接枝 SSS，并相转移方式制备电解质膜，最后在电解质膜上涂敷 PVDF/Gr 聚合物电极得到具有高性能的 IPMC 驱动器。通过探究 PVDF 碱处理浓度和时间条件，选择出碱醇浓度 1.2mol/L，时间 2h，获得烯基含量最多的碱处理条件，微波接枝 SSS 后测得到 PVDF-g-SSS 离子交换当量约为 0.65mmol/L，是商用 Nafion117 膜的 72.2%。

⑤ Nafion 膜 IPMC 在受到外力作用时，发生形变，水合阳离子在内管道中发

生迁移，在对应两个表面上产生电势差，以此作为形变传感器。Nafion 膜 IPMC 和 PVDF 膜 IPMC 受到外力时，其表面电阻会发生相应改变，以此作为形变传感器。同 Nafion 膜 IPMC 一样，PVDF 膜 IPMC 可以在柔性电驱动器展开应用。作为一种压电聚合物，在外力的作用下，PVDF 内部 C—F 和 C—H 键的键长发生改变，诱导偶极矩变化，以此在对应两个表面产生不同种电荷的积累，产生电场。外力越大，形变越大，产生的电场就越强。Nafion 膜 IPMC 电驱动器可以和 PVDF 膜 IPMC 传感器相互结合，制作特殊的集成型传感器。

第4章

其他聚合物膜
IPMC电驱动器

4.1　聚砜基 IPMC

　　非氟化烃聚合物被认为是一种性能可调、价格低廉的 Nafion 替代物。最近十年以来，科学家们已使用不同种类的磺化或羧化聚合物来制备 IPMC 促动器[234]。这些聚合物包括：磺化苯乙烯基聚合物[235]，磺化聚乙烯醇聚合物[236,237]，磺化聚（亚芳基醚砜）[238]，磺化聚醚酰亚胺[78]，磺化聚酰亚胺[239]，磺化聚（苯乙烯-马来酰亚胺）与 PVDF 的互穿网络（IPN）[238-241]，磺化聚（醚醚酮）（SPEEK）[200]，磺化辐射接枝的含氟聚合物[242]，磺化壳聚糖[193]和羧化聚合物[243,244]。

4.1.1　聚砜的结构与性能

　　聚砜（polysulfone，PSU）是分子主链上含有硫酰基的聚合物总称。目前，使用的聚砜均为分子主链上含有二苯砜结构的高聚物，按其化学结构不同聚砜主要分为双酚 A 型聚砜、聚芳砜和聚醚砜三种。其中，聚芳砜具有较高的极性、含水量，更适合于制作 IPMC 电驱动器。

　　聚芳砜的结构式为：

　　纯聚芳砜是一种带有琥珀色的坚硬透明固体，无气味，相对密度 1.36，吸水率 1.4%。力学性能好，伸缩、压缩强度可达 91MPa、126MPa。耐热性十分突出，T_g 高达 288℃，热变形温度高达 275℃，可在 260℃ 以下长期使用，在 310℃ 下短期使用，在 –240～260℃ 范围内均能保持结构强度。它的热分解温度高达 460℃。不溶于水，但可溶于强极性溶剂，如二甲基甲酰胺、丁内酯、N-甲基吡咯烷酮、二甲基亚砜等。

4.1.2　聚砜的磺酸化与 IPMC 应用

　　聚芳砜的芳环上面接枝磺酸根，得到磺化多砜（SPSU）。它具有良好的成膜性、柔韧性、热稳定性与离子交换性能，可用于水净化、生物传感器、IPMC电驱动器。

　　Tang等[245]制备了一系列具有不同磺化度的磺化聚砜（SPSU）膜，其目的是制造经济高效的IPMC驱动器。它们的机电行为可以通过调节SPSU离子交换膜的磺化度来控制。实验结果表明：SPSU膜的磺化度越高，其离子交换能力和吸水率越高，水合膜的质子电导率越高；与商用Nafion 117离子交换膜相比，SPSU膜具有更高的离子交换能力和吸水能力（图4-1）。此外，SPSU膜的较高的分子刚性使之在干态和湿态下均产生较高的拉伸模量，由此制成的IPMC驱动器表现出较大的应力输出、快速电机械响应和出色的抗疲劳性。

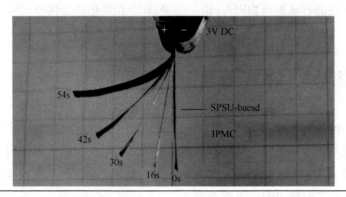

图4-1　SPSU膜IPMC的电致动录像截图

4.1.3　磺化聚砜（SPSU）和SPSU膜的制备

　　如图4-2，薛志刚等以氯磺酸作为磺化剂，0℃下氯仿溶剂中，将聚砜磺化为SPSU。分别制得磺化度分别为69.1%，94.1%，105.9%，111.6%的四种SPSU，分别命名为SPSU1，SPSU2，SPSU3和SPSU4[245]。将SPSU在60℃下溶解于N,N-二甲基乙酰胺（DMA）中以制成35%的均匀溶液，通过溶液流延法制备SPSU膜。

　　将SPSU膜通过化学镀方法（即浸渍-还原）制造电活性IPMC驱动器。电场激励下，IPMC发生弯曲[图4-3（a）]。当施加的直流电压小于2.0V时，IPMC驱动器的最大弯曲应变很小，并且随直流电压而逐渐增加。在施加的直流电压达到2.5V之后，这些驱动器会出现较大的弯曲。这些基于SPSU的IPMC驱动器的最大弯曲应变遵循以下顺序：SPSU4>SPSU3>SPSU2>SPSU1。其力输出的顺序同位移输出相同[图4-3（b）]。表明：磺化度越高，电驱动性能越好。

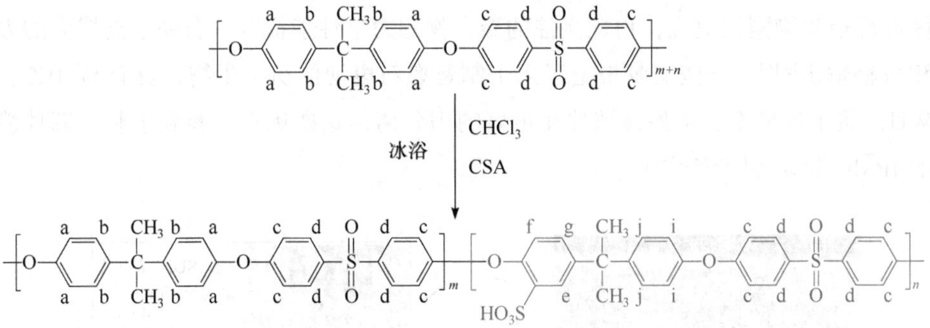

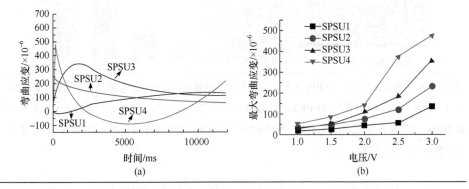

图 4-2　SPSU 的磺酸化反应方程式

图 4-3　SPSU 膜 IPMC 的位移（a）、力输出（b）

4.1.4　聚砜衍生物的磺酸化与 IPMC 应用

研究人员合成了芴嵌段的聚芳砜（DPF-*b*-PSU），然后利用氯磺酸在芴环上接枝磺酸基团，得磺化芴嵌段的聚芳砜（SDPF-*b*-PSU）。以之为 IPMC 的基底膜，电化学沉积金属 Pt 纳米电极，输入电信号，得 IPMC 电驱动器（图 4-4）。4.0V 电压，频率为 0.2Hz 的正弦波激励下，SDPF-*b*-PSU 膜 IPMC 的输出力为同等规格 Nafion 膜 IPMC 的 11 倍多[245]。

芴基聚砜具有良好的成膜能力，良好的柔韧性，高的化学和热稳定性，有可能替代 Nafion。相对于苯基聚砜衍生物，芴基聚砜总是具有更高的磺化度和更强的力学性能，因为：①芴环具有更多的共轭π电子，有利于氯磺酸的亲电子反应，因此有利于亲电取代反应的发生[246]；②芴衍生物总是具有更多的活性位点以结合磺酸基，因此可以嫁接更多的磺酸基团[247]；③芴分子的两个苯环与中心碳共面，因此芴衍生物刚性更高，由此浇注的聚合物的力学性能提升，有助于支撑大的力和位移输出[246]。一些文献报道了用于制备燃料电池的芴衍生物，具有高 IEC、WU、质子传导率、甲醇渗透性和更好的相分离，这些优点也有利于制备高性能的 IPMC 驱动器[216,248-250]。

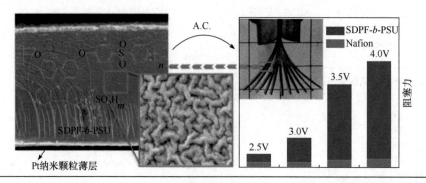

图 4-4 磺化芴接枝聚芳砜（SDPF-*b*-PSU）膜 IPMC 的结构、致动机理和致动性能比较。依次为：IPMC 的夹心结构 SEM 图片，SDPF-*b*-PSU 膜内部相分离的 SEM 图，SDPF-*b*-PSU 膜 IPMC 与 Nafion 膜 IPMC 的力输出比较。嵌入图片为 SDPF-*b*-PSU 膜 IPMC 的致动录像截图，驱动信号：4.0V 电压，频率为 0.2Hz 的正弦波

通过二氯二苯砜（DCDPS）和双（4-羟基苯基）芴（BHPF）之间的嵌段共缩聚反应，合成了一系列具有不同磺酸浓度的磺化二苯基芴嵌段的聚砜（SDPF-*b*-PSU）聚合物（图 4-5）。所得的 SDPF-*b*-PSU 表现出高的 WU，IEC，离子传导性，良好有序的相分离和适度的弹性模量，因此用于制造高性能和成本低廉的 IPMC 驱动器。

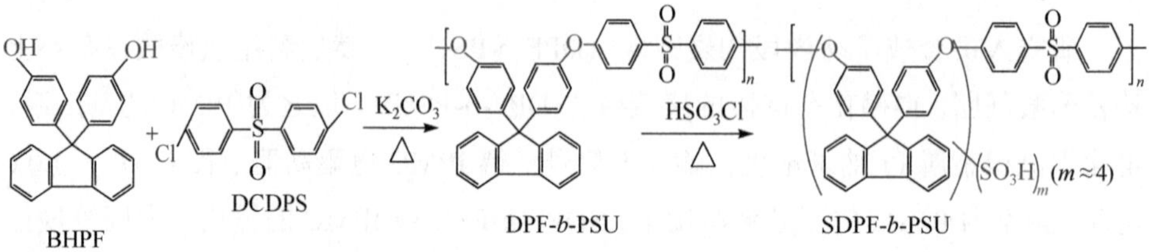

图 4-5 磺化芴接枝聚芳砜（SDPF-*b*-PSU）的合成路线

4.1.4.1　SDPF-*b*-PSU 的合成

DPF-*b*-PSU 的合成：将 25.0g 二氯二苯砜（DCDPS）（87mmol）和 13.8g K$_2$CO$_3$

置于含有 100mL 无水 DMSO 和 30mL 无水甲苯的圆底烧瓶中，在室温下搅拌 30min 以完全溶解。将 30.5g 的双（4-羟基苯基）芴（BHPF）（87mmol）加入混合物中，然后在 N$_2$ 下用冷凝器分离管回流，该过程在 150℃下持续 5h 以完全除去水。然后，除去反应器分离管，并将混合物在 180℃下连续反应过夜。将淡棕色混合物滴入甲醇溶液中以产生 DPF-b-PSU 的白色沉淀。将沉淀溶解于 10mL 的 1,2-二氯乙烷（DCE）溶液中，再次用甲醇分离。干燥后，得 34.17g 产品，产率约 87%。

SDPF-b-PSU 的合成：将 10.0g DPF-b-PSU 溶解在含有 80mL DCE 溶液的圆底烧瓶中，在 2h 内缓慢加入分散在 20mL DCE 溶液中的 0.5mL 氯磺酸（11.6mmol），使混合物反应 2h。将混合物滴入甲醇溶液中以产生 SDPF-b-PSU 的沉淀，并将该沉淀分别用 KOH（3%）和 HCl（5%）洗涤。该浅黄色产物命名为 SDPF-b-PSU-1，产率为 93%。为了提高磺化度，氯磺酸的含量增加到 1.0mL 和 1.5mL。重复磺化反应，从而分别得到 SDPF-b-PSU-2 和 SDPF-b-PSU-3 的产物。以氘代二甲基亚砜作为溶剂，利用核磁共振（Bruker Advance Ⅲ）表征聚合物。^{1}H NMR（500MHz，δ）峰：7.06ppm，7.12ppm，7.13ppm，7.24ppm，7.35ppm，7.43ppm，7.53ppm，7.68ppm，7.73ppm，7.90ppm，8.21ppm。

4.1.4.2　SDPF-b-PSU 离子交换膜的制备

将 0.5g 的 DPF-b-PSU 和 SDPF-b-PSU 完全溶解于 15mL DMSO 溶液中，将溶液分别倒入四个尺寸为 30mm×40mm×50mm 的自制 PDMS 容器，并置于 90℃的真空烘箱中连续除去溶剂。流延膜在 150℃退火 5min，然后在去离子水中煮沸以除去多余的 DMSO，它们的厚度分别为 212μm、214μm、221μm 和 227μm。将 12mL Nafion（5%）倒入前一容器中，浇注厚度为 225μm 的膜，作为对比。利用前述方法，测试复合膜的含水量、IEC、力学性能。

4.1.4.3　SDPF-b-PSU 膜 IPMC 的准备与性能评价

在 SDPF-b-PSU 膜和纯 Nafion 膜表面化学沉积金属 Pt 纳米电极，制备 IPMC。其电极和聚合物的形貌由场发射扫描显微镜（FESEM，LEO）观察，液氮冷断制样后，喷金，备用。电化学性能测试：上述 IPMC 的离子电导率检测利用 EIS 方法，在电化学工作站进行。为了获得离子电导率随时间的演变，在空气中连续收集 EIS，利用公式计算 IPMC 的相应离子电导率。利用 CV 法测试 IPMC 复合膜的电容性能。取出浸泡在氯化锂溶液中的 IPMC 膜，用吸水纸擦干表面的溶液。然后将 IPMC 膜用锋利的手术刀切割成长为 2.0cm，宽为 0.5cm 的矩形条，用自制的能导电的蝴蝶夹夹紧，接入化学工作站上，测试循环伏安曲线。每测试完一次，将膜取下重新放到氯化锂溶液中进行浸泡，以减小由于过度频繁使用对 IPMC 造成的伤害。分别对 IPMC-SPSU 以及 IPMC-Nafion 进行扫描电压在 0~0.5V 之间，不同扫描速度下的循环伏安测试。其扫描速度分别为：0.1V/s、0.2V/s、0.3V/s、0.4V/s、0.5V/s。

电驱动信号和位移输出测试如前所述。力传感器（FT，瑞士）用于收集力输出数据。由 LabVIEW 系统构建的自编程序用于驱动 NI 卡，从而捕获力传感器的信号。将尺寸 15mm×1.5mm 的悬臂 IPMC 条的一端对准在平衡位置下的力传感器的尖端，并且收集来自垂直方向一侧的力，并且最大值从顶部和底部之间的差计数，被定义为输出力。力传感器测试安装与采集的力-时间曲线见图 4-6。

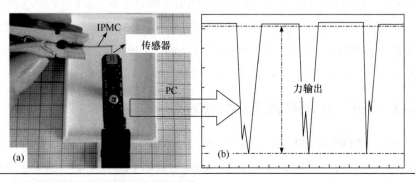

图 4-6　力传感器测试安装与采集的力-时间曲线

4.1.4.4　化学成分表征

用 FTIR 监测反应过程，得到曲线。对于 DCDPS，在 3097cm^{-1} 和 771cm^{-1} 处发现了两个特征振动峰。前者被认为是连接到 Cl—C≡C 的 C—H 键的伸缩振动，而后者属于 C—Cl 拉伸伸缩。对于 BHPF，一个主要特征峰显示在 3491cm^{-1}，属于 O—H 拉伸。在 DCDPS 和 BHPF 之间聚合后，这些特征振动峰消失，在 1249cm^{-1} 处出现了 Ar—O—Ar 的强吸收峰，表明共缩聚反应成功进行[23]。在 1152cm^{-1} 处的峰仍然存在，它们被指认为 O=S=O 的拉伸振动。磺化后，S=O 的对称伸缩峰出现在 1028cm^{-1}，其不对称伸缩峰出现在 1248cm^{-1}，拓宽了 O=S=O 的伸缩振动峰，表明磺化成功[44]。用 ^{1}H 核磁共振谱证实了 SDPF-b-PSU

的化学结构。与 DPF-*b*-PSU 的前驱体相比，DPF-*b*-PSU-3 的骨架信号（H1、H2、H4、H5、H7、H8）保持不变，表明聚合物骨架的完整性，而 H3 和 H6 的信号几乎消失，表明这些位置 H 原子被置换了，暗示了磺化反应的发生[250]。

GPC 测试结果表明，DPF-*b*-PSU 的分子量约为 $51.7×10^4$，重量分布较窄，其 M_w/M_n 等于 1.43（M_w 和 M_n 分别代表重均分子量和数均分子量）；而 SDPF-*b*-PSU-3 的 M_w 为 70.2KDa，其 M_w/M_n 等于 1.50。增加的 M_w 为 $18.5×10^4$，应来自接枝的磺酸基团，因此 SDPF-*b*-PSU-3 的磺酸浓度约为 35.8%。理论上，芴环上面可以接枝 4 个磺酸基团，重复单位（m）等于 4，在这种情况下磺酸浓度可能达到 49.2%。但随着磺化度的增加，所得到的聚合物链可能被磺化试剂切割，从而增加了 SDPF-*b*-PSU 组分水溶的可能性。因此，我们并没有继续增加磺化度。

4.1.4.5　热性能分析

图 4-7 比较了 SDPF-*b*-PSU 与 DPF-*b*-PSU 的热性能。DPF-*b*-PSU 显示两个阶段的质量损失，分别开始于 108℃和 381℃。前者与物理吸收水的损失有关，后者归因于芴环和聚砜单元的聚合物主链的分解。磺化后，由于磺酸基团的引入，一些新的失重过程发生在 204～381℃的温度范围内，可能来源于磺酸基团的分解。特别是对于 SDPF-*b*-PSU-3，有两个明显的质量损失阶段，可能与两个不同的磺酸基环境有关。由于磺酸基团可能吸附大量的水并形成更强的 H 键，在 108～201℃的温度范围内有大的质量损失。聚合物主链的分解发生在 381℃，这与 DPF-*b*-PSU 一致。在 590℃的温度，其中聚合物主链几乎完全分解，四个样品的质量保持分别为 58.7%，52.6%，51.6%和 45.5%。

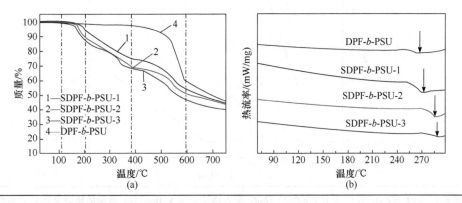

图 4-7　DPF-*b*-PSU 和 SDPF-*b*-PSU 的 TG（a）和 DTA 曲线（b）

图 4-7（b）记录了它们的 DSC 曲线。SDPF-*b*-PSU 具有高的玻璃化转变温度（T_g），这些数据为 272.2℃，284.1℃和 287.2℃，高于 DPF-*b*-PSU 在 267.3℃和 Nafion 在 217.0℃的 T_g。显然，T_g 随着磺酸浓度增加而升高，原因是极性磺酸基团的引入增加了分子间和分子内相互作用，并降低分子链段的迁移率。

4.1.4.6 IPMC 相关性能比较

由于极性磺酸基团与吸附的水分子形成了 H 键，SDPF-*b*-PSU 呈现出增加的 WU 值。表 4-1 详细记录了 PSU 膜 IPMC 相关参数。由于 DPF-*b*-PSU 中不存在离子交换基团，其平均 WU 接近于零。随着磺酸浓度的增加，SDPF-*b*-PSU 薄膜的平均 WU 值从 29.2%增加到 34.3%和 42.9%；相应地，各种基底膜由于吸水发生溶胀，它们的溶胀率分别为 24.3%、27.6%和 33.5%。平均 IEC 由 1.96mmol/g 增加到 1.96mmol/g 和 2.62mmol/g。与 Nafion 膜相比，SDPF-*b*-PSU-3 的平均 WU、溶胀率和平均 IEC 分别增加 2.19、2.82 和 3.45 倍。

图 4-8 记录了湿态的应力-应变曲线，其计算的屈服模量列于表 4-1。平均模量分别为 467.0MPa、308.0MPa、270.7MPa、223.4MPa 和 88.59MPa。显然，随着磺酸浓度的增加，聚合物的模量逐渐降低。这是因为亲水性磺酸基团吸附了大量的水，降低了 SDPF-*b*-PSU 薄膜的结晶度，从而提高了分子迁移率，使合成的薄膜更加灵活。相对于 Nafion 膜，SDPF-*b*-PSU 薄膜的模量要高得多，分别为 Nafion 膜的 5.27、3.48 和 2.52 倍。

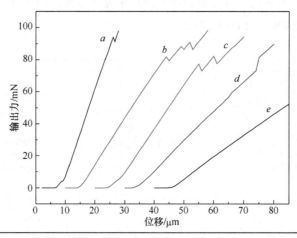

图 4-8 DPF-*b*-PSU（*a*），SDPF-*b*-PSU（*b-d*）和自浇注的纯 Nafion（*e*）薄膜的典型应力-应变曲线

表 4-1　各种基底膜的 IPMC 相关参数比较

薄膜	厚度（干态）/μm	厚度（湿态）/μm	溶胀率/%	平均 WU/%	平均 IEC/（mmol/g）	模量/MPa
DPF-b-PSU	212	212	0	0	0	467.0
SDPF-b-PSU-1	214	266	24.3	29.2	1.58	308.0
SDPF-b-PSU-2	221	282	27.6	34.3	1.96	270.7
SDPF-b-PSU-3	227	303	33.5	42.9	2.62	223.4
Nafion	225	252	11.9	19.6	0.76	88.59

4.1.4.7　IPMC 的形态特征

图 4-9（a）显示了 Pt 纳米颗粒夹心 SDPF-b-PSU 膜 IPMC 的横截面 SEM 形貌。它包括基体膜和电极层，总厚度约为 380μm。由于电导率的不同，电极和基体层表现出不同的颜色。为了研究基体层与电极片之间的相互作用，图 4-9（b）、（c）显示了不同放大率的详细界面形貌。在这里，Pt 纳米颗粒被深深地嵌入基体中，表明电极和基体膜之间的紧密连接。这种连接可以防止 Pt 纳米颗粒与 Nafion 表面的分离，并确保稳定的机电响应。电极片由两层组成：纯 Pt 纳米颗粒作为顶层，平均厚度为 3.7μm，Pt 纳米颗粒植入聚合物作为底层，厚度从 4.2～8.6μm 不等。铂纳米颗粒的植入将提高电子和离子电导率，降低界面欧姆接触电阻，提高 IPMC 的机电转换效率[15]。此外，不规则的裂缝和皱纹随机出现在表面，如图 4-9 所示。这可能是由 IPMC 在弯曲过程中的屈曲超过了 Pt 纳米颗粒层的屈服应变范围产生的电极疲劳所致。裂纹的存在对于 IPMC 的偏转很有必要，尽管裂纹可能具有严重的负面影响，因为深裂纹不可避免地导致水分子的泄漏。

图 4-9（d）显示了 SDPF-b-PSU 的典型塑性断裂形貌，断裂表面随机分布微小通道。这些通道是通过相分离形成的。根据 SDPF-b-PSU 的分子结构，线型芳香主链是刚性的和疏水的，形成非离子相的骨架；磺酸基的支链是非常亲水的，与吸附的水分子一起形成离子相的内通道[251]。有序相分离模式如图 4-9（e）所示。由于 IPMC 总是含有水，内部通道的宽度从 120～330nm 不等，明显大于先前报道的值[252]。这些连续的大通道为水合物阳离子的迁移提供了途径，也为储存水以维持水合物阳离子的迁移提供了空间。铂纳米颗粒的详细形貌如图 4-9（f）所示。理论上，Pt 纳米颗粒来源于 Pt（Ⅱ）阳离子在初级电镀过程中的还原，其 Pt（Ⅱ）阳离子为磺酸阴离子的抗衡阳离子。微小的 Pt 纳米粒子聚集在一起，形成纳米颗

粒电极，阻止内部水合物阳离子的迁移，由此产生"堰塞效应"，促使 IPMC 发生偏转。

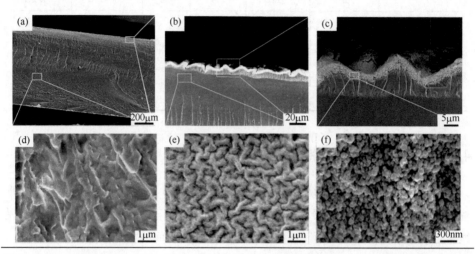

图 4-9　SEM 形态学表征。来自 SDPF-*b*-PSU-3 的 IPMC 的横截面轮廓（a）；Pt 电极和具有不同放大率的基质膜之间的界面连接（b）、（c）；聚合物形态（d）；相分离图案（e）；Pt 纳米晶粒形态（f）

4.1.4.8　循环伏安法（CV）测试 IPMC 的电容

IPMC 的三层夹心结构相当于一个双电层电容器（EDLC），利用循环伏安法可以衡量其电容的大小。电容高的 IPMC 储存电荷的能力强，其机电耦合的动力就充足。在 CV 扫描中，当电位移动到阴极时，活性物被还原，后半部电位移向阳极时，已经还原的物质又重新在阳极上被氧化，生成氧化波形。随着一次扫描的完成，会出现一个还原再氧化的循环过程。利用获得的 CV 图，通过计算，可近似得 IPMC 的电容值。当被测试的元件为理想元件时，电容为一个标准的矩形。

利用公式 $C_s = S/2mv\Delta U$（m 为活性物质的质量；ΔU 为工作电位窗口；S 为 CV 封闭曲线的积分面积；v 为扫描速度），得两个 IPMC 的比电容。结果显示：两种基体膜所制备的 IPMC 都有一个共同特性，即在同一电压范围下随着扫描速度的增加，电容值在不断增大；但 Nafion 膜 IPMC 的电容大于 SPSU 膜 IPMC，这是由于 SPSU 膜的离子电导率低于 Nafion 膜。

4.1.4.9　基于 SDPF-*b*-PSU 的 IPMC 驱动器的机电响应

图 4-10 显示了 SDPF-*b*-PSU-3 基底膜 IPMC 驱动器的机电响应。在电场的驱

动下，SDPF-*b*-PSU 膜内的水合 Li 离子从阳极迁移到阴极，这形成了水浓度梯度，导致 IPMC 向阳极弯曲。因此，IPMC 驱动器表现出了明显的电驱动响应，其左右偏转角之和的最大值为±71.0°。相对于纯 Nafion 薄膜，SDPF-*b*-PSU 薄膜具有较高的 WU、IEC 和磺化程度。因此，它内部应该具有高密度、大孔径、相互连接的内通道，促使水合 Li 离子的快速迁移。由于 SDPF-*b*-PSU 薄膜比 Nafion 薄膜具有更高的屈服模量，因此它们需要更高的驱动电压来驱动弯曲。从另外角度上，这提供了一种增加力和功率输出的机会，高的驱动电压产生大的力输出。

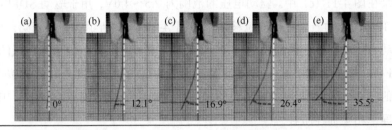

图 4-10　基于 SDPF-*b*-PSU-3 的 IPMC 驱动器在 1/4 周期内的驱动图像。在 4.0V 的电压下，通过频率为 0.2Hz 的正弦波驱动 IPMC

4.1.4.10　电化学和力学性能的比较

IPMC 的机电性能与其离子电导率密切相关。为了检测电导率，我们收集了 SDPF-*b*-PSU 和 Nafion 基 IPMC 的 EIS 谱。如图 4-11（a）所示，每条 EIS 曲线在高频范围内呈现相似的线性曲线。电化学电阻等于 *x* 轴处的截距。因此，它们的电化学电阻分别为 6.08Ω、4.26Ω、3.70Ω和 4.40Ω，相应的离子电导率的计数结果分别为 12.11mS/cm、17.51mS/cm、20.59mS/cm 和 16.10mS/cm。显然，随着磺酸浓度的增加，Li 的离子电导率增加，因为高的磺酸浓度导致水合阳离子和离子迁移的内通道增加。负的磺酸基与正 Li 离子之间存在很强的静电相互作用，导致 Li 离子在电场作用下从一个磺酸基迁移到另一个磺酸基。因此，高磺酸浓度也增加了 Li 离子的迁移速率。应该指出，相对于 Nafion 的质子电导率数据（数值变化范围为 70～180mS/cm）[130]，SDPF-*b*-PSU 的 Li 离子电导率较低，这是因为阳离子的水化体积不同，运动时受到的阻力不同。理论上，每个 Li 离子携带 1.5eq 水分子，而每个 H 离子只携带 0.6eq 水分子[129]。因此，以 Li 离子为电解质的 IPMC 比 H 离子具有更强的机电性能。

随着水的逐渐损失，Li 离子浓度增加，电导率暂时增加。一旦水含量降低到极限，并且不能支持 Li 离子的迁移，离子电导率迅速降低到零[253]。因此，所有的电导率曲线演变为初始缓慢增加，然后快速下降。2.5h 后，49.8%、52.7%、64.7%、14.5%的电导率损失了[图 4-11（b）]。由于低 WU，Nafion 的离子电导率下降得很快。这就是为什么基于 Nafion 的 IPMC 只能在空气中在 10min 内保持稳定的致动，机电性能的衰减源于水损。因此，离子电导率应该是评估 IPMC 机电性能的有效参数。

在评价 IPMC 的机电响应时，位移输出是一个重要的参数。典型的位移采集曲线记录在图 4-11（c）中。驱动电压的范围为 2.5～4.0V，用于驱动 SDPF-*b*-PSU 系列的 IPMC 驱动器。它们的位移结果如图 4-11（d）所示。结果表明：位移输出与驱动电压之间存在明显的相关性。在相同的驱动电压下，由于其较低的模量，与 SDPF-*b*-PSU 薄膜相比，Nafion 薄膜表现出更高的变形。此外，SDPF-*b*-PSU-3 膜比其他 SDPF-*b*-PSU 膜具有更高的位移，这可能是由其较高的 WU、IEC、Li 离子电导率和柔韧性所致。

力输出是评价机电性能的另一个重要参数。我们建立了一个力传感器检测系统来收集输出力。典型的力曲线列在图 4-11（e）中，数据如图 4-11（f）所示。

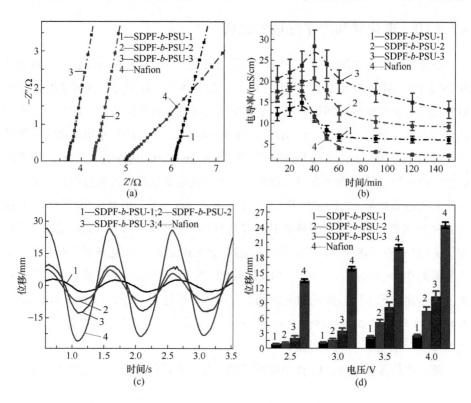

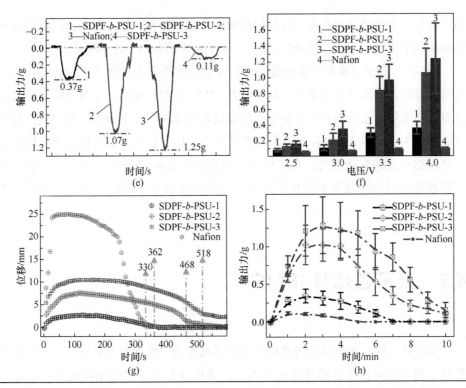

图 4-11　**IPMC** 的电化学和力学性能比较。通过使用 **LiCl**（**0.05mol/L，pH = 8.0**）作为电解质，**IPMC** 在高频范围的 **EIS** 曲线（**a**）；**Li** 离子电导率随时间的演变（**b**）；在 **4V** 驱动电压下的典型位移（**c**）和输出力曲线（**d**）；位移（**e**）和力输出（**f**）与驱动电压的关系；在 **4V** 驱动电压下，位移（**g**）和力（**h**）随时间的演变

与位移数据相似，输出力随驱动电压的增加而增大，特别是当驱动电压大于 3.0V 时，SDPF-*b*-PSU 驱动器对驱动电压表现出更大的灵敏度，随着输出力增加更为明显。在相同的驱动电压下，SDPF-*b*-PSU-3 的 IPMC 由于其高的 WU、IEC、离子电导率和力学性能，表现出最高的输出力。与 Nafion 膜 IPMC 相比，输出力增加 11 倍以上。

与 Nafion 相比，SDPF-*b*-PSU 膜 IPMC 驱动性能明显增加的另外一个证据来自连续的空气致动时间。随着空气中的连续驱动，Nafion 膜 IPMC 驱动器可以失去几乎所有的水，并随后停止功能[78]。图 4-11（g）记录了位移与时间的演变。在 4V 的驱动电压下，所有四条曲线都表现出初始上升，然后是相对稳定的位移输出，对应于驱动器的稳定工作时间。Nafion 的 IPMC 的有效驱动时间为 330s，而 SDPF-*b*-PSU-1、2 和 3 的有效驱动时间分别延长到 360s、470s 和 520s。图 4-11

(h) 记录了力与时间的演变，这与位移曲线有很好的相关性。这些曲线再次显示了增加的工作时间与增加的 WU, IEC, 离子电导率和力学性能相关。

结论：①离子交换膜磺酸浓度的增加可以增加基底膜的内通道，增加其密度，提高管道内部的离子交换速率，从而提高 IPMC 的机电响应。②离子电导率是评价 IPMC 电驱动性能的有价值参数，具有良好电化学性能的 IPMC 将产生良好的电驱动行为。③IPMC 的驱动力来源于其形变，从而使同一驱动器的力、位移输出表现出一致的驱动行为；对于具有不同力学性能的 IPMC 驱动器，力输出与位移输出之间存在竞争相关性，其中较高的模量总是导致较小的变形和较大的输出力。

4.2　聚苯乙烯基 IPMC

苯乙烯（PS）类塑料指的是以苯乙烯系聚合物（均聚物和共聚物）为基材的塑料。聚苯乙烯由苯乙烯单体聚合而成，通用 PS 为无色透明粒状物，密度为 1.05g/cm^3，无臭、无味、无毒。力学性能高，拉伸强度 40～50MPa, 弯曲强度 100～110Ma, 抗冲击强度 10～16kJ/m^2。因此，PS 为刚硬的脆性材料，在应力作用下表现为脆性断裂，脆化温度-30℃左右，玻璃化转变温度 80～105℃，分解温度 300℃以上。PS 塑料耐蚀性较好，耐溶剂性、耐氧化较差。在各种碱、盐及其水溶液，对低级醇类和某些酸类（如硫酸、磷酸、硼酸、10%～30%的盐酸、1%～25%的醋酸、1%～90%的甲酸）可以稳定存在，但是浓硝酸和其他氧化剂能使之破坏。通常发生的化学反应是 C—C 键的断裂和苯环的取代。

苯环位于乙烯链的侧链上，环上对位、邻位很容易接枝磺酸根，形成磺化聚苯乙烯（SPS）。SPS 具有强的离子交换能力，可以被用于 IPMC 的制备。由于苯环在 PS 中所占的比例较高，理论上其磺化度可以很高。假设每个苯环只在对位嫁接一个磺酸根，其理论的 IEC 可以达到 5.4mmol/g，远高于 Nafion 的 0.95mmol/g。若每个苯环的邻位也发生取代，则理论 IEC 可达 16.2mmol/g。目前，SPS 的应用多涉及质子交换（如燃料电池等）领域。由于具有类似 Nafion 的链状结构，也具有磺酸离子交换基团，一些学者也进行了 SPS 的 IPMC 研究。目前主要有三种方法制备 SPS 基底膜 IPMC。

4.2.1 纯 SPS 聚合物 IPMC[254]

Yoo 等利用纯的 SPS 作为基底膜，制备了 IPMC 电驱动器。他们发现：SPS 具有比 Nafion 更高的吸水量和 IEC，同种情况下，SPS-IPMC 和 Nafion-IPMC 的电流密度、位移、输出力分别为 810/456mA/cm²、44/23mm、2.76/1.51g。结论是 SPS-IPMC 比 Nafion-IPMC 具有更优的电致动性能（图 4-12）。

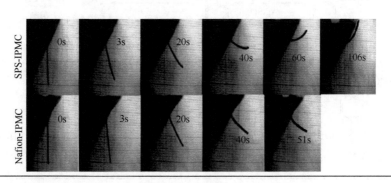

图 4-12 SPS-IPMC 和 Nafion-IPMC 的电致动性能比较

4.2.2 SPS 嵌段共聚物 IPMC

PS 刚性过大，制作的 IPMC 难以偏转。为了解决这些问题，常常在纯 SPS 中引入其他聚合物。将 PS 与其他聚合物共聚，生成 PS 嵌段的高聚物，这样降低聚合物的规整性，进而降低聚合物的力学性能。符合这类要求的聚合物可以是 SPS 的二元、三元共聚物。Oh 等[255]利用聚（苯乙烯-b-[乙烯/丁烯]-b-苯乙烯）作为基底膜，制备 IPMC 电驱动器。由于基底膜 SSEBS 太软，为了增加其力学性能，他们将碳纳米纤维（CNFS）均匀分散在 SSEBS 聚合物基体中。结果显示：加入 CNFS 的 IPMC 表现出更大的偏转角和更快的响应时间。

实际制备过程中，磺化度（DOS）难以控制。随着 DOS 的提高，线型的磺化聚苯乙烯具有较好的水溶性和醇溶性，而且 PS 的链段有可能被磺化剂切断，生成水溶性的 SPS，就不能用作 IPMC 的基底膜了。而且，纯 SPS 刚性太强，难以成膜。因此，我们实验室以聚苯乙烯和聚氢基硅氧烷（PMHS）为初始原料，经过磺化、酰化、氨基化、硅氢化反应制备出高分子聚合物（SPS-PMHS）。利用红外、紫外光谱监控了整个合成过程（图 4-13）。将 SPS-PMHS 掺杂在 Nafion 溶液中制备出含量为 33.3%的 IPMC 复合材料，进而制备杂化膜 IPMC 电驱动器。实验结果表明：杂化的 IPMC 薄膜的输出位移和纯 IPMC 薄膜相比有所降低，但非水工作时间是纯的 IPMC 薄膜的 2.7 倍[256]。

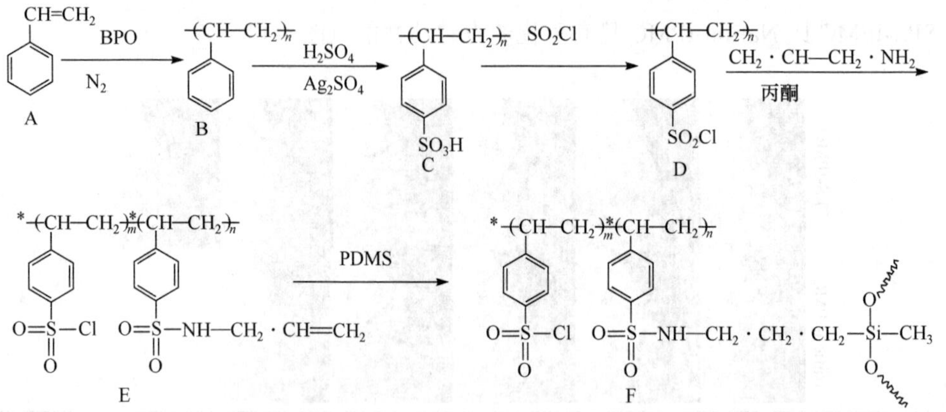

图 4-13 SPS-PMHS 的合成示意图

4.2.2.1 SPS-PMHS 的制备

SPS-PMHS 的制备过程分为四步。

① 聚苯乙烯的合成。用 5%的氢氧化钠洗涤除去苯乙烯中的阻聚剂，然后用蒸馏水洗涤至 pH = 7，加入适量的硫酸镁干燥数日，过滤，在 60℃下减压蒸馏即得到精制的苯乙烯，备用。量取 25mL 的甲苯和 25mL 的苯乙烯，加入单体质量为 1.0%的 BPO，氮气保护下在 80℃下聚合反应 5h。反应结束时加入乙醇沉淀聚苯乙烯，过滤、烘干，备用。

② 聚苯乙烯的磺酸化。将一定量的聚苯乙烯、浓硫酸、硫酸银在一定温度下于三口烧瓶中回流直至生成淡棕色的黏稠状液体为止，将磺化结束后的棕色黏稠液体倒入适量的冷水中，并不断搅拌直至全部溶解，形成均相的棕色液体，然后将其置于冰箱中冷却，即可实现 SPS 的初步分离。用少量的水搅拌溶解凝胶状的 SPS,然后将溶液装入半透膜中进行渗析,直至外部的 pH = 7 为止。低温蒸发除去大部分的水。然后置于真空干燥箱中干燥 24h，即得到棕色的 SPS 固体。

③ 聚苯乙烯的磺酰化。将 3.0g SPS 溶解在 10mL 的水中，加入 3mL 的吡啶（Py）于室温下搅拌 24h,然后用少量的无水乙醚分三次萃取过量的 Py，将滤液置于烘箱中干燥即可得到磺酸吡啶盐（PS-SO₃Py）。在三口烧瓶中加入 3.0g 聚苯乙烯磺酸吡啶盐和 20.00mL 的亚硫酰氯，于 70℃ 的条件下回流过夜，反应结束以后用氮气将多余的亚硫酰氯吹干，得 PS-SOCl₂ 样品备用。

④ 聚苯乙烯的烯基化。将 0.7000g PS-SOCl₂, 0.1020g 烯丙胺（AA）, 0.1827g 三乙胺溶解在 30mL 的丙酮中，于 0℃ 搅拌反应 6h。静置过滤，即得到 PS-烯丙胺。大量没参与反应的 SOCl₂ 基团利用水解转化为磺酸基团，即 PS-AA 转变成 SPS-AA。

⑤ 聚苯乙烯的链增长。将 SPS-AA 置于单口烧瓶中，加入少量的聚甲基氢硅烷（PMHS）、四氢呋喃和 Pt 络合物催化剂（约 0.3%）。于室温的条件下反应 12h,即得到所需的目标产物 SPS-PMHS。

4.2.2.2 SPS 的磺化度

由于温度、反应时间、硫酸用量，都会对 DOS 产生一定的影响，故而实验考察了上述三个条件对磺化度的影响。

利用滴定法对前边合成 SPS 的 DOS 进行标定。准确称量一定质量（记为 m）的磺化的聚苯乙烯置于三个分别标号的锥形瓶中，然后加入适量的水使之充分溶解。用标定的 NaOH 溶液平行三次标定，酚酞作指示剂，记录每次所消耗的 NaOH 溶液的体积 V_3。DOS 的计算公式如下：

$$A\% = \frac{V_3 C_2}{V_3 C_2 + \dfrac{m - V_3 C_2 M_1}{M_2}} \times 100\%$$

式中，$A\%$ 为磺化度（摩尔分数）；V_3 为消耗氢氧化钠的体积，mL；C_2 为氢氧化钠的摩尔浓度，mol/L；m 为 SPS 的质量，g；M_1 为磺化聚苯乙烯的链节的分子量，184.23g/mol；M_2 为聚苯乙烯的链节的分子量，104.15g/mol。

从表 4-2 中可以看出：在上述的条件下制备出具有较高磺化度（87%）的线型聚苯乙烯，其离子交换当量是 Nafion 的 5.4 倍。由于磺化度较高的聚苯乙烯具有较好的水溶性，故而我们将一部分的离子交换当量消耗，从而降低磺化聚苯乙烯的水溶性。

表 4-2　聚苯乙烯磺酸的 DOS 和离子交换当量

SPS 的质量 m/g	消耗 NaOH 的体积 V /×10⁻³mL	磺酸基的含量 /mmol	离子交换当量 IEC / (mmol/g)	磺化度 /%
0.627	31.96	0.31	4.9	86.91
0.584	29.88	0.29	5.0	87.36
0.626	32.12	0.32	5.0	87.77

我们分别改变反应温度、反应时间、原料配比研究 DOS。图 4-14（a）是温度对 DOS 的影响曲线。DOS 随着反应的温度的升高而逐渐增大，在 50℃出现最大值，然后随着温度的升高 DOS 却呈现减小的趋势。单纯从温度的角度来讲，磺化温度越高越好，但温度过高，容易使整个反应发生副反应。另外，温度过高使硫酸的氧化性增强，会使聚苯乙烯的碳链断裂或者使聚苯乙烯炭化。综上所述，温度控制在 50℃对整个反应是最为有利的。图 4-14（b）是反应时间对 DOS 的影响曲线。随着反应时间的增加，磺化度明显增加，在 120min 磺化度达到 85%左右，磺化反应基本上结束。如果反应时间过短的话，磺化度较低；反应时间过长，会使副反应增加，从而影响磺化度。当产物的 DOS 增加到一定的程度时，产物的水溶性增加，可以分散在硫酸中使反应继续进行，从而在较短的时间内得到较多的线型磺化聚苯乙烯。图 4-14（c）是硫酸/PS 对磺化度影响的曲线。随着硫酸/PS 的增大，DOS 增加。分析原因：硫酸/PS 的增大，有利于 PS 在硫酸中的分散，相当于增加了反应的接触面积；另外，磺化反应是逆反应，增加硫酸的用量会使反应向正反应方向进行，磺化反应的一个生成物是水，硫酸的增加可以降低水的含量，也可以促进反应正向进行。当硫酸/PS 超过 14 时，磺化度反而下降。另外，硫酸用量太高，反应温度太高，会将 PS 链切断，太高的 DOS 也会导致产物水溶性高，不利于制备水驱动的 IPMC。综上所述：在 50℃条件下，硫酸/PS 为 14，反应时间为 120min 可以得到较高 DOS 的线型磺化聚苯乙烯。

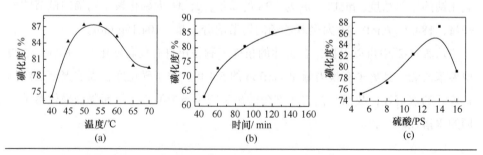

图 4-14　DOS 制约参数。(a) 反应温度；(b) 反应时间；(c) 硫酸/PS

4.2.2.3 输出位移的测试结果和分析

利用激光位移传感器分别测试了空白Nafion膜IPMC和SPS-PMHS含量为33.3%的 Nafion 膜 IPMC 输出位移。结果表明：0.1Hz，2.0V、2.5V、3.0V 电压驱动下，它们的输出位移分别是 0.62mm、3.26mm、7.85mm 和 3.20mm、4.97mm、7.86mm；位移衰减到 0.5mm 时所需的时间分别为 14.1min、4.9min、3.2min 和 32.8min、13.2min、11.9min，表明 SPS 衍生物的掺杂可提升 Nafion 膜 IPMC 的电致动性能。原因：SPS 的 IEC 是 Nafion 的 5.4 倍，掺杂 33.3% SPS 衍生物的 Nafion 杂化膜的 IEC 高于纯 Nafion 膜；SPS 衍生物中存在大量的—SO₃H，而—SO₃H 是亲水性基团，能和水分子形成氢键，储存更多的水溶剂，有利于维持杂化驱动器的稳定工作。

4.2.3 SPS 接枝共聚物 IPMC

Jho 课题组和 Gürsel 课题组分别制备了 SPS 接枝的 PVDF 膜，并用它作为基底膜，制备了 IPMC 电驱动器。两个课题组分别利用 ^{60}Co 作为辐射源，在 100kGy 总辐照剂量下将 PVDF 活化，然后置于含有 SPS 的 DMSO 溶液中接枝 SPS，就得到了 PVDF-SPS 聚合物[257,258]。嫁接率高的聚合物表现出了最优的 IEC、WU 和质子电导率性能，测试结果分别为 1mmol/g、62%和 82S/cm。图 4-15 列出了直流电场下，PVDF-SPS 的弯曲录像截图。结果显示：直流电场下，随着驱动时间的增加，PVDF-SPS 膜 IPMC 驱动器的弯曲应变和曲率连续增大，没有显现出 Nafion 膜 IPMC 的反向松

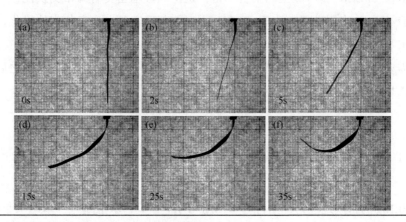

图 4-15　直流电场下，PVDF-SPS 的弯曲录像截图

弛现象。恒定 4V、35s 后，IPMC 的弯曲角度为 136°。交流电场的驱动性能结果表明：PVDF-SPS 膜 IPMC 表现出了理想的位移输出，随着频率的降低，位移输出增加。

4.3　聚醚酮基 IPMC

以醚键和酮键连接的苯环构成大分子链的聚合物，统称为聚芳醚酮（PAEK），又称聚醚酮类塑料。目前工业化的有聚醚醚酮（poly ether ether ketone，PEEK）、聚醚酮（PEK）、聚醚酮酮（PEKK）、酚酞型聚醚酮等品种。PEEK 的分子结构如下：

$$\left[\!\!\left[O \!-\!\! \bigcirc \!-\!\! O \!-\!\! \bigcirc \!-\!\! \overset{\text{O}}{\underset{}{C}} \!-\!\! \bigcirc \right]\!\!\right]_n$$

PEEK 是由苯环、醚键和酮基相互连接组成的线型高分子化合物，分子链上含有大量的苯环，由二个苯环与酮基形成的二苯酮以及苯环构成了大分子链的刚性结构，而醚键又提供了大分子的柔性，因此它的分子链呈现出刚柔兼备的特点。由于它的分子链规整且有一定的柔顺性，因而可以结晶，最大结晶度达 48%，一般结晶度也可达到 35%。PEEK 具有较高的力学强度，在室温下的拉伸强度 103MPa，伸长率 150%，弯曲强度 170MPa，无缺口试样冲不断，缺口冲击强度 41J/m。PEEK 具有十分优异的耐热性能，它的 T_g 为 143℃，T_m 为 334℃，最高连续使用温度可达 240℃。

将 PEEK 磺化可以得到磺化聚醚醚酮[sulfonated poly（ether ether ketone），SPEEK]。SPEEK 具有线型的聚合物链，链上磺酸基团具有离子交换能力，可用于制造 IPMC 电驱动器。由于 PEEK 上面的苯环容易发生多位点的磺化，产品 SPEEK 具有高的磺化度，水溶性高。为了得到可以在水相稳定存在的离子交换膜，常常需要使用一些聚合物如 PVDF，将它与 SPEEK 混合在一起，共结晶之后得到可在水相稳定存在的离子交换膜。

4.3.1　磺化聚醚醚酮的制备

PEEK 的合成过程为：先将对苯二酚和 4,4-二氟二苯甲酮与二苯砜一起搅拌，加热至 180℃后在氮气保护下加入等摩尔比的无水碳酸钠，使温度上升至 200℃保温 1h，再上升至 250℃保温 15min，最后升温至 320℃保温 2.5h。然后冷却反应物，经粉碎、过筛、洗涤、干燥后，得到 PEEK。

Oh 课题组在 65℃下，将干燥后 PEEK 溶解于浓硫酸，得到 SPEEK；然后溶解在 DMAC 中，加入 PVDF 共结晶，得到 PVDF/SPEEK 复合膜；最后在复合膜两表面嵌入 Pt 纳米颗粒电极，得到 PVDF/SPEEK 复合膜的 IPMC 电驱动器[13]。因为 PVDF 并不具备离子交换功能，复合膜 IPMC 的贡献来自 SPEEK。由于 SPEEK 的磺化度高，经 PVDF 稀释后，复合膜的 IEC 还可以处于 2.1～2.3mmol/g 之间，比纯的 Nafion 还要高，因此可以用作 IPMC。

4.3.2 磺化聚醚醚酮膜 IPMC

Tas 等[259]利用冠醚嵌段的磺化聚芳醚酮（SPAEK）制备了 IPMC 电驱动器，展现出了一定的致动行为。Rouaix 等[260]降低了磺化的温度，得到了可在水相稳定存在的 SPEEK。由 SPEEK 制备的离子交换膜的 IEC 处于 1.5～1.95mmol/g 之间，可以直接用来制备 IPMC 电驱动器。在交流电（3V，1Hz）下，SPEEK 驱动器的弯曲角度甚至高于 Nafion 膜 IPMC 驱动器。施加直流电压后，SPEEK 驱动器的悬臂带向阳极侧弯曲。随着时间的增加，弯曲变形的程度连续增加。当持续施加直流电压的时间达到 35s 时，SPEEK 驱动器的弯曲角度超过 90°（图 4-16）。整个过程没有出现 Nafion 膜 IPMC 的反向松弛，展现出了良好的应用前景。

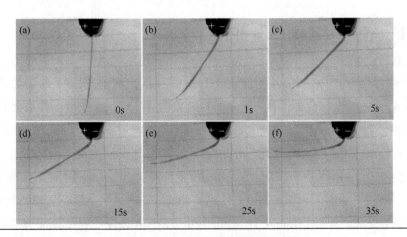

图 4-16　在 3V 直流电压下，SPEEK 膜 IPMC 电驱动器的连续致动照片

4.4 聚乙烯醇基 IPMC

聚乙烯醇（PVA）是由醋酸乙烯经醇解反应聚合而制成，是一种白色、粉状、安全、无毒的水溶性高分子聚合物。PVA 有严格的线型结构，又因分子链上具有大量的羟基，分子之间存在的大量的氢键使其有足够的热稳定性。PVA 是唯一可被细菌作为碳源和能源利用的乙烯基聚合物，在细菌和酶的作用下，46d 可降解75%，属于一种生物可降解高分子材料，可由非石油路线大规模生产，价格低廉，其耐油、耐溶剂及气体阻隔性能出众，在食品、药品包装方面具有独特优势。

水是聚乙烯醇良好的溶剂，PVA 在常温下能快速溶解于水中，形成稳定胶体，常用流延成膜的方法制备薄膜。PVA 薄膜柔韧平滑、耐油、耐溶剂、耐磨耗，气体阻透性好，经特殊处理具有耐水性。膜的性质受聚合度和醇解度影响，其聚合度越高，成膜后的强度及黏结性也会越强。

PVA 交联反应的主要类型为酯化反应。通常与其交联试剂为丁二酸、己二酸、磺酸化琥珀酸（SSA）。以与 SSA 交联为例，随着 SSA 交联量的增加，磺化的聚乙烯醇（SPVA）在温度为 25～50℃内的吸水量大约从 10%（质量分数）很快增加到 80%，质子电导率从 10^{-23}S/cm 增加到 10^{-3}S/cm，甲醇的渗透率从 10^{-7}cm^2/s增加到 10^{-6}cm^2/s。由于 SPVA 展现出较 Nafion 高的含水量、与 Nafion 相近的质子电导率，因此 SPVA 膜可以用于制备新型廉价 IPMC 聚合物电驱动器。

4.4.1 磺化聚乙烯醇基 IPMC

Yoo 等利用 PVA 与 SSA 和乙氧基哌嗪丙磺酸（EPPS）反应，将磺酸基团引入 PVA 分子链上，获得了具有离子交换能力的 PVA 衍生物膜，并以之制备了IPMC 驱动器。制备技术：将 PVA 溶于去离子水中，在 80℃ 下回流搅拌 3h，得到 10%（质量分数，下同）的均匀 PVA 溶液。将 PVA 溶液与 SSA（0～30%）混合均匀或再加入 EPPS（0～20%），并使用磁性搅拌器搅拌，直到在室温下得到均匀的溶液。然后将溶液倒入聚四氟乙烯模具，在 40℃ 下干燥 48h，然后在 120℃ 下退火1.5h，诱导交联。浸泡在 1mol/L HCl 水溶液中去除膜中未反应的添加剂，然后干燥，得到均匀的 PVA/SSA 和 PVA/SSA/EPPS 膜。以上述实验得到的 SPVA 膜为基础，采用化学镀铂的方法制备电极，得到基于 SPVA 膜的 IPMC，并进行致动性能测试。

SPVA 膜 IPMC 在 3V（0.1Hz）方波电信号输入下，由于电致动响应缓慢，导致尖端位移响应稍微滞后。尽管 SPVA 基 IPMC 在直流电压下的最大位移与 Nafion 基 IPMC 相似，但交流电信号下，离子迁移造成响应电流的滞后，会使得 SPVA 基 IPMC 在高频电信号下致动位移受限。除此之外，SPVA 基 IPMC 的驱动性能也随着驱动时间的变化而变化，工作时间最短的只有几分钟，整体上没有 Nafion 膜 IPMC 的驱动性能稳定。原因：SPVA 构象稳定性较低，SPVA 膜 IPMC 的离子导电性容易发生衰减，导致所制备的 IPMC 表现出缓慢的变形响应、较短的使用寿命。

4.4.2　磺化聚乙烯醇杂化膜 IPMC

Khan 等[261]使用磺化聚乙烯醇、氧化铝和氧化石墨烯（GO）掺杂在一起，浇注了磺化聚乙烯醇/铝/石墨烯（SPVA-Al-GO）杂化膜，然后用化学还原法制备了铂纳米颗粒电极。这种基于 PVA 的 IPMC 复合膜，它可以替代昂贵的、环境不友好的全氟聚合物，它具有理想的力学性能和良好的驱动性能。

制备技术：在 75mL 水中溶解 3g PVA，然后在 60℃下搅拌 6h 来制备 PVA 溶液。对于均匀的 PVA 溶液的磺化，向该 PVA 溶液中添加 3mL 的 4-磺基苯甲酸，在 60℃下恒定搅拌 15h，再添加 0.5g Al_2O_3 粉末，然后添加 10mL GO 悬浮液，并在 45℃下连续混合 3h。最后将 SPVA、Al_2O_3 和 GO 的均匀混合溶液分散在 4 个用滤纸固定的培养皿中，放置在 45℃恒温烤箱中，使薄膜完全交联。通过化学镀铂法制备 IPMC 电极，还原剂为 $NaBH_4$，Pt 源为 $Pt(NH_3)_4Cl_2$。

在施加电压（0～3.5V 直流电压）后，随着电压的增加偏转角不断增加。IPMC 的尖端最大偏转位移为 19mm，与常规 Nafion 膜 IPMC 相当。随着控制器频率的增加，IPMC 的驱动时间缩短，稳定性降低，没有 Nafion 膜 IPMC 的驱动性能稳定。

本章小结

① 聚砜膜 IPMC 电驱动器。通过二氯二苯砜和双（4-羟基苯基）芴的缩聚，

制备了具有不同磺酸度的一系列磺化芴封端的聚砜（SDPF-*b*-PSU）。SDPF-*b*-PSU膜表现出更好的 IPMC 相关性能，相对于 Nafion，具有 2.19 倍的水吸收，3.45 倍的离子交换容量，2.52 倍的弹性模量和 1.28 倍的离子电导率。SDPF-*b*-PSU 驱动器显示出高的力输出，在空气中长时间稳定工作。在 4V 的驱动电压下，其阻挡力甚至为相同尺寸的 Nafion 驱动器的 11 倍以上。

② 聚苯乙烯膜 IPMC 电驱动器。磺化聚苯乙烯可以作为 IPMC 的基底膜使用。主要有三种情况：磺化聚苯乙烯膜，嵌段磺化聚苯乙烯膜，接枝磺化聚苯乙烯膜。磺化聚苯乙烯的磺化度可达 87.37%；离子交换当量达 5.016mmol/g，是 Nafion 的5.4 倍。

③ 聚乙烯醇、聚醚醚酮膜 IPMC 电驱动器。磺化聚乙烯醇和磺化聚醚醚酮具有高的磺化度，可用来制备 IPMC，但需要控制其磺化度。

第5章

其他类型的离子型
电活性聚合物

5.1 导电聚合物基驱动器

同 IPMC 一样，导电聚合物（conductive polymer，CP）是一类离子型 EAP，它具有大的应变、高的可逆性、良好的安全性能以及低的驱动电压等优点。与 IPMC 相比，CP 可以更小的电压（通常为 1～3V）驱动，并同时提供较大的应变范围（0.5%～12%）（表 5-1）。而且，CP 驱动器在直流和交流电压驱动下均不显示 IPMC 常见的反向松弛效应。文献调研表明：CP 的研究早于 IPMC，但 CP 驱动器对聚合物构象、电解液成分存在大的依赖性，导致其电机转化效率低（小于 1%）和重复性差，限制了 CP 的商业化。

基底膜的选择对 CP 驱动器的影响巨大。目前，可以作为 CP 驱动器基底膜的材料主要有聚乙炔（PA）、聚苯胺（PAN）、聚吡咯（PPy）和聚（3,4-乙烯二氧噻吩）（PEDOT）四种。其中，PPy 和 PEDOT 是最为常用的基底膜。PPy 膜的优点是制备工艺多样，可形成多孔的凝胶膜，PPy 膜 CP 驱动器具有高的应力输出，缺点是膜的刚性高，电导率低，离子扩散速率低，且存在过氧化的危险。PEDOT 因其高稳定性和可调的电导率而被广泛研究。掺杂状态下的 PEDOT 的电导率比 PPy 高一个数量级。此外，高度稳定的氧化态使其即使在高温下也能维持几个月的导电性，因此将大大提高驱动器的循环稳定性，这使其成为驱动器电极材料的绝佳选择。对 PPy 和 PEDOT 进行适当的掺杂或改性，可有效提高基底膜的力学、电学性能，有利于提升 CP 驱动器的电致动性能，进而开发出符合人们需要的驱动器。

表 5-1　CP 与 IPMC 的驱动相关性能比较

性能	CP	IPMC
驱动电压/V	0.1～2	3～6
响应速度	μs-min	ms-min
偏转位移	>15%，抗疲劳	>10%，抗疲劳
压强/MPa	6～20	>0.1
柔韧性	弹性好，易恢复	弹性好，易恢复
应变/%	0.5～45	>40
效率/%	>20	>30

5.1.1 导电聚合物概述

CP 又称本征导电聚合物，聚合物主链是由单、双链依次交替链接组成，形成了大的共轭π体系。当高分子结构具有延长的共轭双键时，部分离域π键电子将脱离中心原子的束缚，沿着聚合链自由移动，可移动的电子离开后，初始位置形成空穴，从而使电子以及形成的空穴在聚合长链上实现位置的移动，实现导电。典型的 CP 包括聚乙炔（PA）、聚苯胺（PAn）、聚吡咯（PPy）、聚噻吩（PTh）及其衍生物（图 5-1）。

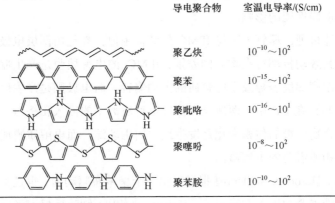

	导电聚合物	室温电导率/(S/cm)
	聚乙炔	$10^{-10} \sim 10^2$
	聚苯	$10^{-15} \sim 10^2$
	聚吡咯	$10^{-16} \sim 10^1$
	聚噻吩	$10^{-8} \sim 10^2$
	聚苯胺	$10^{-10} \sim 10^2$

图 5-1　几种常见导电聚合物的化学结构

对于本征导电聚合物，其分子结构上的π电子通常被固定在一定的区域内，电荷载流子必须克服带隙能垒才能实现离域和导电[264]。在掺杂的过程中，聚合物和掺杂剂之间存在一定的电子交换，导致聚合物中导带与价带的能级发生变化，可以缩小带隙能级，有利于π电子在整个分子链上流动。掺杂有 2 种：n 型掺杂之后，电子参与导电；p 型掺杂之后，空穴参与导电。通过电化学掺杂，聚合物的电导率可以大幅度获得提升，增加几个数量级，甚至十几个能级。例如：聚乙炔经 I$_2$ 掺杂后，电导率从 10^{-6} S/cm 增加到 10^3 S/cm，增加了 9 个数量级。掺杂后，电荷的转移过程还伴随着抗衡阴（或阳）离子的嵌入和聚合物构象变化，从宏观上产生体积变化，为 CP 膜驱动器的机械变形提供了物质基础。

5.1.2 导电聚合物驱动器的材料基础和致动机理

基于 CP 的电化学驱动器，通常由两个电活性电极和一个储存离子电解质膜组成。在发生电化学过程中，一个电极的氧化与另外一个电极的还原同时发生。导致聚合物一侧膨胀，一侧收缩，整个薄膜就发生弯曲变形。Baughman 等[263]首先提出了导电聚合物驱动器，该团队探索了 CP 的电化学-机械转换机制，预测了驱动器的驱动性能。他们认为：CP 驱动器可产生 10%的应变和 460MPa 的有效应力，展示了巨大的应用前景。同时，该团队也提出了聚合物氧化或还原产生变形的两种主要机制：①聚合物的构象变化；②离子和分子的嵌入或嵌出。在此基础上，Kaneto 等[264]提出了第三种机制：链间静电斥力的变化。这些机制很大程度上阐述了 CP 驱动器的工作机理，解释了聚合物电极和电解质膜、掺杂离子、电解质等对驱动器性能的影响。

依据上述机理，尽管 CP 与 IPMC 的结构相似，都是由两层电极夹心电解质膜而成，但其致动机理存在本质的差别：IPMC 的电解质膜是产生偏转的根源，水合离子的浓度梯度差导致了电解质的主动偏转，而电极则是产生束缚效应，阻止 IPMC 偏转；在 CP 中，两侧电极依靠电解质离子的嵌入和挤出，发生膨胀和收缩，故聚合物电极的体积变化是发生运动的主动源，而电解质膜通常是提供力学性能支撑和所需要的电解质离子。

1993 年，Herod 和 Schlenoff 报道了第一个聚苯胺驱动器，也是第一个线性驱动器，由两端夹紧的聚苯胺膜组成。Kaneto 小组[264,265]随后报道了一些双层和线性聚苯胺驱动器。Pei 等[266,267]也是较早开展这方面研究的科学家，提出来利用聚吡咯（PPy）的还原产生形变来制作 CP 驱动器。

5.1.2.1 聚乙炔

聚乙炔（PA）作为基本的导电聚合物，掺杂之后不仅导电性能升高，由绝缘体变为半导体或导体，而且体积也会发生微小的变化。X 射线衍射测量表明掺杂了锂、钠或钾的聚乙炔的链长增加了 1.0%～1.6%，掺杂碘会收缩 0.4%。利用掺杂前后的体积变化，可以制作 PA 膜 CP 驱动器。但是，PA 的掺杂状态构象非常不稳定，限制了驱动器的使用。

5.1.2.2 聚苯胺

如图 5-2 所示，聚苯胺（PAn）可以以多种状态形式存在。经过化学或电化学掺杂后，PAn 的氧化状态改变，聚合物链的结构发生改变，PAn 膜的体积发生变化，以此制作 CP 驱动器[268,269]。将 PAn 膜浸泡在碱性溶液中，转化为绿宝石碱形式，膜体积收缩；然后浸泡在酸性溶液中，转化为祖母绿盐，导致体积膨胀。

即通过质子化和脱质子化实现祖母绿盐和绿宝石盐状态之间的转换，产生可逆的收缩/膨胀。已经报道的 PAn 驱动器的体积变化范围在 3.3%～6.5%之间。

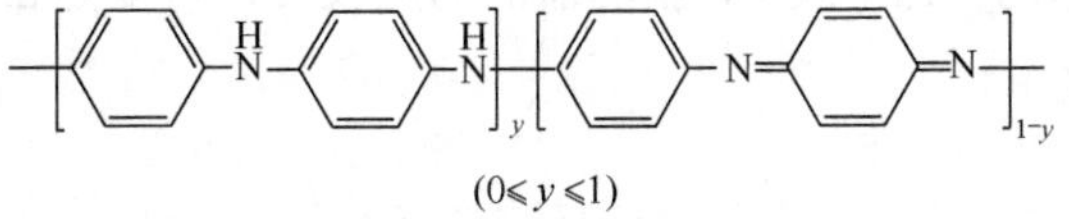

$(0 \leqslant y \leqslant 1)$

图 5-2　聚苯胺的状态。y 值表征聚苯胺的氧化-还原程度，其值在 0～1 之间。完全还原型（$y = 1$）和完全氧化型（$y = 0$）都为绝缘体，只有氧化单元数和还原单元数相等的中间氧化态通过质子酸掺杂后可变成导体

5.1.2.3　聚吡咯

聚吡咯（PPy）驱动器是研究最早，也是文献报道最多的 CP 驱动器。由于 PPy 的溶解性差，制备 PPy 膜通常采用电化学接枝法。将新蒸馏的吡咯单体置于适当的电解质溶液中，以 1～2A/m² 的电流密度恒流沉积在沉底之上，可得到黑色导电 PPy 膜。该种技术制备的 PPy 膜密度为（1.5～1.8）×10³kg/m³，拉伸强度为 30～50MPa，湿弹性模量处于 0.8GPa 左右，电导率可达到 200～450S/cm。

与 IPMC 结构相似，PPy 膜驱动器通常由三层膜材料构成，上下层分别为导电 PPy 膜，中间层为多孔极性 PVDF 膜，提供电解质离子。通电下，一侧 PPy 膜发生氧化，形成 PPy 正离子，电解质中的负离子（负离子的体积较大）作为抗衡离子进入膜内，该侧电极体积膨胀；另外一层 PPy 膜发生还原，挤出阴离子，该侧电极体积收缩（图 5-3）。整个复合膜发生弯曲，偏向体积收缩侧；反之，改变电场，复合膜偏向另外一侧。

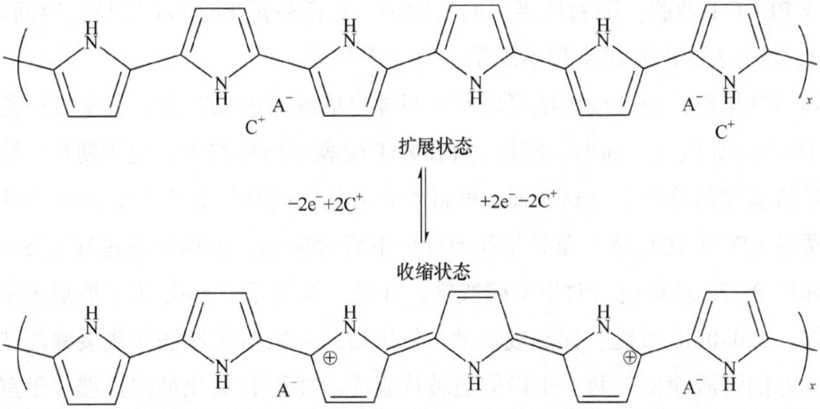

图 5-3　聚吡咯的电化学氧化还原状态，A⁻代表阴离子，C⁺代表阳离子，e⁻代表电子

习爽等[270]制备了三层 PPy 膜驱动器。如图 5-4 所示，CP 驱动器（尺寸为17mm×2mm×0.17mm）在 1.0V 的交流电压下发生来回偏转。末端最大位移偏转4mm。与 IPMC 相比，PPy 膜 CP 驱动器的响应较慢，可能是由阴离子体积较大，迁移速率小造成的。

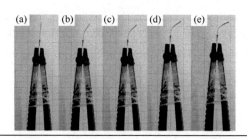

图 5-4　驱动器弯曲运动过程图。(a) 0s；(b) 5s；(c) 10s；(d) 15s；(e) 20s

5.1.2.4　聚（3,4-乙烯二氧噻吩）

聚（3,4-乙烯二氧噻吩）（PEDOT）膜驱动器是出现较晚的 CP 驱动器。PEDOT是以 3,4-乙烯二氧噻吩（EDOT）为单体经氧化聚合而成的导电聚合物，具有电导率高，透光率高，性能稳定等特点。通常，PEDOT 膜可以由 PEDOT/聚苯乙烯磺酸（PSS）分散液直接物理涂覆成膜，其电导率也可达到 300S/cm。该种技术的优点在于成膜方式简单，但其原材料价格昂贵，PEDOT 膜表面也不均匀。

利用电化学聚合成膜法可以制备黑色的纯 PEDOT 膜。在第 1 章已经详细阐述该技术的制备方案。其优点是电极厚度可以由电嫁接的时间决定。缺点是 PEDOT薄膜的电嫁接技术难以控制，容易生成 PEDOT 颗粒。如图 5-5 所示，短时间可以生成 PEDOT 薄膜，随着嫁接时间的增加，逐渐生成 PEDOT 颗粒；时间越长，PEDOT 导电膜的形貌越来越不规整，电导率下降。

利用气相原位聚合成膜法可以制备高导电的纯 PEDOT 膜，其电导率更是达到了1000S/cm 以上。同时，制备的 PEDOT 膜表面形貌均匀，便于使用。该技术方案是将氧化剂涂覆于基材表面，再将附有氧化剂的基材暴露于 EDOT 单体蒸气中，诱导 EDOT 在基材表面氧化剂的催化下聚合成膜。具体反应过程见图 5-6。

称取 0.27g 氧化剂（对甲苯磺酸铁）样品，溶解于0.5mL 正丁醇溶剂中，而后再加入 0.030mL 咪唑，配制成溶液。使用台式匀胶机旋涂法和直接涂覆法分别将配制好的溶液涂覆于两个干燥的盖玻片表面。将附有氧化剂的盖玻片于室温下在空气中干燥，直至溶剂正丁醇挥发，后将样品置于 70℃空气中再干燥 3min。

将附氧化剂的盖玻片悬挂于 EDOT 单体蒸气中，诱导单体聚合。反应 50min 后将附有 PEDOT 薄膜的盖玻片于室温空气中干燥 30min。干燥后使用无水乙醇洗去薄膜表面多余的氧化剂并使其完全从盖玻片上脱落，最终可得深蓝色半透明的 PEDOT 薄膜。

图 5-5　电化学嫁接 PEDOT 薄膜的表面形貌演变。嫁接时间分别为：（a）100s；（b）1200s；（c）1300s；（d）1400s；（e）1500s；（f）11000s

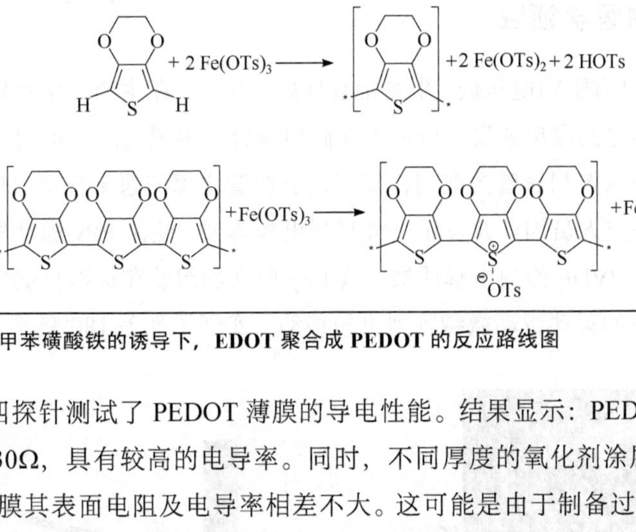

图 5-6　在对甲苯磺酸铁的诱导下，EDOT 聚合成 PEDOT 的反应路线图

利用四探针测试了 PEDOT 薄膜的导电性能。结果显示：PEDOT 薄膜的表面电阻低于 30Ω，具有较高的电导率。同时，不同厚度的氧化剂涂层最后制备出的 PEDOT 薄膜其表面电阻及电导率相差不大。这可能是由于制备过程中，EDOT 聚合反应首先在氧化剂表层发生，而表层一旦成膜后就将底层的氧化剂完全覆盖，使其无法与 EDOT 蒸气接触从而无法诱导其聚合，故而薄膜的表面电阻及电导率和氧化剂涂层厚度无关。

PEDOT 驱动器采用三层结构：两层 PEDOT 薄膜在两侧，中间是储存电解质的聚合物膜[271]。随着电解质溶液分子的进入、挤出，驱动器发生上下振动。与

PPy 驱动器对比，PPy 驱动器多采用"阴离子驱动"模式，PEDOT 驱动器可以同时采用"阴离子驱动"和"阳离子驱动"两种模式。当 PEDOT 链中的掺杂阴离子尺寸小且可移动时，例如对甲苯磺酸根（PTSA）负离子，通过施加负电压，可以轻松排出阴离子和溶剂分子以保持 PEDOT 膜的电中性，这会导致薄膜在还原状态下收缩。当电解质中的电压反转，阴离子和溶剂分子进入时发生氧化，并且 PEDOT 膜在氧化状态下再次膨胀。氧化还原过程主要受阴离子迁移的影响，因此被称为"阴离子驱动"。当 PEDOT 链中的掺杂阴离子很大且不固定时，例如聚苯乙烯磺酸盐（PSS），它们在合成过程中会包裹在聚合物基质中，并且在还原过程中不会离开。此时，阳离子从溶液迁移到 PEDOT 链以中和阴离子和负电荷，这导致薄膜以还原状态膨胀。再次施加正电压，阳离子被排出，PEDOT 膜在氧化状态下收缩。氧化还原过程主要受阳离子迁移的影响，因此被称为"阳离子驱动"。

5.1.3　导电聚合物驱动器的应用

5.1.3.1　生物医学领域

　　CP 驱动器具有驱动电压低、生物相容性好等优点，在生物医学特别是微创手术等方面具有良好的应用前景。Lee 等在商用导管（内置光纤）均匀地涂覆 PPy 复合膜，通过电场控制导管的取向，实现动脉血管内部的医学检测（图 5-7）。卧龙岗大学的研究人员因此开发了一种耳蜗电极阵列，使用 PPy 驱动器进行弯曲调节。他们使用 PVDF 作为电解质层，将 PPy 驱动器组装在标准耳蜗电极阵列的背面，通过 PPy 的运动带动微纳阵列电极移动，实现了几乎 180°的弯曲调节。

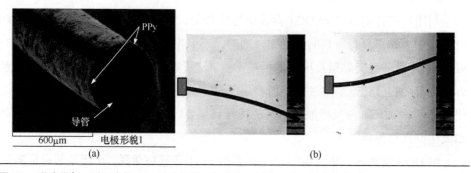

图 5-7　激光微加工后四电极 PPy 活性导管的扫描电镜图像（a）；导管的移动（b）

5.1.3.2　仿生机械领域

　　CP 驱动器也可以作为机械手臂的驱动源。Jager 等人开发了一种用于（单）细胞操作的微型机器人。微型机器人被设计成一个手臂，有两个铰链作为"肘关节"，两个铰链作为"手腕"，三个铰链作为"手"的手指，每个铰链由一个 PPy 驱动器单独控制（图 5-8），所有这些都由聚合物制成的刚性元件相互连接。

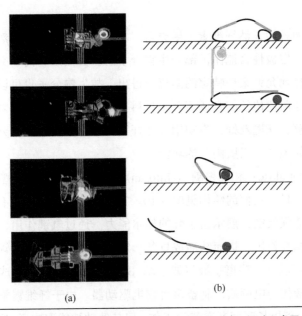

(a)　　　　　　　　(b)

图 5-8　PPy 机械手。PPy 驱动器抓取和提升微小玻璃珠的图片（a）；运动示意图（b）。微机器人手臂有三个 PPy 微驱动器"手指"，彼此成 120°放置，两个 PPy 微驱动器形成"手腕"实现夹取、释放物体的功能

　　CP 驱动器也可用于驱动人工昆虫或微型无人飞行器的扑翼。将 PEDOT 复合膜驱动器连接到仿生机翼上（图 5-9）。产生的扑翼以高达 24Hz 的共振频率启动。尽

图 5-9　CP 驱动器驱动的仿生机翼。驱动器参数：质量 1.1mg，尺寸 0.9cm×0.15cm×0.009cm，频率 24Hz，电压 ±5.0V

管这个频率与昆虫的拍打频率（几百赫兹）相差还很远，但随着制造工艺的改进，特别是通过大幅度降低三层厚度，频率可获得显著增加，有望满足 CP 微型无人机使用。

5.2 生物质离子型电活性聚合物

生物分子如各种天然纤维素、甲壳素、木质素、多糖类、天然树脂、核酸及蛋白质等携带一定极性官能团，部分生物分子的表面固定有离子交换基团，如细胞膜组分可选择地允许某些特定的阳离子进出，故生物分子也可以用作离子型聚合物驱动器。与前述传统的合成高分子材料相比，生物分子具有来源广泛、可再生、可生物降解、环境友好、生物相容性好等优异特性，由生物分子构造的聚合物电致动更能体现"人工肌肉"的功能。

纤维素（cellulose）和壳聚糖（chitosan）是两个常用于离子型电活性聚合物的天然高分子材料，它们的结构见图 5-10。它们的分子结构中含有大量的羟基，能与水分子形成强氢键，展示出了强的储水能力。通过氢键作用，聚合物螺旋链之间存在强的相互作用，进而结晶成具备一定力学性能的膜。尽管纤维素的溶解性能很差，但可以与一些离子液（如丁基-3-甲基咪唑氯盐）形成互溶体，因此可以使用离子液作为电解质，制备聚合物电驱动器。由于纤维素驱动器使用离子液作为电解质，可以长时间在空气下工作，但其致动性能取决于 IL 迁移率和高的离子传递能力，故选择离子液对纤维素驱动器非常重要。

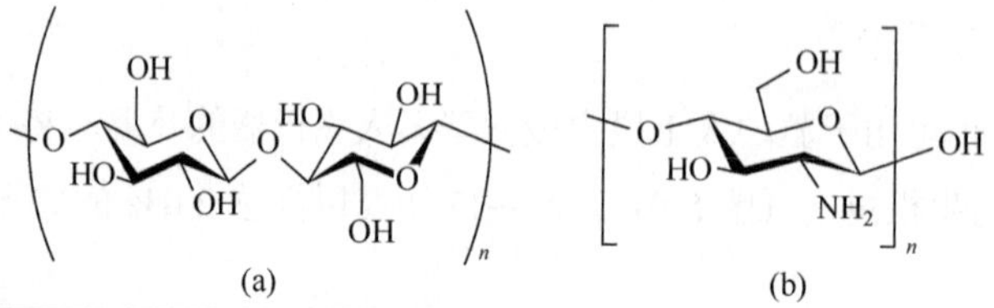

图 5-10 纤维素（a）和壳聚糖（b）链式分子结构

5.2.1 纤维素驱动器

纤维素驱动器致动的机理主要是离子迁移机理。依据图 5-10 的结构，纤维素结晶成膜后，六元环烷烃骨架形成有序的结晶相，表面的羟基与吸附的水、离子液等电解质溶液形成无序的非晶相。电场下，被电解质溶液分子包围的金属阳离子将移动到阳极，导致发生弯曲。由于纤维素晶体也具有偶极矩，一些文献也提出了压电效应[272]的致动机理。

纤维素纤维与纤维之间存在大量间隙，由此制备的纤维素膜具备很高的多孔度。Nevstrueva 等[273]以纯的天然纤维素为聚合物基底膜，离子液（1-乙基-3-甲基咪唑乙酸酯[EMIm][OAC]）为电解质溶液，活性炭（AC）掺杂的纤维素膜为电极制作了三层（AC/纤维素-纤维素-AC/纤维素）聚合物电驱动器。由于采用同种材质作为电极，电极层与聚合物层之间的键合紧密，确保了驱动器在致动过程中，不发生电极脱落。聚合物基底膜显示了高的多孔度，即使是体积大的离子液在内部也能快速移动，由此产生的电导率较大。在 1.5V 的电压驱动下，产生了 0.2～0.4A 的电流。同时，产生了 0.1%的形变。

该驱动器展现出了很好的电控制性能，不同电压、频率产生的致动效果差异明显。如图 5-11 所示：随着电压的增加，频率的减小，驱动器的位移输出增加；位移输出由 0.2mm 增加到了 4.0mm，对应的最大形变量为 0.6%。

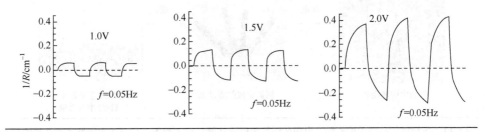

图 5-11 不同频率、电压下纤维素驱动器位移输出图像

Sun 等[274]利用 MXene 作为电极，纤维素作为基底膜，制作了纤维素电驱动器。如图 5-12 所示，两层 MXene 电极夹心纤维素膜，导入电场，复合膜发生弯曲。

由于纤维素和壳聚糖的分子结构非常相似，预期纤维素和壳聚糖之间具有高度相容性。Sun 等[275,276]以纤维素和离子液为基底膜，表面覆盖壳聚糖（chitosan）和多壁碳纳米管（MCNT）的复合物电极，制作了一系列的纤维素电驱动器（图 5-13）。研究了不同离子液 1-烯丙基-3-甲基咪唑的氯化物([Amim]Cl)和乙酸盐([Emim]Ac)等对致动性能的影响。

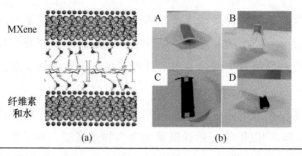

图 5-12　MXene 电极纤维素驱动器。驱动器的轮廓示意图（a）；电场下驱动实物截图（b）

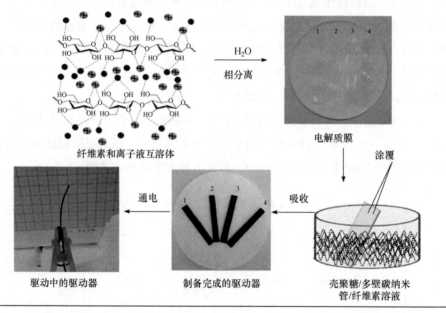

图 5-13　壳聚糖和多壁碳纳米管为电极的纤维素膜驱动器。自上而下、自左而右示意了驱动器的制备过程，纤维素和离子液互溶体，结晶成膜，表面固定复合电极，以及电场下驱动实物截图

5.2.2　聚合物掺杂纤维素膜驱动器

为了增加纤维素膜的亲水性能，Kim 等[277,278]将聚乙二醇（PEG）/聚环氧乙烷（PEO）添加在纤维素的内部。PEG/PEO 分布在纤维素的纤维之间，增加了膜的含水量。电致动性能研究表明：随着 PEG/PEO 含量的增加，纤维素膜的致动性能为先增大后减小的变化趋势，其原因是：PEG/PEO 既可以增加膜的含水量和柔性，又具有束缚金属阳离子运动的能力，两个因素存在竞争关系。当其含量较低时，

前者起到主要作用，复合膜的柔性和含水量增加，有利于电致动；当其含量较高时，通过氢键作用，PEG/PEO 限制了金属阳离子的运动，由此降低了电致动性能。

5.2.3 CP 增强的纤维素膜驱动器

为了改善纤维素 EAP 的致动性能，Deshpande 等[279,280]将 PPy、PAn 等 CP 聚合物涂覆到纤维素 EAP 上，制备了 CP 增强的纤维素膜驱动器。该驱动器使用离子液作为电解质，可以使用 1 层 CP，也可以使用 2 层 CP。电场下，整个形变的动力来自两部分：一部分是 CP 聚合物发生的离子嵌入；另一部分是纤维素晶型转变。测试结果表明：三层器件显示比双层器件更好的性能，表现出了 10.5mm 的最大弯曲位移；此种方法下，PAn 涂层驱动器的性能优于 PPy 驱动器。

本章小结

① 导电聚合物（CP）驱动器具有低电压、高可逆、应变大、应力适中等优点，成为一类非常有前途的离子型聚合物驱动器。聚吡咯（PPy）和聚（3,4-乙烯二氧噻吩）（PEDOT）驱动器通常采用三层结构，两层导电聚合物夹心电解质膜，通过阴、阳离子的进入、挤出，实现复合膜的弯曲摆动。

② 纤维素、壳聚糖等生物分子具有亲水、离子交换能力，可以用作离子型的聚合物电驱动器。其致动原理是压电和离子迁移效应的综合。其中离子迁移因素为主要驱动力。由于自身就是生物相容材料，这类驱动器在人工肌肉方面具有潜在的应用前景。

参考文献

[1] 陶宝祺, 熊克. 智能材料结构的定义及应用前景[J]. 中国科学基金, 1995(02): 44-50.

[2] 刘辛军, 于靖军, 王国彪, 等. 机器人研究进展与科学挑战[J]. 中国科学基金, 2016, 30(05): 425-431.

[3] Rogers J A. A clear advance in soft actuators[J]. Science, 2013, 341: 968-969.

[4] Bar-Cohen Y, Zhang Q. Electroactive polymer actuators and sensors[J]. MRS Bulletin, 2011, 33(3): 173-181.

[5] Wu G, Hu Y, Liu Y, et al. Graphitic carbon nitride nanosheet electrode based high performance ionic actuator[J]. Nature Communications, 2015, 6(1): 7258-7265.

[6] Zhao Q, Dunlop J, Qiu X, et al. An instant multi-responsive porous polymer actuator driven by solvent molecule sorption[J]. Nature Communications, 2014, 5(1): 4293-4300.

[7] Kim O, Shin T J, Park M J. Fast low-voltage electroactive actuators using nanostructured polymer electrolytes[J]. Nature Communications, 2013, 4(1): 2208-2216.

[8] Baughman R H. Playing nature's game with artificial muscles[J]. Science, 2005, 308: 63-65.

[9] Liu S, Liu Y, Cebeci H, et al. High electromechanical response of ionic polymer actuators with controlled-morphology aligned carbon nanotube/nafion nanocomposite electrodes[J]. Advanced Functional Materials, 2010, 20(19): 3266-3271.

[10] Zhang Q M, Bharti V, Zhao X. Giant electrostriction and relax or ferroelectric behavior in electron-irradiated poly(vinylidene fluoride-trifluoroethylene) copolymer[J]. Science, 1998, 280: 2101-2104.

[11] Lu L, Liu J, Hu Y, et al. Highly stable air working bimorph actuator based on a graphene nanosheet/carbon nanotube hybrid electrode[J]. Advanced Materials, 2012, 24(31): 4317-4321.

[12] Lu L, Liu J, Hu Y, et al. Graphene stabilized silver nanoparticle electrochemical electrode for actuator design[J]. Advanced Materials, 2013, 25(9): 1270-1274.

[13] Ganley T, Hung D L S, Zhu G, et al. Modeling and inverse compensation of temperature dependent ionic polymer-metal composite sensor dynamics[J]. IEEE/ASME Transactions on Mechatronics, 2011, 16(1): 80-89.

[14] Bahramzadeh Y, Shahinpoor M. Dynamic curvature sensing employing ionic polymer metal composite sensors[J]. Smart Materials and Structures, 2011, 20(9): 094011-094018.

[15] Park A M, Turley F E, Wycisk R J, et al. Electrospun and crosslinked nanofiber composite anion exchange membranes[J]. Macromolecules, 2014, 47(1): 227-235.

[16] Xu P Y, Zhou K, Han G L, et al. Effect of fluorene groups on the properties of multiblock poly (arylene ether sulfone) based anion exchange membranes[J]. ACS Applied Materials & Interfaces, 2014, 6(9): 6776-6785.

[17] Adolf D B, Shahinpoor M, Segalman D J, et al. Electrically controlled polymeric gel actuators [P]. US 5250167. 1993-10-5.

[18] Komatsu Y, Hirata K, Mohri H, et al. Actuator element [P]. US 08123983B2. 2012-02-28.

[19] Shahinpoor M, Kim K J. Ionic polymer-metal composites: fundamentals and phenomenological modeling [C]//Smart Structures and Materials 2002: Electroactive Polymer Actuators and Devices (EAPAD). International Society for Optics and Photonics, 2002, 4695: 294-302.

[20] Ma M, Guo L, Anderson D G, et al. Bio-inspired polymer composite actuator and generator driven by water gradients[J]. Science, 2013, 339: 186-189.

[21] Oguro K. Bending of an ion-conducting polymer film-electrode composite by an electric stimulus at low voltage[J]. J. Micromachine Society, 1992, 5: 27-30.

[22] Shahinpoor M. Conceptual design, kinematics and dynamics of swimming robotic structures using ionic polymeric gel muscles[J]. Smart Materials and Structures, 1992, 1(1): 91-95.

[23] 边历峰, 焦正, 刘锦淮. 离子聚合物人工肌肉材料应用研究进展[J]. 传感器世界, 2001, 7(11): 1-10.

[24] 余海湖, 赵愚, 姜德生. 智能材料与结构的研究及应用[J]. 武汉理工大学学报, 2001, 23(11): 37-41.

[25] 王海霞, 余海湖, 李小甫, 等. Pt-Ni/Nafion膜电致动材料的制备及性能研究[J]. 武汉理工大学学报, 2004(12): 7-10.

[26] 谭湘强, 钟映春, 杨宜民. IPMC 人工肌肉的特性及其应用[J]. 高技术通讯, 2002. 12(1): 50-52.

[27] 罗玉元, 李朝东, 张国贤. 基于离子聚合物金属复合结构(IPMC)的柔性致动器研究[J]. 中国机械工程, 2006, 17(4): 410-413.

[28] 孙力群, 赵耀. IPMC 制备方法和计算模型的研究进展[J]. 材料科学与工程学报, 2008(3): 473-478.

[29] 姜涛, 柳乐仙, 连慧琴. 离子聚合物-金属复合材料的研究进展[J]. 材料导报, 2011, 25(17): 22-27.

[30] Peng H M, Ding Q J, Hui Y, et al. Three nonlinear performance relationships in the start-up state of IPMC strips based on finite element analysis[J]. Smart Materials and Structures, 2010, 19(3): 035014-035024.

[31] 唐华平, 姜永正, 唐运军, 等. 人工肌肉 IPMC 电致动响应特性及其模型[J]. 中南大学学报: 自然科学版, 2009, 40(1): 153-158.

[32] 李博, 陈花玲, 朱子才. 离子聚合物-金属复合材料的理论建模研究现状[J]. 材料导报, 2008, 22(11): 98-101.

[33] Chang L, Chen H, Zhu Z, et al. Manufacturing process and electrode properties of palladium-electroded ionic polymer-metal composite[J]. Smart Materials & Structures, 2012, 21(6): 502-510.

[34] Ye X, Su Y, Guo S. A centimeter-scale autonomous robotic fish actuated by IPMC actuator [C]//2007 IEEE International Conference on Robotics and Biomimetics (ROBIO), 2007: 262-267.

[35] 苏玉东, 叶秀芬, 郭书祥. 基于 IPMC 驱动的自主微型机器鱼[J]. 机器人, 2010, 32(2): 262-270.

[36] 郝丽娜, 徐夙, 刘斌. 基于 IPMC 驱动器的小型遥控机器鱼的研制[J]. 东北大学学报: 自然科学版, 2009, 30(6): 773-776.

[37] Hao L, Li Z. Modeling and adaptive inverse control of hysteresis and creep in ionic polymer-metal composite actuators[J]. Smart Materials and Structures, 2010, 19(2): 025014-025019.

[38] 金宁, 王帮峰, 卞侃, 等. 表面粗化工艺对 IPMC 的制备及性能的影响[J]. 功能材料, 2008, 39(11): 1933-1936.

[39] 卞侃, 熊克, 刘刚, 等. 多壁碳纳米管改性铂型 IPMC 的试验研究[J]. 复合材料学报, 2012,

29(4): 47-55.

[40] 马春秀, 张玉军. Nafion/金属的制备及电形变性能研究[J]. 宇航材料工艺, 2007, 37(4): 34-36.

[41] 代丽君, 刘春梅. 离子聚合物金属复合材料的电形变性能研究[J]. 化学与粘合, 2008, 30(4): 41-43.

[42] Wang T M, Shen Q, Wen L, et al. On the thrust performance of an ionic polymer-metal composite actuated robotic fish: Modeling and experimental investigation[J]. Science China Technological Sciences, 2012, 55(12): 3359-3369.

[43] Lian Y, Liu Y, Jiang T, et al. Enhanced Electromechanical Performance of Graphite Oxide-Nafion Nanocomposite Actuator[J]. Journal of Physical Chemistry C, 2010, 114(21): 9659-9663.

[44] Guo D J, Fu S J, Tan W, et al. A highly porous nafion membrane templated from polyoxometalates-based supramolecule composite for ion-exchange polymer-metal composite actuator[J]. Journal of Materials Chemistry, 2010, 20(45): 10159-10168.

[45] He Q, Yu M, Ding H, et al. Effects of anisotropic surface texture on the performance of ionic polymer-metal composite (IPMC) [C]//Electroactive Polymer Actuators and Devices (EAPAD) 2010. International Society for Optics and Photonics, 2010: 7642.

[46] He Q S, Yu M, Li Y X, et al. Investigation of ionic polymer metal composite actuators loaded with various tetraethyl orthosilicate contents[J]. Journal of Bionic Engineering, 2012, 9(1): 75-83.

[47] Yu M, He Q S, Ding Y. Force optimization of ionic polymer metal composite actuators by an orthogonal array method[J]. Chinese Science Bulletin, 2011, 56(19): 2061-2070.

[48] Guo D J, Ding H T, Wei H, et al. Hybrids perfluorosulfonic acid ionomer and silicon oxide membrane for application in ion-exchange polymer-metal composite actuators[J]. Science in China Series E: Technological Sciences, 2009, 52(10): 3061-3070.

[49] Yu M, He Q, Yu D, et al. Efficient active actuation to imitate locomotion of gecko's toes using an ionic polymer-metal composite actuator enhanced by carbon nanotubes[J]. Applied Physics Letters, 2012, 101(16): 163701-163705.

[50] 焦战士, 何青松, 郭东杰, 等. 磺酸化石墨烯掺杂的离子交换聚合物电致动器[J]. 复合材料学报, 2012, 29(5): 24-31.

[51] 丁海涛, 何青松, 于敏, 等. IPMC 微泵驱动膜的设计及结构优化[J]. 功能材料与器件学报, 2011, 17(1): 22-28.

[52] 何青松, 张昊, 于敏, 等. 氧化硅掺杂的全氟磺酸聚合物膜在 IPMC 中的应用[J]. 中国科技论文在线, 2010, 5(4): 312-318.

[53] 丁海涛, 于敏, 郭东杰, 等. 离子聚合物金属复合材料电学性能研究[J]. 机械制造, 2010, 48(6): 55-57.

[54] 何青松, 于敏, 丁燕, 等. 正交实验设计优化离子聚合物金属复合材料的力输出性能[J]. 科学通报, 2011, 56(14): 1144-1152.

[55] 于敏, 丁海涛, 郭东杰, 等. 离子聚合物金属复合材料电致动模型研究[J]. 功能材料, 2011, 42(8): 1436-1440.

[56] 郭东杰, 江新民, 戴振东, 等. 一种多孔的全氟离子交换膜及其制法和用途[P]. CN 101220168A. 2007-12-24.

[57] 郭东杰, 陈亚清, 周建新. 石墨烯-离子交换聚合物电致动器及其制备方法与应用[P]. CN 102275858A. 2011-06-20.

[58] 丁海涛. IPMC 人工肌肉材料的制备、理论模型与分析 [D]. 南京航空航天大学, 2010.

[59] 何青松. IPMC 改性及其驱动微泵的设计 [D]. 南京航空航天大学, 2010.

[60] Toi Y, Kang S S. Finite element analysis of two-dimensional electrochemical-mechanical response of ionic conducting polymer-metal composite beams[J]. Computers & Structures, 2005, 83(31-32): 2573-2583.

[61] Lee D Y, Lee M H, Kim K J, et al. Effect of multiwalled carbon nanotube loading on MCNT distribution behavior and the related electromechanical properties of the MCNT dispersed ionomeric nanocomposites[J]. Surface and Coatings Technology, 2005, 200(5-6): 1920-1925.

[62] Landi B J, Raffaelle R P, Heben M J, et al. Development and characterization of single wall carbon nanotube Nafion composite actuators[J]. Materials Science and Engineering: B, 2005, 116(3): 359-362.

[63] Baughman R H, Cui C, Zakhidov A A, et al. Carbon nanotube actuators[J]. Science, 1999, 284: 1340-1344.

[64] Nguyen V K, Lee J W, Yoo Y. Characteristics and performance of ionic polymer-metal composite actuators based on Nafion/layered silicate and Nafion/silica nanocomposites[J]. Sensors and Actuators B: Chemical, 2007, 120(2): 529-537.

[65] Zoppi R A, Yoshida I V P, Nunes S P. Hybrids of perfluorosulfonic acid ionomer and silicon oxide by sol-gel reaction from solution: Morphology and thermal analysis[J]. Polymer, 1998, 39(6-7): 1309-1315.

[66] Do KIM K, Kim H T. Formation of silica nanoparticles by hydrolysis of TEOS using a mixed semibatch/batch method[J]. Journal of Sol-Gel Science and Technology, 2002, 25(3): 183-189.

[67] Qiu W, Luo Y, Chen F, et al. Morphology and size control of inorganic particles in polyimide hybrids by using SiO_2-TiO_2 mixed oxide[J]. Polymer, 2003, 44(19): 5821-5826.

[68] Shahinpoor M, Kim K J. Ionic polymer-metal composites: IV. Industrial and medical applications[J]. Smart Materials and Structures, 2004, 14(1): 197.

[69] Shahinpoor M, Kim K J. Ionic polymer metal composites: III. Modeling and simulation as biomimetic sensors, actuators, transducers, and artificial muscles[J]. Smart Materials & Structures, 2004, 13(6): 1362-1379.

[70] Guo D J, Liu R, Cheng Y, et al. Reverse adhesion of a gecko-inspired synthetic adhesive switched by an ion-exchange polymer-metal composite actuator[J]. ACS Applied Materials & Interfaces, 2015, 7(9): 5480-5487.

[71] Onishi K, Sewa S, Asaka K, et al. Morphology of electrodes and bending response of the polymer electrolyte actuator[J]. Electrochimica Acta, 2002, 46(5): 737-743.

[72] 常龙飞, 陈花玲, 朱子才, 等. 钯型离子聚合物-金属复合材料的制备工艺参数优化研究[J]. 功能材料, 2014(7): 7130-7134.

[73] Esmaeli E, Ganjian M, Rastegar H, et al. Humidity sensor based on the ionic polymer metal composite[J]. Sensors and Actuators B: Chemical, 2017, 247: 498-504.

[74] Fukushima T, Asaka K, Kosaka A, et al. Fully plastic actuator through layer-by-layer casting with ionic-liquid-based bucky gel[J]. Angewandte Chemie International Edition, 2010, 44(16): 2410-2413.

[75] Asaka K, Fujiwara N, Oguro K, et al. State of water and transport properties of solid polymer

electrolyte membranes in relation to polymer actuators [C]//Smart Structures and Materials 2002: Electroactive Polymer Actuators and Devices (EAPAD). International Society for Optics and Photonics, 2002, 4695: 191-198.

[76] Tamagawa H, Watanabe H, Sasaki M. Bending direction change of IPMC by the electrode modification[J]. Sensors & Actuators B Chemical, 2009, 140(2): 542-548.

[77] Guo D J, Han Y B, Huang J J, et al. Hydrophilic poly(vinylidene fluoride) film with enhanced inner channels for both water- and ionic liquid-driven ion-exchange polymer metal composite actuators[J]. ACS Applied Materials & Interfaces, 2019, 11(2): 2386-2397.

[78] Liu Y, Ghaffari M, Zhao R, et al. Enhanced electromechanical response of ionic polymer actuators by improving mechanical coupling between ions and polymer matrix[J]. Macromolecules, 2012, 45(12): 5128-5133.

[79] Park M, Kim J, Song H, et al. Fast and stable ionic electroactive polymer actuators with PEDOT: PSS/(Graphene-Ag-Nanowires) nanocomposite electrodes[J]. Sensors, 2018, 18(9): 3126-3139.

[80] Rajagopalan M, Oh I K. Fullerenol-based electroactive artificial muscles utilizing biocompatible polyetherimide[J]. ACS Nano, 2011, 5(3): 2248-2256.

[81] Shahinpoor M, Bar-Cohen Y, Simpson J O, et al. Ionic polymer-metal composites (IPMCs) as biomimetic sensors, actuators and artificial muscles [J]. Smart Materials & Structures, 1998, 7(6): 15-41.

[82] Akle B, Leo D J. Electromechanical transduction in multilayer ionic transducers[J]. Smart Materials & Structures, 2004, 13: 1081-1089.

[83] Farinholt K, Leo D J. Modeling of electromechanical charge sensing in ionic polymer transducers[J]. Mechanics of Materials, 2004, 36(5-6): 421-433.

[84] Malone E, Lipson H. Freeform fabrication of electroactive polymer actuators and electromechanical devices [C]//2004 International Solid Freeform Fabrication Symposium. 2004.

[85] Yu C Y, Zhang Y W, Su G D J. Reliability tests of ionic polymer metallic composites in dry air for actuator applications[J]. Sensors and Actuators A: Physical, 2015, 232: 183-189.

[86] Wang D, Lu C, Zhao J, et al. High energy conversion efficiency conducting polymer actuators based on PEDOT: PSS/MWCNTs composite electrode[J]. RSC Advances, 2017, 7(50): 31264-31271.

[87] Kim S S, Jeon J H, Kee C D, et al. Electroactive hybrid actuators based on freeze dried bacterial cellulose and PEDOT: PSS[J]. Smart Materials & Structures, 2013, 22(8): 085026-085034.

[88] Okuzaki H, Takagi S, Hishiki F, et al. Ionic liquid/polyurethane/PEDOT: PSS composites for electro-active polymer actuators[J]. Sensors and Actuators B: Chemical, 2014, 194: 59-63.

[89] Aabloo A, De Luca V, Di Pasquale G, et al. A new class of ionic electroactive polymers based on green synthesis[J]. Sensors and Actuators A: Physical, 2016, 249: 32-44.

[90] Nguyen V K, Yoo Y. A novel design and fabrication of multilayered ionic polymer metal composite actuators based on Nafion/layered silicate and Nafion/silica nanocomposites[J]. Sensors & Actuators B: Chemical, 2007, 123(1): 183-190.

[91] Sears W M. The effect of humidity on the electrical conductivity of mesoporous polythiophene[J]. Sensors and Actuators B: Chemical, 2008, 130(2): 661-667.

[92] Wang H, Tang G, Jin S, et al. Effect of the preparation condition on the structure and conductive

properties of polythiophene[J]. Acta Chimica Sinica, 2007, 65(21): 2454-2458.

[93] Camurlu P, Giovanella U, Bolognesi A, et al. Polythiophene polyoxyethylene copolymer in polyfluorene based polymer blends for light-emitting devices[J]. Synthetic Metals, 2009, 159(1-2): 41-44.

[94] Oh C, Kim S, Kim H, et al. Effects of membrane thickness on the performance of ionic polymer-metal composite actuators[J]. RSC Advances, 2019, 9(26): 14624-14626.

[95] Shahinpoor M, Kim K J. Ionic polymer-metal composites: I. Fundamentals[J]. Smart Materials & Structures, 2001, 10(4): 819-833.

[96] Guo D, Han Y, Ding Y, et al. Prestrain-free electrostrictive film sandwiched by asymmetric electrodes for out-of-plane actuation[J]. Chemical Engineering Journal, 2018, 352: 876-885.

[97] Krishnaswamy A, Mahapatra D R. Electromechanical fatigue in IPMC under dynamic energy harvesting conditions [C]//Electroactive Polymer Actuators and Devices (EAPAD) 2011. International Society for Optics and Photonics, 2011, 7976: 79762Q.

[98] Naji L, Safari M, Moaven S. Fabrication of SGO/Nafion-based IPMC soft actuators with sea anemone-like Pt electrodes and enhanced actuation performance[J]. Carbon, 2016, 100: 243-257.

[99] He Q, Song L, Yu M, et al. Fabrication, characteristics and electrical model of an ionic polymer metal-carbon nanotube composite[J]. Smart Materials & Structures, 2015, 24(7): 075001-075018.

[100] Guo D J, Wei Z Y, Shi B, et al. Copper nanoparticles spaced 3D graphene films for binder-free lithium-storing electrodes[J]. Journal of Materials Chemistry A, 2016, 4(21): 8466-8477.

[101] Tadokoro S, Fuji S, Fushimi M, et al. Development of a distributed actuation device consisting of soft gel actuator elements [C]//Proceedings. 1998 IEEE International Conference on Robotics and Automation (Cat. No. 98CH36146). IEEE, 1998, 3: 2155-2160.

[102] Onishi K, Sewa S, Asaka K, et al. The effects of counter ions on characterization and performance of a solid polymer electrolyte actuator[J]. Electrochimica Acta, 2001, 46(8): 1233-1241.

[103] Silva A R, Unali G. Controlled silver delivery by silver cellulose nanocomposites prepared by a one pot green synthesis assisted by microwaves[J]. Nanotechnology, 2011, 22(31): 315605.

[104] Ran Y, He W, Wang K, et al. A one-step route to Ag nanowires with a diameter below 40 nm and an aspect ratio above 1000[J]. Chemical Communications, 2014, 50(94): 14877-14880.

[105] Yuan X Z, Hui L, Zhang S, et al. A review of polymer electrolyte membrane fuel cell durability test protocols[J]. Journal of Power Sources, 2011, 196(22): 9107-9116.

[106] 求是科技. MATLAB 7．0 从入门到精通[M]. 北京: 人民邮电出版社, 2006.

[107] Tadokoro S, Yamagami S, Takamori T, et al. Modeling of Nafion-Pt composite actuators (ICPF) by ionic motion [C]//Smart Structures and Materials 2000: Electroactive Polymer Actuators and Devices (EAPAD). International Society for Optics and Photonics, 2000, 3987: 92-102.

[108] Kim K J, Shahinpoor M. A novel method of manufacturing three-dimensional ionic polymer-metal composites (IPMCs) biomimetic sensors, actuators and artificial muscles[J]. Polymer, 2002, 43(3): 797-802.

[109] Curtin D E, Lousenberg R D, Henry T J, et al. Advanced materials for improved PEMFC performance and life[J]. Journal of Power Sources, 2004, 131(1-2): 41-48.

[110] Perusich S A. Fourier transform infrared spectroscopy of perfluorocarboxylate polymers[J].

Macromolecules, 2000, 33(9): 3431-3440.

[111] Rubatat L, Rollet A L, Gebel G, et al. Evidence of elongated polymeric aggregates in Nafion[J]. Macromolecules, 2017, 35(10): 4050-4055.

[112] Hsu W Y, Gierke T D. Ion transport and clustering in Nafion perfluorinated membranes[J]. Journal of Membrane Science, 1983, 13(3): 307-326.

[113] Hsu W Y, Gierke T D. Elastic theory for ionic clustering in perfluorinated ionomers[J]. Macromolecules, 1982, 15(1): 101-105.

[114] Fujimura M, Hashimoto T, Kawai H. Small-angle X-ray scattering study of perfluorinated ionomer membranes. Origin of two scattering maxima[J]. Macromolecules, 1981, 14(5): 1309-1315.

[115] Perusich S A, Avakian P, Keating M Y. Dielectric relaxation studies of perfluorocarboxylate polymers[J]. Macromolecules, 1993, 26(18): 4756-4764.

[116] Kusoglu A, Weber A Z. New insights into perfluorinated sulfonic-acid ionomers[J]. Chemical Reviews, 2017, 117(3): 987-1104.

[117] Haubold H G, Vad T, Jungbluth H, et al. Nano structure of Nafion: a SAXS study[J]. Electrochimica Acta, 2001, 46(10-11): 1559-1563.

[118] Barcohen Y. Worldwide electroactive polymers EAP newsletter[J]. 2006.

[119] Yeager H L, Kipling B, Dotson R L. Sodium ion diffusion in Nafion® ion exchange membranes[J]. Journal of the Electrochemical Society, 1980, 127(2): 303.

[120] Rhee C H, Kim H K, chang H, et al. Nafion/sulfonated montmorillonite composite: A new concept electrolyte membrane for direct methanol fuel cells[J]. Chemistry of Materials, 2015, 17(7): 1691-1697.

[121] Ke C C, Li X J, Shen Q, et al. Investigation on sulfuric acid sulfonation of in-situ sol-gel derived Nafion SiO_2 composite membrane[J]. International Journal of Hydrogen Energy, 2011, 36(5): 3606-3613.

[122] Ren S, Sun G, Li C, et al. Organic silica/Nafion® composite membrane for direct methanol fuel cells[J]. Journal of Membrane Science, 2006, 282(1-2): 450-455.

[123] Liu Z C, He Q G, Hou P, et al. Electroless plating of copper through successive pretreatment with silane and colloidal silver[J]. Colloids and Surfaces A: Physicochemical and Engineering Aspects, 2005, 257: 283-286.

[124] Guo D J, Xiao S J, Xia B, et al. Reaction of Porous Silicon with Both End-Functionalized Organic Compounds Bearing α-Bromo and ω-Carboxy Groups for Immobilization of Biomolecules[J]. The Journal of Physical Chemistry B, 2005, 109(43): 20620-20628.

[125] Kim K J, Shahinpoor M. Ionic polymer-metal composites: II. Manufacturing techniques[J]. Smart Materials & Structures, 2003, 12(1): 65.

[126] Shylesh S, Samuel P P, Srilakshmi C, et al. Sulfonic acid functionalized mesoporous silicas and organosilicas: Synthesis, characterization and catalytic applications[J]. Journal of Molecular Catalysis A: Chemical, 2007, 274(1-2): 153-158.

[127] Panwar V, Cha K, Park J O, et al. High actuation response of PVDF/PVP/PSSA based ionic polymer metal composites actuator[J]. Sensors & Actuators B Chemical, 2012, 161(1): 460-470.

[128] Rajagopalan M, Jeon J H, Oh I K. Electric-stimuli-responsive bending actuator based on

sulfonated polyetherimide[J]. Sensors and Actuators B: Chemical, 2010, 151(1): 198-204.

[129] Guo D J, Liu R, Li Y, et al. Polymer actuators of fluorene derivatives with enhanced inner channels and mechanical performance[J]. Sensors & Actuators B: Chemical, 2018, 255(1): 791-799.

[130] Khaldi A, Elliott J A, Smoukov S K. Electro-mechanical actuator with muscle memory[J]. Journal of Materials Chemistry C, 2014, 2(38): 8029-8034.

[131] Lee J W, Hong S M, Kim J, et al. Novel sulfonated styrenic pentablock copolymer/silicate nanocomposite membranes with controlled ion channels and their IPMC transducers[J]. Sensors and Actuators B: Chemical, 2012, 162(1): 369-376.

[132] Naji L, Chudek J A, Abel E W, et al. Electromechanical behavior of Nafion-based soft actuators[J]. Journal of Materials Chemistry B, 2013, 1(19): 2502-2514.

[133] Park J K, Jones P J, Sahagun C, et al. Electrically stimulated gradients in water and counter ion concentrations within electroactive polymer actuators[J]. Soft Matter, 2010, 6(7): 1444-1452.

[134] Liu Q, Liu L, Xie K, et al. Synergistic effect of ar-GO/PANI nanocomposite electrode based air working ionic actuator with a large actuation stroke and long-term durability[J]. Journal of Materials Chemistry A, 2015, 3(16): 8380-8388.

[135] Li J, Wilmsmeyer K G, Hou J, et al. The role of water in transport of ionic liquids in polymeric artificial muscle actuators[J]. Soft Matter, 2009, 5(13): 2596-2602.

[136] Si Y, Samulski E T. Synthesis of water soluble graphene[J]. Nano Letters, 2008, 8(6): 1679-1682.

[137] Berger C, Song Z, Li X, et al. Electronic confinement and coherence in patterned epitaxial graphene[J]. Science, 2006, 312: 1191-1196.

[138] Xu Y, Bai H, Lu G, et al. Flexible graphene films via the filtration of water-soluble noncovalent functionalized graphene sheets[J]. Journal of the American Chemical Society, 2008, 130(18): 5856-5857.

[139] Miranda R, De Parga A L V. Surfing ripples towards new devices[J]. Nature Nanotechnology, 2009, 4(9): 549-550.

[140] Guo C, Sun J R, Ge Y B, et al. Biomechanism of adhesion in gecko setae[J]. Science China Life Sciences, 2012, 55(2): 181-187.

[141] Aksak B, Murphy M P, Sitti M. Adhesion of biologically inspired vertical and angled polymer microfiber arrays[J]. Langmuir, 2007, 23(6): 3322-3332.

[142] Murphy M P, Kim S, Sitti M. Enhanced adhesion by gecko inspired hierarchical fibrillar adhesives[J]. ACS Applied Materials & Interfaces, 2009, 1(4): 849-855.

[143] Liu M, Jiang L. Switchable adhesion on liquid/solid interfaces[J]. Advanced Functional Materials, 2010, 20(21): 3753-3764.

[144] Qu L, Dai L, Stone M, et al. Carbon nanotube arrays with strong shear binding on and easy normal lifting off[J]. Science, 2008, 322(5899): 238-242.

[145] King D R, Bartlett M D, Gilman C A, et al. Creating gecko like adhesives for "real world" surfaces[J]. Advanced Materials, 2014, 26(25): 4345-4351.

[146] Gillies A G, Puthoff J, Cohen M J, et al. Dry selfcleaning properties of hard and soft fibrillar structures[J]. ACS Applied Materials & Interfaces, 2013, 5(13): 6081-6088.

[147] Lee J, Fearing R S. Contact selfcleaning of synthetic gecko adhesive from polymer microfibers[J].

Langmuir, 2008, 24(19): 10587-10591.

[148] Murphy M P, Aksak B, Sitti M. Gecko inspired directional and controllable adhesion[J]. Small, 2009, 5(2): 170-175.

[149] Mengüç Y, Röhrig M, Abusomwan U, et al. Staying sticky: contact self-cleaning of gecko inspired adhesives[J]. Journal of the Royal Society Interface, 2014, 11(94): 1205-1216.

[150] Reddy S, Arzt E, Del Campo A. Bioinspired surfaces with switchable adhesion[J]. Advanced Materials, 2007, 19(22): 3833-3837.

[151] Drotlef D M, Blümler P, Del Campo A. Magnetically actuated patterns for bioinspired reversible adhesion (dry and wet)[J]. Advanced Materials, 2014, 26(5): 775-779.

[152] Cui J, Drotlef D M, Larraza I, et al. Bioinspired actuated adhesive patterns of liquid crystalline elastomers[J]. Advanced Materials, 2012, 24(34): 4601-4604.

[153] Lee J W, Yoo Y T, Lee J Y. Ionic polymer metal composite actuators based on triple-layered polyelectrolytes composed of individually functionalized layers[J]. ACS Applied Materials & Interfaces, 2014, 6(2): 1266-1271.

[154] Park J H, Han M J, Song D S, et al. Ionic polymer metal composite actuators obtained from radiation grafted caution-and anion exchange membranes[J]. ACS Applied Materials & Interfaces, 2014, 6(24): 22847-22854.

[155] Guo D J, Ding H T, Wei H, et al. Hybrids perfluorosulfonic acid ionomer and silicon oxide membrane for application in ion-exchange polymer-metal composite actuators[J]. Science in China Series E: Technological Sciences, 2009, 52(10): 3061-3070.

[156] Chandra D, Yang S. Stability of high-aspect-ratio micropillar arrays against adhesive and capillary forces[J]. Accounts of Chemical Research, 2010, 43(8): 1080-1091.

[157] Guo D J, Zhang H, Li J B, et al. Fabrication and adhesion of a bio-inspired microarray: capillarity-induced casting using porous silicon mold[J]. Journal of Materials Chemistry B, 2013, 1(3): 379-386.

[158] Gillies A G, Fearing R S. Shear adhesion strength of thermoplastic gecko-inspired synthetic adhesive exceeds material limits[J]. Langmuir, 2011, 27(18): 11278-11281.

[159] Greiner C, Del Campo A, Arzt E. Adhesion of bioinspired micropatterned surfaces: effects of pillar radius, aspect ratio, and preload[J]. Langmuir, 2007, 23(7): 3495-3502.

[160] Hummers Jr W S, Offeman R E. Preparation of graphitic oxide[J]. Journal of The American Chemical Society, 1958, 80(6): 1339-1339.

[161] Li D, Müller M B, Gilje S, et al. Processable aqueous dispersions of graphene nanosheets[J]. Nature Nanotechnology, 2008, 3(2): 101-105.

[162] Xie X, Qu L, Zhou C, et al. An asymmetrically surface-modified graphene film electrochemical actuator[J]. ACS Nano, 2010, 4(10): 6050-6054.

[163] Zhang H, Wu L W, Jia S X, et al. Fabrication and adhesion of hierarchical micro-seta[J]. Chinese Science Bulletin, 2012, 57(11): 1343-1349.

[164] Mikkola K, Varis V. The dragonflies of Europe[J]. Entomologica Fennica, 1993, 4(4): 272.

[165] Weis-Fogh T. Unusual mechanisms for the generation of lift in flying animals[J]. Scientific American, 1975, 233(5): 80-87.

[166] Weis-Fogh T. Quick estimates of flight fitness in hovering animals, including novel mechanisms

for lift production[J]. Journal of Experimental Biology, 1973, 59(1): 169-230.

[167] Polhamus E C. Predictions of vortex-lift characteristics by a leading-edge suctionanalogy[J]. Journal of Aircraft, 1971, 8(4): 193-199.

[168] Van Den Berg C, Ellington C P. The vortex wake of a "hovering" model hawkmoth[J]. Philosophical Transactions of the Royal Society of London. Series B: Biological Sciences, 1997, 352: 317-328.

[169] Dickinson M. Solving the mystery of insect flight[J]. Scientific American, 2001, 284(6): 48-57.

[170] Dickinson M. The effects of wing rotation on unsteady aerodynamic performance at low Reynolds numbers[J]. The Journal of Experimental Biology, 1994, 192(1): 179-206.

[171] Dudley R. Biomechanics of flight in neotropical butterflies: morphometrics and kinematics[J]. Journal of Experimental Biology, 1990, 150(1): 37-53.

[172] Bai P, Cui E, Zhan H. Aerodynamic characteristics, power requirements and camber effects of the pitching-down flapping hovering[J]. Journal of Bionic Engineering, 2009, 6(2): 120-134.

[173] 谢辉, 宋文萍, 宋笔锋. 基于 CFD 方法对微型扑翼翼型设计的研究[J]. 空气动力学学报, 2009, 27(2): 227-233.

[174] Altememe A, Anderson S, Myers O J, et al. Preliminary design of flapping wing micro aerial vehicle at low reynolds numbers [C]//Smart Materials, Adaptive Structures and Intelligent Systems. American Society of Mechanical Engineers, 2016, 50497.

[175] Wang Z J. Two dimensional mechanism for insect hovering[J]. Physical Review Letters, 2000, 85(10): 2216-2219.

[176] Dickinson M H, Lehmann F O, SANE S P. Wing rotation and the aerodynamic basis of insect flight[J]. Science, 1999, 284(5422): 1954-1960.

[177] Kim Y W, Choi J K, Park J T, et al. Proton conducting poly (vinylidene fluoride-co-chlorotrifluoroethylene) graft copolymer electrolyte membranes[J]. Journal of Membrane Science, 2008, 313(1-2): 315-322.

[178] Gregorio Jr R. Determination of the α, β, and γ crystalline phases of poly (vinylidene fluoride) films prepared at different conditions[J]. Journal of Applied Polymer Science, 2006, 100(4): 3272-3279.

[179] Ruan L, Yao X, Chang Y, et al. Properties and applications of the β phase poly (vinylidene fluoride)[J]. Polymers, 2018, 10(3): 228-254.

[180] Younas H, Zhou Y, Li X, et al. Fabrication of high flux and fouling resistant membrane: A unique hydrophilic blend of polyvinylidene fluoride/polyethylene glycol/polymethyl methacrylate[J]. Polymer, 2019, 179: 121593-121619.

[181] Kundu M, Costa C M, Dias J, et al. On the relevance of the polar β -phase of poly (vinylidene fluoride) for high performance lithium-ion battery separators[J]. The Journal of Physical Chemistry C, 2017, 121(47): 26216-26225.

[182] Tang Y, Xue Z, Xie X, et al. Ionic polymer-metal composite actuator based on sulfonated poly (ether ether ketone) with different degrees of sulfonation[J]. Sensors and Actuators A: Physical, 2016, 238: 167-176.

[183] Park J H, Lee S W, Song D S, et al. Highly enhanced force generation of ionic polymer-metal composite actuators via thickness manipulation[J]. ACS Applied Materials & Interfaces, 2015,

7(30): 16659-16667.

[184] Wang H S, Cho J, Song D S, et al. High performance electroactive polymer actuators based on ultrathick ionic polymer metal composites with nanodispersed metal electrodes[J]. ACS Applied Materials & Interfaces, 2017, 9(26): 21998-22005.

[185] Chen I W P, Yang M C, Yang C H, et al. Newton output blocking force under low-voltage stimulation for carbon nanotube electroactive polymer composite artificial muscles[J]. ACS Applied Materials & Interfaces, 2017, 9(6): 5550-5555.

[186] Lee J W, Yu S, Hong S M, et al. High-strain air working soft transducers produced from nanostructured block copolymer ionomer/silicate/ionic liquid nanocomposite membranes[J]. Journal of Materials Chemistry C, 2013, 1(24): 3784-3793.

[187] Dias J C, Lopes A C, Magalhães B, et al. High performance electromechanical actuators based on ionic liquid/poly (vinylidene fluoride)[J]. Polymer Testing, 2015, 48: 199-205.

[188] bennett m d, leo d j. Ionic liquids as stable solvents for ionic polymer transducers[J]. Sensors and Actuators A: Physical, 2004, 115(1): 79-90.

[189] Macfarlane D R, Tachikawa N, Forsyth M, et al. Energy applications of ionic liquids[J]. Energy & Environmental Science, 2014, 7(1): 232-250.

[190] Must I, Vunder V, Kaasik F, et al. Ionic liquid-based actuators working in air: The effect of ambient humidity[J]. Sensors & Actuators B Chemical, 2014, 202: 114-122.

[191] Lee J W, Yoo Y T. Anion effects in imidazolium ionic liquids on the performance of IPMCs[J]. Sensors and Actuators B: Chemical, 2009, 137(2): 539-546.

[192] Kwon K S, Ng T N. Improving electroactive polymer actuator by tuning ionic liquid concentration[J]. Organic Electronics, 2014, 15(1): 294-298.

[193] Lu J, Kim S G, Lee S, et al. A biomimetic actuator based on an ionic networking membrane of poly (styrene - maleimide) - incorporated poly (vinylidene fluoride)[J]. Advanced Functional Materials, 2008, 18(8): 1290-1298.

[194] Jeon J H, Cheedarala R K, Kee C D, et al. Dry type artificial muscles based on pendent sulfonated chitosan and functionalized graphene oxide for greatly enhanced ionic interactions and mechanical stiffness[J]. Advanced Functional Materials, 2013, 23(48): 6007-6018.

[195] Wang X L, Oh I K, Xu L. Electro-active artificial muscle based on irradiation-crosslinked sulfonated poly (styrene-ethylene)[J]. Sensors and Actuators B: Chemical, 2010, 145(2): 635-642.

[196] Panwar V, Ko S Y, Park J O, et al. Enhanced and fast actuation of fullerenol/PVDF/ PVP/PSSA based ionic polymer metal composite actuators[J]. Sensors and Actuators B: Chemical, 2013, 183: 504-517.

[197] Panwar V, Lee C, Ko S Y, et al. Dynamic mechanical, electrical, and actuation properties of ionic polymer metal composites using PVDF/PVP/PSSA blend membranes[J]. Materials Chemistry and Physics, 2012, 135(2-3): 928-937.

[198] Lee J Y, Wang H S, Yoon B R, et al. Radiation-Grafted Fluoropolymers Soaked with Imidazolium-Based Ionic Liquids for High-Performance Ionic Polymer-Metal Composite Actuators[J]. Macromolecular Rapid Communications, 2010, 31(21): 1897-1902.

[199] Panwar V, Kang B S, Park J O, et al. New ionic polymer-metal composite actuators based on PVDF/PSSA/PVP polymer blend membrane[J]. Polymer Engineering & Science, 2011, 51(9):

1730-1741.

[200] Jeon J H, Kang S P, Lee S, et al. Novel biomimetic actuator based on SPEEK and PVDF[J]. Sensors and actuators B: Chemical, 2009, 143(1): 357-364.

[201] Huang X, Wang W, Liu Y, et al. Treatment of oily waste water by PVP grafted PVDF ultrafiltration membranes[J]. Chemical Engineering Journal, 2015, 273: 421-429.

[202] Wei Q, Zhang F, Li J, et al. Oxidant-induced dopamine polymerization for multifunctional coatings[J]. Polymer Chemistry, 2010, 1(9): 1430-1433.

[203] Jin H, Guo C, Liu X, et al. Emerging two-dimensional nanomaterials for electrocatalysis[J]. Chemical Reviews, 2018, 118(13): 6337-6408.

[204] Martins P, Lopes A C, Lanceros-Mendez S. Electroactive phases of poly (vinylidene fluoride): Determination, processing and applications[J]. Progress in Polymer Science, 2014, 39(4): 683-706.

[205] Huang J, Yang H, Chen M, et al. An infrared spectroscopy study of PES PVP blend and PES-g-PVP copolymer[J]. Polymer Testing, 2017, 59: 212-219.

[206] Chen Z, Kwon K Y, TAN X. Integrated IPMC/PVDF sensory actuator and its validation in feedback control[J]. Sensors and Actuators A: Physical, 2008, 144(2): 231-241.

[207] Martins P, Costa C M, Ferreira J C C, et al. Correlation between crystallization kinetics and electroactive polymer phase nucleation in ferrite/poly (vinylidene fluoride) magnetoelectric nanocomposites[J]. The Journal of Physical Chemistry B, 2012, 116(2): 794-801.

[208] Wang T, Li H, Wang F, et al. Morphologies and deformation behavior of poly (vinylidene fluoride)/poly (butylene succinate) blends with variety of blend ratios and under different preparation conditions[J]. Polymer Chemistry, 2011, 2(8): 1688-1698.

[209] Ferreira J C C, Monteiro T S, Lopes A C, et al. Variation of the physicochemical and morphological characteristics of solvent casted poly (vinylidene fluoride) along its binary phase diagram with dimethylformamide[J]. Journal of Non-Crystalline Solids, 2015, 412: 16-23.

[210] Ribeiro C, Costa C M, Correia D M, et al. Electroactive poly (vinylidene fluoride)-based structures for advanced applications[J]. Nature protocols, 2018, 13(4): 681-704.

[211] Cardoso V F, Botelho G, Lanceros-Méndez S. Nonsolvent induced phase separation preparation of poly (vinylidene fluoride-co-chlorotrifluoroethylene) membranes with tailored morphology[J]. Materials & Design, 2015, 88: 390-397.

[212] Correia D M, Martins P, Tariq M, et al. Low-field giant magneto-ionic response in polymer-based nanocomposites[J]. Nanoscale, 2018, 10(33): 15747-15754.

[213] Cardoso V F, Minas G, Costa C M, et al. Micro and nanofilms of poly (vinylidene fluoride) with controlled thickness, morphology and electroactive crystalline phase for sensor and actuator applications[J]. Smart Materials and Structures, 2011, 20(8): 087002.

[214] Cardoso V F, Lopes A C, Botelho G, et al. Poly (vinylidene fluoride-trifluoroethylene) porous films: Tailoring microstructure and physical properties by solvent casting strategies[J]. Soft Materials, 2015, 13(4): 243-253.

[215] Ji J, Liu F, Hashim N A, et al. Poly (vinylidene fluoride)(PVDF) membranes for fluid separation[J]. Reactive and Functional Polymers, 2015, 86: 134-153.

[216] Yang Y, Shi Z, Holdcroft S. Synthesis of sulfonated polysulfone-b-PVDF copolymers: enhancement

of proton conductivity in low ion exchange capacity membranes[J]. Macromolecules, 2004, 37(5): 1678-1681.

[217] Park K, Ha J U, Xanthos M. Ionic liquids as plasticizers/lubricants for polylactic acid[J]. Polymer Engineering & Science, 2010, 50(6): 1105-1110.

[218] Wang X H, Song F, Qian D, et al. Strong and tough fully physically crosslinked double network hydrogels with tunable mechanics and high self-healing performance[J]. Chemical Engineering Journal, 2018, 349: 588-594.

[219] Persat A, Chambers R D, Santiago J G. Basic principles of electrolyte chemistry for microfluidic electrokinetics. Part I: acid base equilibria and pH buffers[J]. Lab on A Chip, 2009, 9(17): 2437-2453.

[220] Bandarenka A S. Exploring the interfaces between metal electrodes and aqueous electrolytes with electrochemical impedance spectroscopy[J]. Analyst, 2013, 138(19): 5540-5554.

[221] Randviir E P, Banks C E. Electrochemical impedance spectroscopy: an overview of bioanalytical applications[J]. Analytical Methods, 2013, 5(5): 1098-1115.

[222] Ue M, Murakami A, Nakamura S. A convenient method to estimate ion size for electrolyte materials design[J]. Journal of The Electrochemical Society, 2002, 149(10): 1385-1388.

[223] Lu C, Yang Y, Wang J, et al. High performance graphene-based electrochemical actuators[J]. Nature Communications, 2018, 9(1): 1-11.

[224] Oh S G, Shah D O. Effect of counterions on the interfacial tension and emulsion droplet size in the oil/water/dodecylsulfate system[J]. The Journal of Physical Chemistry, 1993, 97(2): 284-286.

[225] Qiu X, Li W, Zhang S, et al. The microstructure and character of the PVDF-g-PSSA membrane prepared by solution grafting[J]. Journal of the Electrochemical Society, 2003, 150: A917-A921.

[226] Nasef M M, Saidi H, Dahlan K Z M. Single-step radiation induced grafting for preparation of proton exchange membranes for fuel cell[J]. Journal of Membrane Science, 2009, 339: 115-119.

[227] Wang T, Farajollahi M, Choi Y S, et al. Electroactive polymers for sensing[J]. Interface Focus, 2016, 6: 1-19.

[228] Razian M A, Pepper M G. Design, development, and characteristics of an in-shoe triaxial pressure measurement transducer utilizing a single element of piezoelectric copolymer film [J]. IEEE Transactions on Neural Systems and Rehabilitation Engineering, 2003, 11: 288-293.

[229] Kim D H, Kim B, Kang H, et al. Development of a piezoelectric polymer-based sensorized microgripper for microassembly and micromanipulation[J]. Microsyst Technol, 2004, 10: 275-280.

[230] Mojarrad M, Shahinpoor M. Ion-exchange metal composite sensor films [C]//Proc. SPIE 1997, 3042: 52-60.

[231] Ferrara L, Shahinpoor M, Kim K J, et al. Use of ionic polymer-metal composites (IPMCs) as a pressure transducer in the human spine [C]//Smart Structures and Materials 1999: Electroactive Polymer Actuators and Devices. International Society for Optics and Photonics, 1999, 3669: 394-401.

[232] Biddiss E, Chau T. Electroactive polymeric sensors in hand prostheses: Bending response of

an ionic polymer metal composite[J]. Medical Engineering & Physics, 2006, 28: 568-578.

[233] Feng G H, Chu G Y. An arc-shaped polyvinylidene fluoride/ionic polymer metalcomposite dynamic curvature sensor with contact detection and scanning ability[J]. Sensors and Actuators A, 2014, 208: 130-140.

[234] Jo C, Pugal D, Oh I K, et al. Recent advances in ionic polymer metal composite actuators and their modeling and applications[J]. Progress in Polymer Science, 2013, 38(7): 1037-1066.

[235] Wang X L, Oh I K, Lu J, et al. Biomimetic electroactive polymer based on sulfonated poly (styrene-b-ethylene-co-butylene-b-styrene)[J]. Materials Letters, 2007, 61(29): 5117-5120.

[236] Phillips A K, Moore R B. Ionic actuators based on novel sulfonated ethylene vinyl alcohol copolymer membranes[J]. Polymer, 2005, 46(18): 7788-7802.

[237] Lee J W, Kim J H, Goo N S, et al. Ion conductive poly (vinyl alcohol)-based IPMCs[J]. Journal of Bionic Engineering, 2010, 7(1): 19-28.

[238] Wiles K B, Wang F, Mcgrath J E. Directly copolymerized poly (arylene sulfide sulfone) disulfonated copolymers for PEM-based fuel cell systems. I. Synthesis and characterization[J]. Journal of Polymer Science Part A: Polymer Chemistry, 2005, 43(14): 2964-2976.

[239] Song J, Jeon J H, Oh I K, et al. Electroactive polymer actuator based on sulfonated polyimide with highly conductive silver electrodes via selfmetallization[J]. Macromolecular Rapid Communications, 2011, 32(19): 1583-1587.

[240] Lu J, Kim S G, Lee S, et al. Fabrication and actuation of electroactive polymer actuator based on PSMI-incorporated PVDF[J]. Smart Materials and Structures, 2008, 17(4): 045002-0450012.

[241] Lu J, Kim S G, Lee S, et al. Actuation of Electroactive artificial muscle at ultralow frequency[J]. Macromolecular Chemistry and Physics, 2011, 212(6): 635-642.

[242] Lee J Y, Wang H S, Han M J, et al. Performance enhancement of ionic polymer-metal composite actuators based on radiation-grafted Poly (ethylene-co-tetrafluoroethylene)[J]. Macromolecular Research, 2011, 19(10): 1014-1021.

[243] Jeong H M, Woo S M, Kim H S, et al. Preparation and characterization of electroactive acrylic polymer platinum composites[J]. Macromolecular Research, 2004, 12(6): 593-597.

[244] Jeong H M, Woo S M, Lee S, et al. Effect of molecular structure on performance of electroactive ionic acrylic copolymer-platinum composites[J]. Journal of Applied Polymer Science, 2006, 99(4): 1732-1739.

[245] Tang Y, Xue Z, Zhou X, et al. Novel sulfonated polysulfone ion exchange membranes for ionic polymer metal composite actuators[J]. Sensors and Actuators B: Chemical, 2014, 202: 1164-1174.

[246] Tanaka M, Koike M, Miyatake K, et al. Anion conductive aromatic Ionomers containing fluorenyl groups[J]. Macromolecules, 2010, 43(6): 2657-2659.

[247] Bae B, Miyatake K, Watanabe M. Synthesis and properties of sulfonated block copolymers having fluorenyl groups for fuel-cell applications[J]. ACS Applied Materials & Interfaces, 2009, 1(6): 1279-1286.

[248] Mikami T, Miyatake K, Watanabe M. Poly (arylene ether) s containing superacid groups as proton exchange membranes[J]. ACS applied materials & interfaces, 2010, 2(6): 1714-1721.

[249] 郭东杰, 李亚珂, 刘瑞, 等. 聚合物离子交换膜的电导率优化及电致响应研究[J]. 功能材料,

2015, 46(22): 22103-22107.

[250] Xue Z, Tang Y, Duan X, et al. Ionic polymer metal composite actuators obtained from sulfonated poly (ether ether sulfone) ion-exchange membranes[J]. Composites Part A: Applied Science and Manufacturing, 2016, 81: 13-21.

[251] Kim O, Kim S Y, Park B, et al. Factors affecting electromechanical properties of ionic polymer actuators based on ionic liquid-containing sulfonated block copolymers[J]. Macromolecules, 2014, 47(13): 4357-4368.

[252] Miyatake K, Zhou H, Matsuo T, et al. Proton conductive polyimide electrolytes containing trifluoromethyl groups: synthesis, properties, and DMFC performance[J]. Macromolecules, 2004, 37(13): 4961-4966.

[253] Lin J H, Liu Y, Zhang Q M. Influence of the electrolyte film thickness on charge dynamics of ionic liquids in ionic electroactive devices[J]. Macromolecules, 2012, 45(4): 2050-2056.

[254] Luqman M, Lee J W, Moon K K, et al. Sulfonated polystyrene-based ionic polymer-metal composite (IPMC) actuator[J]. Journal of Industrial and Engineering Chemistry, 2011, 17(1): 49-55.

[255] Wang X L, Oh I K, Kim J B. Enhanced electromechanical performance of carbon nano-fiber reinforced sulfonated poly (styrene-b-[ethylene/butylene]-b-styrene) actuator[J]. Composites Science and Technology, 2009, 69(13): 2098-2101.

[256] Vargantwar P H, Brannock M C, Smith S D, et al. Midblock sulfonation of a model long-chain poly (p-tert-butylstyrene-b-styrene-p-tert-butylstyrene) triblock copolymer[J]. Journal of Materials Chemistry, 2012, 22(48): 25262-25271.

[257] Han M J, Park J H, Lee J Y, et al. Ionic polymer metal composite actuators employing radiation grafted fluoropolymers as ion exchange membranes[J]. Macromolecular Rapid Communications, 2006, 27(3): 219-222.

[258] Mehraeen S, Sadeghi S, Cebeci F Ç, et al. Polyvinylidene fluoride grafted poly (styrene sulfonic acid) as ionic polymer-metal composite actuator[J]. Sensors and Actuators A: Physical, 2018, 279: 157-167.

[259] Tas S, Zoetebier B, Sukas O S, et al. Ion selective ionic polymer metal composite actuator based on crown ether containing sulfonated poly(arylene ether ketone)[J]. Macromolecular materials and engineering, 2017, 302(4): 1600381.

[260] Rouaix S, Causserand C, Aimar P. Experimental study of the effects of hypochlorite on polysulfone membrane properties[J]. Journal of Membrane Science, 2006, 277(1-2): 137-147.

[261] Khan A, Jain R K, Luqman M, et al. Development of sulfonated poly (vinyl alcohol)/aluminium oxide/graphene based ionic polymer-metal composite (IPMC) actuator[J]. Sensors and Actuators A: Physical, 2018, 280: 114-124.

[262] Kittel C, Mceuen P, Mceuen P. Introduction to solid state physics[M]. New York: Wiley, 1996.

[263] Baughman R H, Shacklette L W, ELSENBAUMER R L, et al. Micro electromechanical actuators based on conducting polymers[M]//Molecular Electronics. Springer, Dordrecht, 1991: 267-289.

[264] Kaneto M, Fukui M, Takashima W, et al. Electrolyte and strain dependences of chemomechanical deformation of polyaniline film[J]. Synthetic Metals, 1997, 84(1-3): 795-796.

[265] Kaneto K, Min Y, Macdiarmid A G. Conductive polyaniline laminates [P]. US 5556700, 1996.

[266] Smela E, Inganäs O, Pei Q, et al. Electrochemical muscles: micromachining fingers and corkscrews[J]. Advanced Materials, 1993, 5(9): 630-632.

[267] Pei Q, Inganläs O. Conjugated polymers and the bending cantilever method: electrical muscles and smart devices[J]. Advanced Materials, 1992, 4(4): 277-278.

[268] Herod T E, Schlenoff J B. Doping-induced strain in polyaniline: stretchoelectrochemistry[J]. Chemistry of Materials, 1993, 5(7): 951-955.

[269] Kaneto K, Kaneko M, Min Y, et al. Artificial muscle: electromechanical actuators using polyaniline films[J]. Synthetic Metals, 1995, 71(1-3): 2211-2212.

[270] 左双双, 习爽. 基于聚吡咯的导电聚合物驱动器的制备及驱动特性研究[J]. 分析化学, 2019, 12.

[271] Hu F, Xue Y, Xu J, et al. PEDOT-based conducting polymer actuators[J]. Frontiers in Robotics and AI, 2019, 6: 114-123.

[272] Kim J. Cellulose as a smart material[M]//Cellulose: Molecular and Structural Biology. Springer, Dordrecht, 2007: 323-343.

[273] Nevstrueva D, Murashko K, Vunder V, et al. Natural cellulose ionogels for soft artificial muscles[J]. Colloids and Surfaces B: Biointerfaces, 2018, 161: 244-251.

[274] Sun Z, Yang L, Zhang D, et al. High performance, flexible and renewable nano- biocomposite artificial muscle based on mesoporous cellulose/ionic liquid electrolyte membrane[J]. Sensors and Actuators B: Chemical, 2019, 283: 579-589.

[275] Sun Z, Yang L, Zhang D, et al. High-performance biocompatible nano-biocomposite artificial muscles based on a renewable ionic electrolyte made of cellulose dissolved in ionic liquid[J]. Nanotechnology, 2019, 30(28): 285503.

[276] Mahadeva S K, Kim J. Effect of polyethylene oxide polyethylene glycol content and humidity on performance of electroactive paper actuators based on cellulose/polyethylene oxide polyethylene glycol microcomposite[J]. Polymer Engineering & Science, 2010, 50(6): 1199-1204.

[277] Mahadeva S K, Kim J, Kang K S, et al. Effect of poly (ethylene oxide)-poly (ethylene glycol) addition on actuation behavior of cellulose electroactive paper[J]. Journal of Applied Polymer Science, 2009, 114(2): 847-852.

[278] Deshpande S D, Kim J, Yun S R. Studies on conducting polymer electroactive paper actuators: effect of humidity and electrode thickness[J]. Smart Materials and Structures, 2005, 14(4): 876.

[279] Deshpande S D, Kim J, Yun S R. New electroactive paper actuator using conducting polypyrrole: actuation behavior in LiClO$_4$ acetonitrile solution[J]. Synthetic Metals, 2005, 149(1): 53-58.

[280] Kim J, Deshpande S D, Yun S, et al. A comparative study of conductive polypyrrole and polyaniline coatings on electro-active papers[J]. Polymer Journal, 2006, 38(7): 659-668.